建筑与市政工程施工现场专业人员培训教材

# 房 屋 构 造

孙蓬鸥 主编

中国环境出版社·北京

**图书在版编目（CIP）数据**

房屋构造/孙蓬鸥主编. —5 版. —北京：中国环境出
版社，2012.12（2015.3 重印）
建筑与市政工程施工现场专业人员培训教材
ISBN 978-7-5111-1251-4

Ⅰ．①房…　Ⅱ．①孙…　Ⅲ．①房屋结构—技术
培训—教材　Ⅳ．①TU22

中国版本图书馆 CIP 数据核字（2012）第 311260 号

| | |
|---|---|
| 出 版 人 | 王新程 |
| 责任编辑 | 张于嫣 |
| 策划编辑 | 易　萌 |
| 责任校对 | 扣志红 |
| 封面设计 | 宋　瑞 |

| | |
|---|---|
| 出版发行 | 中国环境出版社 |
| | （100062　北京市东城区广渠门内大街 16 号） |
| | 网　　址：http://www.cesp.com.cn |
| | 电子邮箱：bjgl@cesp.com.cn |
| | 联系电话：010-67112765（编辑管理部） |
| | 出版电话：010-67112739（建筑图书出版中心） |
| | 发行热线：010-67125803，010-67113405（传真） |
| 印　　刷 | 北京市联华印刷厂 |
| 经　　销 | 各地新华书店 |
| 版　　次 | 2012 年 12 月第 5 版 |
| 印　　次 | 2015 年 3 月第 7 次印刷 |
| 开　　本 | 787×1092　1/16 |
| 印　　张 | 19.75 |
| 字　　数 | 468 千字 |
| 定　　价 | 40.00 元 |

# 建筑与市政工程施工现场专业人员培训教材

## 编审委员会

# 出版说明

    住房和城乡建设部 2011 年 7 月 13 日发布，2012 年 1 月 1 日实施的《建筑与市政工程施工现场专业人员职业标准》（JGJ/T 250—2011），对加强建筑与市政工程施工现场专业人员队伍建设提出了规范性要求。为做好该《职业标准》的贯彻实施工作，受贵州省住房和城乡建设厅人事处委托，贵州省建设教育协会组织贵州省建设教育协会所属会员单位 10 多所高、中等职业院校、培训机构和大型国有建筑施工企业与中国环境科学出版社合作，对《建筑企业专业管理人员岗位资格培训教材》进行了专题研究。以《建筑与市政工程施工现场专业人员职业标准》和《建筑与市政工程施工现场专业人员考核评价大纲》（试行 2012 年 8 月）为指导，面向施工企业、中高职院校和培训机构调研咨询，对相关培训人员及培训授课教师进行回访问卷及电话调查咨询，结合贵州省建筑施工现场专业人员的实际，组织专家论证，完成了对该培训教材的编审工作。在调查研究中，广大施工企业和受培人员及授课教师强烈要求提供与大纲配套的培训、自学教材。为满足需要，在贵州省住房和城乡建设厅人教处的领导下，在中国环境科学出版社的大力支持下，由贵州省建设教育协会牵头，组织建设职业院校、施工企业等有关专家组成教材编审委员会，组织编写和审定了这套岗位资格培训教材供目前培训所使用。

    本套教材的编审工作得到了贵州省住建厅相关处室、各高等院校及相关施工企业的大力支持。在此谨致以衷心感谢！由于编审者经验和水平有限，加之编审时间仓促，书中难免有疏漏、错误之处，恳请读者谅解和批评指正。

建筑与市政工程施工现场专业人员培训教材编审会

2012 年 9 月

# 前　言

本书为建筑企业专业管理人员岗位资格培训教材。第一版原名为《建筑识图与房屋构造》，本次为第三版，编写时在如下方面作了变动：

按新规范编写，并补充收录了近年来的新技术、新工艺、新材料，精简了有关木门窗、木屋架等内容，增加了塑钢窗、玻璃幕墙、钢筋混凝土坡屋面等内容。

我国幅员辽阔，各地区自然条件、材料、施工水平及传统习惯的不同，房屋构造的地方性很强，各地在教学中可结合本地区的实际，补充地方性内容。

由于编者水平所限，书中的不妥之处，欢迎读者批评指正。

# 目　　录

## 第一篇　民用建筑构造

# 第一篇　民用建筑构造

## 第一章　民用建筑构造概论

　　建筑构造设计是建筑设计的组成部分，是建筑平、剖、立面设计的继续和深入。建筑设计不仅必须考虑建筑物与外部环境的协调、内部空间的合理安排以及外部和内部的艺术效果，同时必须提供适用、安全、经济、美观、切实可行的构造措施。建筑构造就是专门研究建筑物各组成部分以及各部分之间的构造方法和组合原理的科学，其主要任务是根据建筑物的功能要求，通过构造技术手段，提供合理的构造方案和措施。因此，它与与、剖、立面设计的目的是一致的，只是考虑和研究的侧重面不同而已。

　　学习建筑构造，要求掌握构造原理，充分考虑影响建筑构造的各种因素，正确选择材料和运用材料，以提出合理的构造方案和构造措施，从而最大限度地满足建筑使用功能，提高建筑物抵御自然界各种不利影响的能力，延长建筑物的使用年限。

　　建筑构造具有实践性强和综合性强的特点，它涉及建筑材料、建筑结构、建筑物理、建筑设备和建筑施工等有关知识。只有全面地、综合地运用好这些知识，才能在设计中提出合理的构造方案和措施，满足适用、安全、经济、美观的要求。

### 第一节　民用建筑的基本构件及其作用

　　一幢建筑物由很多部分所组成，这些组成部分在建筑学里称为构件。一般民用建筑是由基础、墙和柱、楼层和地面、楼梯、屋顶和门窗等基本构件组成的（图1-1）。这些构件各处不同部位，发挥各自的作用。其中有的起承重作用，承受建筑物全部或部分荷载，确保建筑物的安全；有的起围护作用，保证建筑物的使用和耐久年限；有的构件则起承重和围护双重作用。

　　基础：基础是建筑物最下部的承重构件，它承受建筑物的全部荷载，并将荷载传给地基。基础必须具有足够的强度和稳定性，同时应能抵御土层中各种有害因素的作用。

　　墙和柱：墙是建筑物的竖向围护构件，在多数情况下也为承重构件，承受屋顶、楼层、楼梯等构件传来的荷载，并将这些荷载传给基础。外墙分隔建筑物内外空间，抵御自然界各种因素对建筑的侵袭；内墙分隔建筑内部空间，避免各空间之间的相互干扰。根据墙所处的位置和所起的作用，分别要求它具有足够的强度、稳定性以及保温、防热、节能、隔声、防潮、防水、防火等功能。为扩大空间，提高空间的灵活性，也为了结构需要，有时以柱代墙，起承重作用。

　　楼层和地层：楼层和地层是建筑物水平向的围护构件和承重构件。楼层分隔建筑物上下空间，并承受作用其上的家具、设备、人体、隔墙等荷载及楼板自重，并将这些荷载传给墙或柱。楼层还起着墙或柱的水平支撑作用，增加墙或柱的稳定性。楼层必须具有足够的强度的刚度。根据上下空间的使用特点，尚应具有隔声、防水、保温、隔热等功能。地层是底层房间与土壤的隔离构件，除承受作用其上的荷载外，应具有防潮、防水、保温等功能。

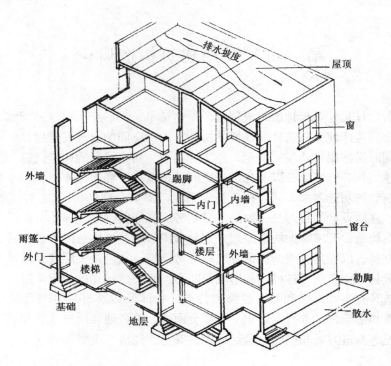

图 1-1　建筑物的组成

楼梯：楼梯是建筑物的竖向交通构件，供人和物上下楼层和疏散人流之用。楼梯应具有足够的通行能力，足够的强度和刚度，并具有防火、防滑等功能。

屋顶：屋顶是建筑物最上部的围护构件和承重构件。它抵御各种自然因素对顶层房间的侵袭，同时承受作用其上的全部荷载，并将这些荷载传给墙或柱。因此，屋顶必须具备足够的强度、刚度以及防火、保温、防热、节能等功能。

门窗：门的主要功能是交通出入、分隔和联系内部与外部或室内空间，有的兼起通风和采光作用。窗的主要功能是采光和通风，并起到空间之间视觉联系作用。门和窗均属围护构件。根据建筑物所处环境，门窗应具有保温、防热、节能、隔声、防风砂等功能。

一栋建筑物除上述基本构件外，根据使用要求还有一些其它构件，如阳台、雨篷、台阶、烟道、垃圾道等。

## 第二节　影响建筑构造的因素

建筑物处于自然环境和人为环境之中，受到各种自然因素和人为因素的作用。为提高建筑物的使用质量和耐久年限，在建筑构造设计时必须充分考虑各种因素的影响，尽量利用其有利因素，避免或减轻不利因素的影响，提高建筑物的抵御能力，根据影响程度，采取相应的构造方案和措施。影响建筑构造的因素大致分为以下几个方面（图1-2）。

图 1-2  自然环境与人为环境对建筑的影响

**一、自然环境的影响**

建筑物处于不同的地理环境，各地自然条件有很大差异。我国幅员辽阔，南北东西气候差别悬殊，建筑构造设计必须与各地的气候特点相适应，具有明显的地方性。大气温度、太阳热辐射以及风雨冰雪等均为影响建筑物使用质量和建筑寿命的重要因素。对自然环境的影响估计不足，设计不当，就会造成渗水、漏水、冷风渗透、室内过热、过冷、构件开裂、甚至建筑物倒塌等后果。为防止和减轻自然因素对建筑物的危害，保证正常使用和耐久，在构造设计时，必须掌握建筑物所在地区的自然条件，明确影响性质和程度，对建筑物各部位采取相应的措施，如防潮、防水、防冻、防热、保温等。

在建筑构造设计时也应充分利用自然环境的有利因素。如利用风力通风降温、降湿，利用太阳辐射改善室内热环境等。

**二、人为环境的影响**

人类的生产和生活等活动也对建筑物产生影响，如机械振动、化学腐蚀、噪声、生活生产用水、用火及各种辐射等都构成对建筑物的威胁。因此，在建筑构造设计时，必须针对性地采取相应的防范措施，如隔振、防腐、隔声、防水、防火、防辐射等，以保证建筑物的正常使用。

**三、外力的影响**

外力的大小和作用方式决定了结构的型式、构件的用料、形状和尺寸，而构件的选材、形状和尺寸与建筑物构造设计有着密切的关系，是构造设计的依据。风力对高层建筑构造的影响不可忽视，地震对建筑产生严重破坏，必须采取措施确保建筑的安全和正常使用。

## 四、物质技术条件的影响

建筑材料、结构、设备和施工技术等物质技术条件是构成建筑的基本要素之一，建筑构造受它们的影响和制约。随着建筑事业的发展，新材料、新结构、新设备以及新的施工方法不断出现，建筑构造要解决的问题越来越多、越来越复杂。建筑工业化的发展也要求构造技术与之相适应。

## 五、经济条件的影响

建筑构造设计是建筑设计中不可分割的一部分，也必须考虑经济效益。在确保工程质量的前提下，既要降低建造过程中的材料、能源和劳动力消耗，以降低造价，又要有利于降低使用过程中的维护和管理费用。同时，在设计过程中要根据建筑物的不同等级和质量标准，在材料选择和构造方式上给予区别对待。

# 第三节  建筑保温、防热和节能

## 一、建筑保温

保温是建筑设计十分重要的内容之一，寒冷地区各类建筑和非寒冷地区有空调要求的建筑，如宾馆、实验室、医疗用房等都要考虑保温措施。

建筑构造设计是保证建筑物保温质量和合理使用投资的重要环节。合理的设计不仅能保证建筑的使用质量和耐久性，而且能节约能源、降低采暖、空调设备的投资和使用时的维持费用。

在寒冷季节里，热量通过建筑物外围护构件——墙、屋顶、门窗等由室内高温一侧向室外低温一侧传递，使热量损失，室内变冷。热量在传递过程中将遇到阻力，这种阻力称为热阻，其单位是 $m^2 \cdot K/W$（米²·开（尔文）/瓦（特））。热阻越大，通过围护构件传出的热量越少，说明围护构件的保温性能越好；反之，热阻越小，保温性能就越差，热量损失就越多（图1-3）。因此，对有保温要求的围护构件须提高其热阻。通常采取下列措施可以提高热阻。

1.增加厚度  单一材料围护构件热阻与其厚度成正比，增加厚度可提高热阻即提高抵抗热流通过的能力。如双面抹灰240mm厚砖墙的传热阻大约为 $0.55m^2 \cdot K/W$，而490mm厚双面抹灰砖墙的传热阻约为 $0.91m^2 \cdot K/W$。但是，增加厚度势必增加围护构件的自重，材料的消耗量也相应增多，且减小了建筑有效面积。

2.合理选材  在建筑工程中，一般将导热系数小于 $0.3W/m \cdot K$ 的材料称为保温材料。导热系数的大小说明材料传递热量的能力。选择容重轻、导热系数小的材料，如加气混凝土、浮石混凝土、膨胀陶粒、膨胀珍珠岩、膨胀蛭石等为骨料的轻混凝土以及岩棉、玻璃棉和泡沫塑料等可以提高围护构件的热阻。其中轻混凝土具有一定强度，可作成单一材料保温构件。这种构件构造简单、施工方便。也可采用组合保温构件提高热阻，它是将不同性能的材料加以组合，各层材料发挥各自不同的功能。通常用岩棉、玻璃棉、膨胀珍珠岩、泡沫塑料等容重轻、导热系数小的材料起保温作用，而用强度高、耐久性好的材料，如砖、混凝土等作承重和护面层（图1-4）。

3.防潮防水　冬季由于外围护构件两侧存在温度差，室内高温一侧水蒸气分压力高，水蒸气就向室外低温一侧渗透，遇冷达到露点温度低时就会凝结成水，构件受潮。雨水、使用水、土壤潮气和地下水也会侵入构件，使构件受潮受水。

表面受潮受水会使室内装修变质损坏，严重时会发生霉变，影响人体健康。构件内部受潮受水会使多孔的保温材料充满水分，导热系数提高，降低围护构件的保温效果。在低温下，水分形成冰点冰晶，进一步降低保温能力，并因冻融交替而造成冻害，严重影响建筑物的安全和耐久性（图1-5）。

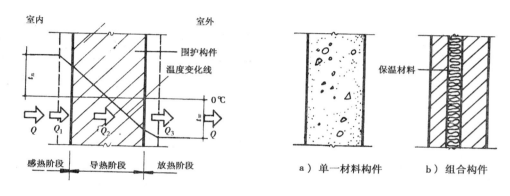

图1-3　围护构件传热的物理过程　　　　　图1-4　保温构件示意

为防止构件受潮受水，除应采取排水措施外，在靠近水、水蒸气和潮气一侧设置防水层、隔汽层和防潮层。组合构件一般在受潮一侧布置密实材料层。

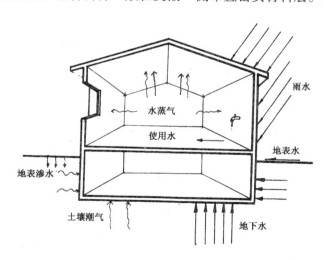

图1-5　建筑受水受潮示意

4.避免热桥　在外围护构件中，经常设有导热系数较大的嵌入构件，如外墙中的钢筋混凝土梁和柱、过梁、圈梁、阳台板、挑檐板等。这些部位的保温性能都比主体部分差，热量容易从这些部位传递出去，散热大，其内表面温度也就较低，容易出现凝结水。这些部位通常叫做围护构件中的"热桥"（图1-6a）。为了避免和减轻热桥的影响，首先应避免嵌入构件内外贯通，其次应对这些部位采取局部保温措施，如增设保温材料等，以切断热桥（图1-6b）。

5. 防止冷风渗透　当围护构件两侧空气存在压力差时，空气从高压一侧通过围护构件流向低压一侧，这种现象称为空气渗透。空气渗透可由室内外温度差（热压）引起，也可由风压引起。由热压引起的渗透，热空气由室内流向室外，室内热量损失；风压则使冷空气向室内渗透，使室内变冷。为避免冷空气渗入和热空气直接散失，应尽量减少围护构件的缝隙，如墙体砌筑砂浆饱满、改进门窗加工和构造、提高安装质量、缝隙采取适当的构造措施等。

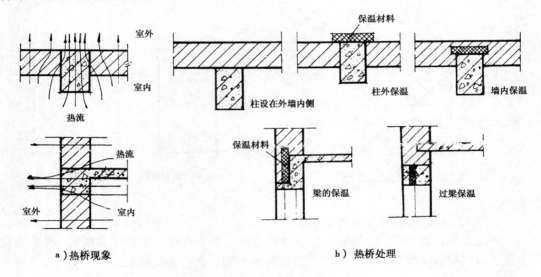

a）热桥现象　　　　　　　　　　　b）热桥处理

图 1-6　热桥现象与处理

## 二、建筑防热

我国南方地区，夏季气候炎热，高温持续时间长，太阳辐射强度大，相对湿度高。建筑物在强烈的太阳辐射和高温、高湿气候的共同作用下，通过围护构件将大量的热传入室内。室内生活和生产也产生大量的余热。这些从室外传入和室内自生的热量，使室内气候条件变化，引起过热，影响生活和生产（图1-7）。

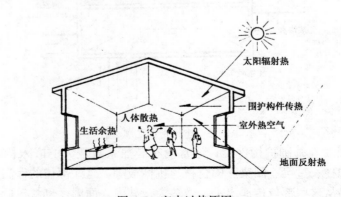

图 1-7　室内过热原因

为减轻和消除室内过热现象，可采取设备降温，如设置空调和制冷等，但费用大。对一般建筑，主要依靠建筑措施来改善室内的温湿状况。建筑防热的途径可简要概括为以下几个方面：

1. 降低室外综合温度　室外综合温度是考虑太阳辐射和室外温度对围护构件综合作用的一个假想温度。室外综合温度的大小，关系到通过围护构件向室内传热的多少。在建筑设计中降低室外综合温度的方法主要是采取合理的总体布局、选择良好的朝向、尽可能争取有利的通风条件、防止西晒、绿化周围环境、减少太阳辐射和地面反射等。对建筑物本身来说，采用浅色外饰面或采取淋水、蓄水屋面或西墙遮阳设施等有利于降低室外综合温度（图1-8a）。

2. 提高外围护构件的防热和散热性能　炎热地区外围护构件的防热措施主要应能隔绝热量传入室内，同时当太阳辐射减弱时和室外气温低于室内气温时能迅速散热，这就要求合理选择外围护构件的材料和构造类型。

带通风间层的外围护构件既能隔热也有利于散热，因为从室外传入的热量，由于通风，使传入室内的热量减少；当室外温度下降时，从室内传出的热量又可通过通风间层带走（图1-8b）。在围护构件中增设导热系数小的材料也有利于隔热（图1-8c）。利用表层材料的颜色和光滑度能对太阳辐射起反射作用，对防热、降温有一定的效果（表1-1）。另外，利用水的蒸发，吸收大量汽化热，可大大减少通过屋顶传入的热量。

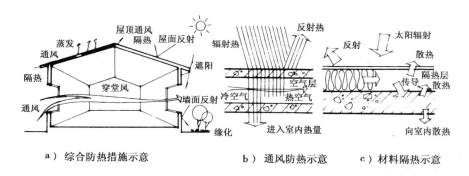

　　a）综合防热措施示意　　　　　　b）通风防热示意　　c）材料隔热示意

图1-8　防热措施

表1-1　太阳辐射吸收系数 ρ 值

| 表面类别 | 表面状况 | 表面颜色 | ρ |
|---|---|---|---|
| 红瓦屋面 | 旧、中粗 | 红　色 | 0.56 |
| 灰瓦屋面 | 旧、中粗 | 浅灰色 | 0.52 |
| 深色油毡屋面 | 新、粗糙 | 深黑色 | 0.86 |
| 石膏粉刷表面 | 旧、平光 | 白　色 | 0.26 |
| 水泥粉刷墙面 | 新、平光 | 浅灰色 | 0.56 |
| 红砖墙面 | 旧、中粗 | 红　色 | 0.72～0.78 |
| 混凝土砌块墙面 | 旧、中粗 | 灰　色 | 0.65 |

### 三、建筑节能

（一）建筑节能意义和节能政策

能源是社会发展的重要物质基础，是实现现代化和提高人民生活的先决条件。国民经济的发展快慢，在很大程度上取决于能源问题解决得如何。所谓能源问题，就是指能源开发和利用之间的平衡即能源生产和消耗之间的关系。我国能源供求平衡一直是紧张的，能源缺口很大，是急待解决的突出问题。解决能源问题的根本途径是开源节流，即增加能源和节约能源并重，而在相当长一段时间内节约能源是首要任务，是我国一项基本国策。在我国制定的能源建设总方针中就规定着："能源的开发和节约并重，近期要把节能放在优先地位，大力开展以节能为中心的技术改造和结构改革"。据统计预测，到 20 世纪末，我国国民经济所需能源有一半要靠节约来取得。事实上，世界各国已经把节能提高到是煤、石油、天然气、核能之后的第五种能源资源。

建筑能耗大，占全国能源量的 $\frac{1}{4}$ 以上，它的总能耗大于任何一个部门的能耗量，而且随着生活水平的提高，它的耗能比例将有增无减。因此，建筑节能是整体节能的重点。

建筑的总能耗包括生产用能、施工用能、日常用能和拆除用能等方面，其中以日常用能最大。因此，减少日常用能是建筑节能的重点。

（二）减少日常耗能量的建筑措施

建筑设计在建筑节能中起着重要作用，合理的设计会带来十分可观的节能效益，其节能措施主要有以下几个方面：

1．选择有利于节能的建筑朝向，充分利用太阳能　南北朝向比东西朝向建筑耗能少，在相同面积下，主朝向面越大，这种情况也就越明显；

2．设计有利于节能的平面和体型　在体积相同的情况下，建筑物的外表面积越大，采暖制冷负荷也越大。因此，尽可能取最小的外表面积；

3．改善围护构件的保温性能　这是建筑设计中的一项主要节能措施，节能效果明显；

4．改进门窗设计　尽可能将窗面积控制在合理范围内、改革窗玻璃、防止门窗缝隙的能量损失等；

5．重视日照调节与自然通风　理想的日照调节是夏季在确保采光和通风的条件下，尽量防止太阳热进入室内，冬季尽量使太阳热进入室内。

## 第四节　建筑隔声

### 一、噪声的危害与传播

噪声一般是指一切对人们生活、工作、学习和生产有妨碍的声音。随着社会和经济的发展，各种机电设备、运输工具大量增加，功率越来越大，转速越来越高，噪声声源的数量和强度都大大增加，噪声已成为一种公害。强烈或持续不断的噪声轻则影响休息、学习和工作，对生理、心理和工作效率不利，重则引起听力损害，甚至引发多种疾病。

控制噪声须采取综合治理措施，包括消除和减少噪声源、减低声源的强度和必要的吸声与隔声措施。围护构件的隔声是噪声控制的重要内容。

声音从室外传入室内，或从一个房间传到另一个房间主要通过以下途径：

1. 通过围护构件的缝隙直接传声　噪声沿敞开的门窗、各种管道与结构间所形成的缝隙和不饱满砂浆灰缝所形成的孔洞在空气中直接传播；

2. 通过围护构件的振动传声　声音在传播过程中遇到围护构件时，在声波交变压力作用下，引起构件的强迫振动，将声波传到另一空间；

3. 结构传声　直接打击或冲撞构件，在构件中激起振动，产生声音。这种声音主要沿结构传递，如关门时产生的撞击声、楼层上行人的脚步声和机械振动声等均属此类。

前两种声音是在空气中发生并传播的，称为空气传声，后一种是通过围护构件本身来传播物体撞击或机械振动所引起的声音，称为撞击传声或固体传声。虽然声音最终都是通过空气传入人耳，但是这两种噪声的传播特性和传播方式不同，所以采取的隔声措施也就不同。

### 二、围护构件隔声途径

（一）对空气传声的隔绝

根据空气传声的传透特点，围护构件的隔声可以采取下列措施：

1. 增加构件重量　从声波激发构件振动的原理可以知道，构件越轻，越易引起振动；越重则不易振动。因此，构件的重量越大，隔声能力就越高，设计时可以选择面密度（kg/m²）大的材料。双面抹灰的53mm厚砖墙，其空气传声隔声量为32分贝；双面抹灰的115mm厚砖墙的隔声量为45分贝；双面抹灰的240mm厚砖墙则为48分贝。

2. 采用带空气层的双层构件　双层构件的传声是由声源激发起一层材料的振动，振动传到空气层，然后再激起另一层材料的振动。由于空气的弹性变形具有减振作用，所以提高了构件的隔声能力。但是，应注意尽量避免和减少构件中出现"声桥"。所谓声桥是指空气间层内出现实的体连接。

3. 采用多层组合构件　多层组合构件是利用声波在不同介质分界面上产生反射、吸收的原理来达到隔声的目的。它可以大大减轻构件的重量，从而减轻整个建筑的结构自重。

（二）对撞击声的隔绝

由于一般建筑材料对撞击声的衰减很小，撞击声常被传到很远的地方，它的隔绝方法与空气声的隔绝有很大区别。厚重坚实的材料可以有效的隔绝空气传声，但隔绝撞击声的效果却很差，相反，多孔材料如毡、毯、软木、岩棉等隔绝空气声的效果不大，但隔绝撞击声的传透却较为有效。改善构件隔绝撞击声的能力可以从以下几方面着手：

1. 设置弹性面层　即在构件面层上铺设富有弹性的材料，如地毡、地毯、软木板等。构件表面接收撞击时，由于面层的弹性变形，减弱了撞击能量；

2. 设置弹性夹层　在面层和结构层或两结构层之间设置一层弹性材料，如刨花板、岩棉、泡沫塑料等，将面层和结构层或两结构层完全隔开，切断了撞击声的传递路线。在构造处理上应尽量避免声桥的产生。

3. 采用带空气层的双层结构　这里利用隔绝空气声的办法来降低撞击声，是利用空气弹性变形具有减振作用的原理来提高隔绝撞击声的能力。

## 第五节　建筑防震

### 一、地震与地震波

地壳内部存在极大的能量，地壳中的岩层在这些能量所产生的巨大作用力下发生变形、弯曲、褶皱。当最脆弱部分的岩层承受不了这种作用力时，岩层就开始断裂、错动。这种运动传至地面，就表现为地震。

地下岩层断裂和错动的地方称为震源，震源正上方地面称为震中。

岩层断裂错动，突然释放大量能量并以波的形式向四周传播，这种波就是地震波。地震波在传播中使岩层的每一质点发生往复运动，使地面分别发生上下颠簸和左右摇晃，造成建筑破坏，人员伤亡。由于阻尼作用，地震波作用由震中向远处逐渐减弱，以致消失。

### 二、地震震级与地震烈度

地震的强烈程度称为震级，一般称里氏震级，它取决于一次地震释放的能量大小。地震烈度是指某一地区地面和建筑遭受地震影响的强烈程度。它不仅与震级有关，且与震源的深度、距震中的距离、场地土质类型等因素有关。一次地震只有一个震级，但却有不同的烈度区。我国地震烈度表中将烈度分为12度。7度时，一般建筑物多数有轻微损坏；6~8度时，大多数损坏至破坏，少数倾倒；10度时，则多数倾倒。过去我国一直以7度作为抗震设防的起点，但近数十年来，很多位于烈度为6度的地区发生了较大地震，甚至特大地震。因此，现行建筑抗震规范规定以6度作为设防起点，6~9度地区的建筑物要进行抗震设计。

### 三、建筑防震设计要点

建筑物防震设计的基本要求是减轻建筑物在地震时的破坏、避免人员伤亡、减少经济损失。其一般目标是当建筑物遭到本地区规定的烈度的地震时，允许建筑物部分出现一定的损坏，经一般修复和稍加修复后能继续使用，而当遭到极少发生的高于本地区烈度的罕遇地震时，不致倒塌和发生危及生命的严重破坏，即贯彻"小震不坏、大震不倒"的原则。在建筑设计时一般遵循下列要点：

1.宜选择对建筑物防震有利的建设场地；

2.建筑体型和立面处理力求匀称。建筑体型宜规则、对称；建筑立面宜避免高低错落、突然变化；

3.建筑平面布置力求规整。如因使用和美观要求必须将平面布置成不规则时，应用防震缝将建筑物分割成若干结构单元，使每个单元体型规则、平面规整、结构体系单一；

4.加强结构的整体刚度。从抗震要求出发，合理选择结构类型、合理布置墙和柱、加强构件和构件连接的整体性、增设圈梁和构造柱等；

5.处理好细部构造。楼梯、女儿墙、挑檐、阳台、雨篷、装饰贴面等细部构造应予以足够的注意，不可忽视。

## 复习思考题

1. 建筑构造在建筑设计中的作用是什么？

2. 建筑物由哪些基本构件组成？它们的基本作用是什么？

3. 影响建筑构造的因素包括哪些方面？

4. 建筑保温的意义是什么？如何提高围护构件的保温能力？

5. 建筑防热的意义是什么？建筑防热的基本途径包括哪些方面？

6. 建筑节能的意义是什么？建筑设计中如何考虑节能问题？

7. 噪声传播方式有哪些？如何提高围护构件的隔声能力？

8. 地震震级和地震烈度有什么区别？建筑设计中主要应采取哪些措施来提高建筑物的防震能力？

# 第二章　基础与地下室

在建筑工程中，位于建筑的最下部位，直接作用于土层上并埋入地下的承重构件称为基础。基础下面支承建筑总荷载的那部分土层称为地基。

## 第一节　地基与基础概述

### 一、地基与基础的关系

基础是建筑物的重要组成部分，它承受建筑物的全部荷载，并将它们传给地基。而地基则不是建筑物的组成部分，它只是承受建筑物荷载的土壤层。

建筑物的全部荷载是通过基础传给地基的。地基承受荷载的能力有一定的限度，地基每平方米所能承受的最大压力，称为地基允许承载力（也叫地耐力）。允许承载力主要应根据地基本身土的特性确定，同时也与建筑物的结构构造和使用要求等因素有一定的关系。当基础对地基的压力超过允许承载力时，地基将出现较大的沉降变形，甚至地基土层会滑动挤出而破坏。为了保证房屋的稳定和安全，必须满足基础底面的平均压力不超过地基承载力。地基承受由基础传来的压力是由上部结构至基础顶面的竖向力和基础自重及基础上部土层组成。而全部荷载是通过基础的底面传给地基的。因此，当荷载一定时，加大基础底面积可以减少单位面积地基上所受到的压力。所以 $f$ 表示地基承载力，$N$ 代表建筑的总荷载，$A$ 代表基础的底面积，则可列出如下关系式：

$$A \geqslant \frac{N}{f}$$

从上式可以看出，当地基承载力不变时，建筑总荷载愈大，基础底面积也要求愈大。或者说，当建筑总荷载不变时，地基承载力愈小，基础底面积将愈大。在建筑设计中，要根据总荷载和建筑地点的地基承载力确定基础底面积。

### 二、地基的分类

地基分为天然地基和人工地基两大类。

天然地基是指具有足够承载能力的天然土层，可以直接在天然土层上建造基础。岩石、碎石、砂石、粘性土等，一般均可作为天然地基。人工地基是指天然土层的承载力不能满足荷载要求，即不能在这样的土层上直接建造基础，必须对这种土层进行人工加固以提高它的承载力。进行人工加固的地基叫做人工地基。人工地基较天然地基费工费料，造价较高，只有在天然土层承载力差、建筑总荷载大的情况下方可采用。

### 三、地基与基础的设计要求

（一）地基承载能力和均匀程度的要求

建筑物的建造地址尽可能选在地基土的地耐力较高且分布均匀的地段，如岩石类、碎石类等。若地基土质不均匀，会给基础设计增加困难。若处理不当将会使建筑物发生不均匀沉降，而引起墙身开裂，甚至影响建筑物的使用。

（二）地基强度和耐久性的要求

基础是建筑物的重要承重构件，它对整个建筑的安全起着保证作用。因此，基础所用的材料必须具有足够的强度，才能保证基础能够承担建筑物的荷载并传递给地基。

基础是埋在地下的隐蔽工程，由于它在土中经常受潮，而且建成后检查和加固也很困难，所以在选择基础的材料和构造形式等问题时，应与上部结构的耐久性相适应。

（三）基础工程应注意经济问题

基础工程约占建筑总造价的 10%～40%，降低基础工程的投资是降低工程总投资的重要一环。因此，在设计中应选择较好的土质地段，对需要特殊处理的地基和基础，尽量使用地方材料，并采用恰当的形式及构造方法，从而节省工程投资。

## 四、基础的埋置深度

（一）基础埋置深度的定义

基础埋深是从室外地坪算起的。室外地坪分自然地坪和设计地坪，自然地坪是指施工地段的现有地坪，而设计地坪是指按设计要求工程竣工后室外场地经垫起或干挖后的地坪。基础埋置深度是指设计室外地坪到基础底面的距离（图 2-1）。

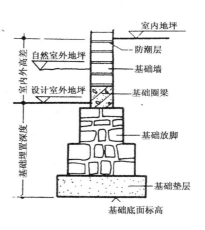

图 2-1 基础埋置深度

根据基础埋置深度的不同，基础分为浅基础和深基础。一般情况下，基础埋置深度不超过 5m 时叫浅基础；超过 5m 的叫深基础。在确定基础的埋深时，应优先选用浅基础。它的特点是：构造简单，施工方便，造价低廉且不需要特殊施工设备。只有在表层土质极弱或总荷载较大或其他特殊情况下，才选用深基础。但基础的埋置深度也不能过小，至少不能小于500mm，因为地基受到建筑荷载作用后可能将四周土挤走，使基础失稳，或地面受到雨水冲刷、机械破坏而导致基础暴露，影响建筑的安全。

（二）基础埋置深度的选择

决定基础埋置深度的因素很多，主要应根据三个方面综合考虑确定，即土层构造情况、地下水位情况和冻结深度情况。

1. 地基土层构造的影响

建筑物必须建造在坚实可靠的地基土层上。根据地基土层分布不同，基础埋深一般有 6 种典型情况（图 2-2）：

（1）地基土质分布均匀时，基础应尽量浅埋，但也不得低于 500mm（图 2-2a）。

（2）地基土层的上层为软土，厚度在 2m 以内，下层为好土时，基础应埋在好土层内，此时土方开挖量不大，即可靠又经济（图 2-2b）。

（3）地基土层的上层为软土，且高度在 2～5m 时，荷载小的建筑（低层、轻型）仍可将基础埋在软土内，但应加强上部结构的整体性，并增大基础底面积。若建筑总荷载较大（高层、重型）时，则应将基础埋在好土上（图 2-2c）。

（4）地基土层的上层软土厚度大于 5m 时，对于建筑总荷载较小的建筑，应尽量利用表层的软弱土层为地基，将基础埋在软土内。必要时应加强上部结构，增大基础底面积或进行人工加固。否则，是采用人工地基还是把基础埋至好土层内，应进行经济比较后确定（图 2-2d）。

（5）地基土层的上层为好土，下层为软土，此时，应力争把基础埋在好土里，适当提高基础底面，以有足够厚度的持力层，并验算下卧层的应力和应变，确保建筑的安全（图 2-2e）。

（6）地基土层由好土和软土交替组成，低层轻型建筑应尽可能将基础埋在好土内；总荷载大的建筑可采用打端承桩穿过软土层，也可将基础深埋到下层好土中，两方案可经技术经济比较后选定（图 2-2f）。

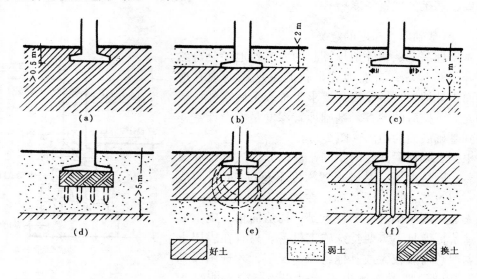

图 2-2 基础埋深与土质关系

2. 地下水位的影响

地基土含水量的大小对承载力影响很大，所以地下水位高低直接影响地基承载力。如粘性土遇水后，因含水量增加，体积膨胀，使土的承载力下降。而含有侵蚀性物质的地下水，对基础会产生腐蚀。故建筑物的基础应争取埋置在地下水位以上（图 2-3a）。

当地下水位很高，基础不能埋置在地下水位以上时，应将基础底面埋置在最低地下水位 200mm 以下，不应使基础底面处于地下水位变化的范围之内，从而减少和避免地下水的浮力和影响等（图 2-3b）。

埋在地下水位以下的基础，其所用材料应具有良好的耐水性能，如选用石材、混凝土等。当地下水含腐蚀性物质时，基础应采取防腐蚀措施。

3. 土的冻结深度的影响

地面以下的冻结土与非冻结土的分界线称为冰冻线。土的冻结深度取决于当地的气候条件。气温越低，低温持续时间越长，冻结深度就越大。冬季，土的冻胀会把基础抬起；春天，气温回升，土层解冻，基础就会下沉，使建筑物同期性地处于不稳定状态。由于土中各处冻结和融化并不均匀，使建筑物产生变形，如发生门窗变形、墙身开裂的情况等。

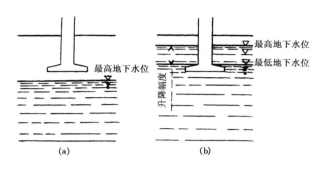

图 2-3　地下水位对基础埋深的影响
（a）地下水位较低时的基础埋置位置；
（b）地下水位较高时的埋置位置

　　土壤冻胀现象及其严重程度与地基土的颗粒粗细、含水量、地下水位高低等因素有关。碎石、卵石、粗砂、中砂等土壤颗粒较粗，颗粒间孔隙较大，水的毛细作用不明显，冻而不胀或冻胀轻微，其埋深可以不考虑冻胀的影响。粉砂、轻亚粘土等土壤颗粒细，孔隙小，毛细作用显著，具有冻胀性，此类土壤称为冻胀土。冻胀土中含水量越大，冻胀就越严重；地下水位越高，冻胀越强烈。因此，如地基土有冻胀现象，基础应埋置在冰冻线以下大约 200mm 的地方（图 2-4）。

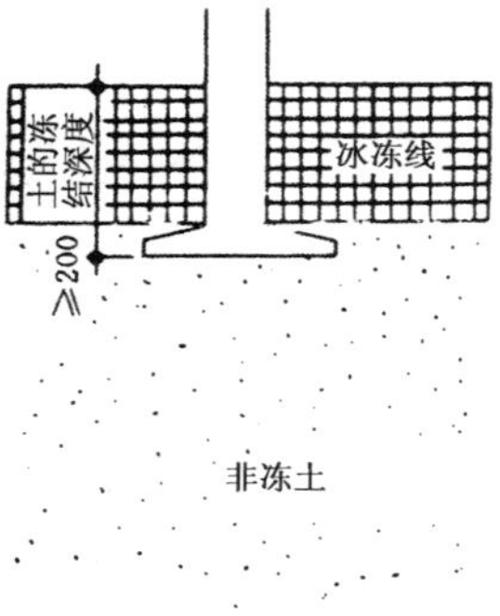

　　严寒地区土的冻结深度可达 2～3m，对于低层和荷载较小的建筑，如将基础埋置在冻层以下，势必大幅度提高工作量和工程造价。因此，这类建筑如室内有采暖和自身刚度较好，体量较小时，可将基础埋于冻层内并采取相应的措施。

图 2-4　冻土深度对基础埋深的影响

　　4. 其他因素对基础埋深的影响

　　基础的埋深除与地基构造、地下水位、冻结深度等因素有关外，还需考虑周围环境与具体工程特点，如相邻基础的深度、拟建建筑物是否有地下室、设备基础、地下管沟等。

## 第二节　基　础　构　造

　　基础的类型很多，主要根据建筑物的结构类型、体量高度、荷载大小、地质水文和地方材料供应等因素来确定。

**一、基础的类型**

**(一) 按所用材料及受力特点分类**

**1. 无筋扩展基础**

无筋扩展基础系指由砖、毛石、混凝土或毛石混凝土、灰土和三合土等材料组成的墙下条形基础或柱下独立基础。无筋扩展基础旧称刚性基础，根据中华人民共和国国家标准《建筑地基基础设计规范 (GB50007—2002)》已定名为无筋扩展基础。

由于地基承载力在一般情况下低于墙或柱等上部结构的抗压强度，故基础底面宽度要大于墙或柱的宽度 (图 2-5)。即 $B > B_0$，地基承载力愈小，基础底面宽度愈大。当 $B$ 很大时，往往挑出部分也将很大。从基础受力方面分析，挑出的基础相当于一个悬臂梁，它的底面将受拉。当拉应力超过材料的抗拉强度时，基础底面将出现裂缝以至破坏。有些材料，如砖、石、混凝土等，它的抗压强度高，但抗拉抗剪强度却很低，用这些材料建造基础时，为保证基础不被拉力或冲切破坏，基础就必须具有足够的高度。也就是说，对基础的挑出长度 $B_2$ 与高度 $H_0$ 之比 (通称宽高比) 进行限制，即一般不能超过允许宽高比，详见表 2-1 在此情况下，宽 $B_2$ 与高 $H_0$ 所夹的角，称为刚性角。

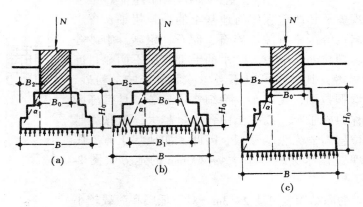

图 2-5　无筋扩展基础的受力特点

(a) 基础的 $B_2/H_0$ 值在允许范围内，基础底面不受拉；

(b) 基础宽度加大，$B_2/H_0$ 大于允许范围，基础因受拉开裂而破坏；

(c) 在基础宽度加大的同时，增加基础高度，使 $B_2/H_0$ 值在允许范围内

**表 2-1　无筋扩展基础台阶宽高比的允许值**

| 基础材料 | 质量要求 | 台阶宽高比的允许值 | | |
|---|---|---|---|---|
| | | $p_k \leqslant 100$ | $100 < p_k \leqslant 200$ | $200 < p_k \leqslant 300$ |
| 混凝土基础 | C15 混凝土 | 1:1.00 | 1:1.00 | 1:1.25 |
| 毛石混凝土基础 | C15 混凝土 | 1:1.00 | 1:1.25 | 1:1.50 |
| 砖基础 | 砖不低于 MU10、砂浆不低于 M5 | 1:1.50 | 1:1.50 | 1:1.50 |
| 毛石基础 | 砂浆不低于 M5 | 1:1.25 | 1:1.50 | — |

| 基础材料 | 质量要求 | 台阶宽高比的允许值 | | |
|---|---|---|---|---|
| | | $p_k \leq 100$ | $100 < p_k \leq 200$ | $200 < p_k \leq 300$ |
| 灰土基础 | 体积比为 3:7 或 2:8 的灰土，其最小干密度：<br>粉土 1.55t/m³<br>粉质粘土 1.50t/m³<br>粘土 1.45t/m³ | 1:1.25 | 1:1.50 | — |
| 三合土基础 | 体积比 1:2:4～1:3:6<br>（石灰:砂:骨料），每层约虚铺 220mm，夯至 150mm | 1:1.50 | 1:2.00 | — |

注：① $p_k$ 为荷载效应标准组合时基础底面处的平均压力值（kPa）；
　　② 阶梯形毛石基础的每阶伸出宽度，不宜大于 200mm；
　　③ 当基础由不同材料叠合组成时，应对接触部分作抗压验算；
　　④ 基础底面处的平均压力值超过 300kPa 的混凝土基础，尚应进行抗剪验算。

无筋扩展基础常用于建筑物荷载较小、地基承载能力较好、压缩性较小的地基上，一般用于建造中小型民用建筑以及墙承重的轻型厂房等。

2．扩展基础

扩展基础系指柱下钢筋混凝土独立基础和墙下钢筋混凝土条形基础，旧称柔性基础。

当建筑物的荷载较大，地基承载力较小时，基础底面 $B$ 必须加宽。如果仍采用砖、石、混凝土材料作基础，势必加大基础的深度，这样既增加了土方工作量，又使材料的用量增加，对工期和造价都十分不利。如果在混凝土基础的底部配以钢筋，利用钢筋来承受拉应力（图 2-6），使基础底部能够承受较大的弯矩，这时，基础宽度的加大不受刚性角的限制，故旧称钢筋混凝土基础为柔性基础。

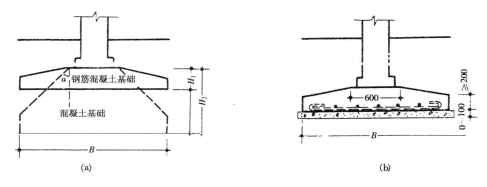

图 2-6　钢筋混凝土基础
(a) 混凝土与钢筋混凝土的比较；(b) 钢筋混凝土基础

（二）按构造形式分类

1．独立基础

当建筑物上部采用框架结构或单层排架结构承重，且柱距较大时，基础常采用方形或矩形的单独基础，这种基础称独立基础或柱式基础（图2-7）。独立基础是柱下基础的基本形式，常用的断面形式有阶梯形、锥形、杯形等，其优点是减少土方工程量，便于管道穿过，节约基础材料。但基础与基础之间无构件连接件，整体刚度较差，因此适用于土质均匀、荷载均匀的骨架结构建筑中。

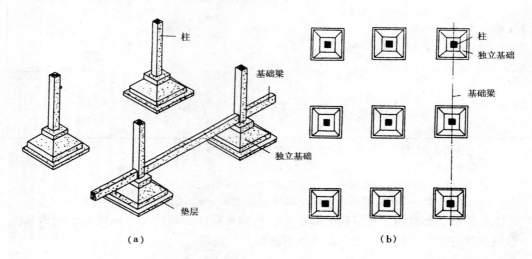

图 2-7　柱下独立基础
(a) 示意；(b) 平面

当建筑物上部为承重墙结构，基础要求埋深较大时，也可采用独立基础。其构造方法是墙下设承台梁，梁下每隔 3～4m 设一柱墩。

2．条形基础

当建筑物为墙承重结构时，基础沿墙身设置成长条形的基础称为条形基础。这种基础纵向整体性好，可减缓局部不均匀下沉，多用于砖混结构（图2-8）。常选用砖、石、灰土、三合土等材料。

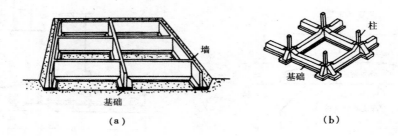

图 2-8　条形基础
(a) 墙下条形基础；(b) 柱下条形基础

当建筑物为骨架结构以柱承重时，若柱子较密或地基较弱，也可选用条形基础，将各柱下的基础连接在一起，使整个建筑物具有良好的整体性。柱下条形基础还可以有效地防止不均匀沉降。

3．井格基础

当地基条件较差或上部荷载较大时，为提高建筑物的整体刚度，避免不均匀沉降，常将独立基础沿纵向和横向连接起来，形成十字交叉的井格基础（图 2-9）。

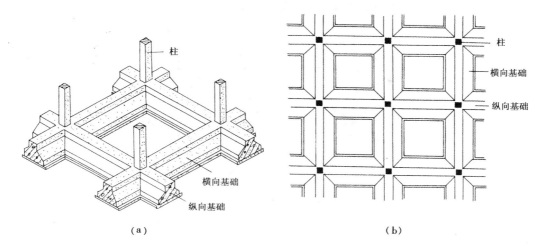

（a） （b）

图 2-9 井格基础
（a）示意；（b）平面

4. 满堂基础

满堂基础包括筏式基础和箱形基础。

（1）筏式基础 当上部荷载较大，地基承载力较低，柱下交叉条形基础或墙下条形基础的底面积占建筑物平面面积较大比例时，可考虑选用整片的筏板承受建筑物的荷载并传给地基，这种基础形似筏子，称筏式基础（图 2-10）。

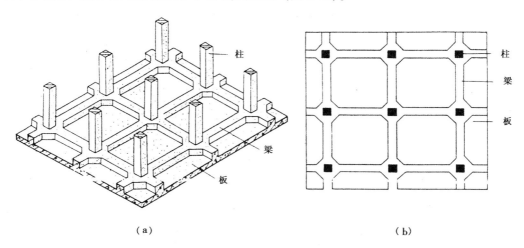

（a） （b）

图 2-10 筏式基础
（a）示意；（b）平面

筏式基础按结构形式分为板式结构和梁板式结构两类，前者板的厚度较大，构造简单；后者板的厚度较小，但增加了双向梁，构造较复杂。

筏式基础具有减少基底压力，提高地基承载力和调整地基不均匀沉降的能力，广泛应用于地基承载能力较差或上部荷载较大的建筑中。

（2）箱形基础 当建筑物荷载很大，或浅层地质情况较差，基础需埋深时，为增加建筑物的整体刚度，不致因地基的局部变形影响上部结构时，常采用钢筋混凝土将基础四周的墙、顶板、底板整浇成刚度很大的盒状基础，叫箱形基础（图2-11）。

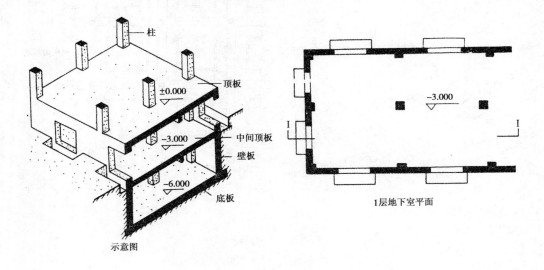

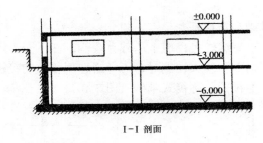

图 2-11　箱形基础

箱形基础具有刚度大、整体性好、且内部空间可用作地下室等特点。因此，常用于高层公共建筑、住宅建筑以及需设1层或多层地下室的建筑中。

5．桩基础

当建筑物荷载较大，地基的软弱土层厚度在5m以上，基础不能埋在软弱土层内，或对软弱土层进行人工处理困难和不经济时，常采用桩基础。

采用桩基础能节省材料，减少挖填土方工程量，改善工人的劳动条件，缩短工期。因此，近年来桩基础采用量逐年增加。

（1）桩基的类型　桩基的种类很多，根据材料不同，一般分为木桩、钢筋混凝土桩和钢桩等；根据断面形式不同分为圆形、方形、环形、六角形及工字形等；根据施工方法不同，分为打入桩，压入桩、振入桩及灌入桩等；根据受力性能不同，又可以分为端承桩和摩擦桩等。

端承桩是将桩尖直接支承在岩石或硬土层上，用桩尖支承建筑物的总荷载并通过桩尖将荷载传给地基。这种桩适用于坚硬土层较浅，荷载较大的工程。

摩擦桩则是用桩挤实软弱土层，靠桩壁与土壤的摩擦力承担总荷载。这种桩适用于坚硬土层较深、总荷载较小的工程（图2-12）。

（2）桩基的组成　桩基是由桩身和承台梁（或板）组成的（图2-13）。桩基是按设计的点位将桩身置入土中的，桩的上端灌注钢筋混凝土承台梁，承台梁上接柱或墙体，以便使建筑荷载均匀地传递给桩基。在寒冷地区，承台梁下一般铺设100～200mm左右厚的粗砂或焦渣，以防止土壤冻胀引起承台梁的反拱破坏。

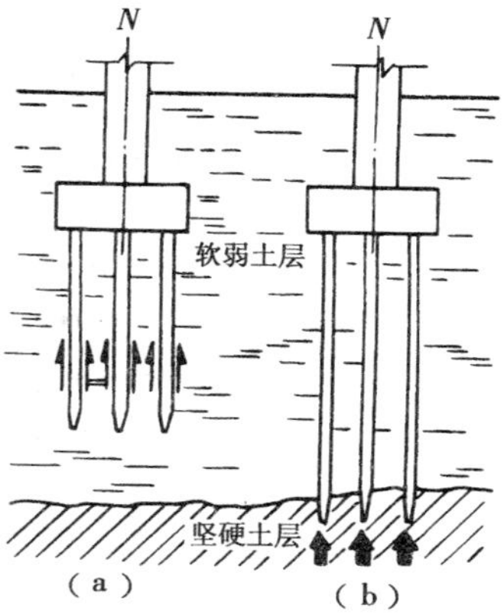

### 二、无筋扩展基础构造

无筋扩展基础常采用砖、石、灰土、三合土、混凝土等材料，根据这些材料的力学性质要求，在基础设计时，应严格控制基础的挑出宽度 $b$ 与高度 $h$ 之比，以确保基础底面不产生较大的拉应力。

图 2-12　桩基受力类型
（a）摩擦桩；（b）端承桩

#### （一）毛石基础

我国石材产量丰富，毛石基础是由石材和砂浆砌筑而成，由于石材抗压强度高、抗冻、抗水、抗腐蚀性能均较好，同时由于石材之间的连接砂浆也是耐水材料，所以毛石基础可以用于地下水位较高、冻结深度较深的底层或多层民用建筑中。

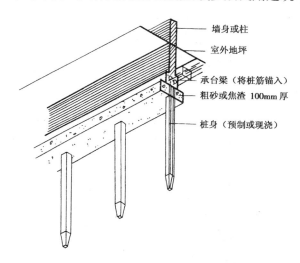

图 2-13　桩基的组成

毛石基础的剖面形式多为阶梯形（图2-14）。基础顶面要比墙或柱每边宽出100mm，基础的宽度、每个台阶的高度均不宜小于400mm，每个台阶挑出的宽度不应大于200，以确保符合宽高比不大于1:15或1:1.25（表2-1）的限制。当基础底面宽度小于700mm时，毛石基础应做成矩形截面。

#### （二）砖基础

砖基础中的主要材料为普通粘土砖，它具有取材容易、价格低廉、制作方便等特点。由于砖的强度、耐久性均较差，故砖基础多用于地基土质好、地下水位较低、5层以下的砖混结构建筑中。

砖基础常采用台阶式、逐级向下放大的做法，称之为大放脚。为了满足刚性角的限制，其台阶的宽高比应小于 1:1.5（表 2-1）。一般采用每 2 皮砖挑出 1/4 砖或每 2 皮砖挑出 1/4 砖与每 1 皮砖挑出 1/4 砖相间的砌筑方法（图 2-15）。砌筑前基槽底面要铺 20mm 厚砂垫层。

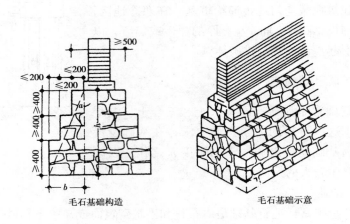

毛石基础构造　　　　　　　　毛石基础示意

图 2-14　毛石基础

（三）灰土与三合土基础

为了节约材料，在地下水位比较低的地区，常在砖基础下作灰土垫层，以提高基础的整体性。该灰土层的厚度不小于 100mm。

灰土基础是由粉状的石灰与松散的粉土加适量水拌合而成，用于灰土基础的石灰与粉土的体积比为 3:7 或 4:6，灰土每层均需铺 220mm，夯实后厚度为 150mm。由于灰土的抗冻、耐水性很差，故只适用于地下水位较低的低层建筑中（图 2-16）。

三合土是指石灰、砂、骨料（碎砖、碎石或矿渣），按体积比 1:3:6 或 1:2:4 加水拌合夯实而成。三合土基础的总厚度 $H_0$ 大于 300mm，宽度 $B$ 大于 600mm。三合土基础在我国南方地区应用广泛，适用于 4 层以下建筑。与灰土基础一样，基础应埋在地下水位以上，顶面应在冰冻线以下。

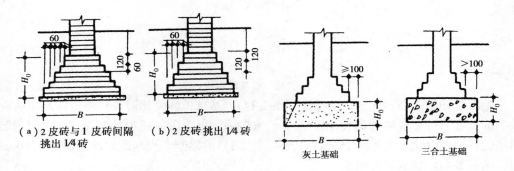

（a）2 皮砖与 1 皮砖间隔　　（b）2 皮砖挑出 1/4 砖
挑出 1/4 砖

图 2-15　砖基础构造　　　　　　灰土基础　　　三合土基础

　　　　　　　　　　　　　　图 2-16　灰土与三合土基础

（四）混凝土基础

混凝土基础具有坚固、耐久、耐腐蚀、耐水等特点，与前几种基础相比刚性角较大，可用于地下水位较高和有冰冻作用的地方。由于混凝土可塑性强、基础的断面形式可以做成矩形、阶梯形和锥形。为方便施工，当基础宽度小于 350mm 时，多做成矩形；

大于350mm时，多作成阶梯形。当底面宽度大于2 000mm时，还可以做成锥形，锥形断面能节省混凝土，从而减轻基础自重。

混凝土的刚性角 α 为45°，阶梯形断面台阶宽高比应小于1:1或1:1.5，使得锥形断面的斜面与水平面夹角 β 应大于45°（图2-17）。

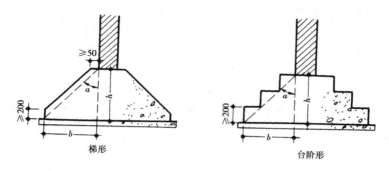

梯形　　　　　　　　　台阶形

图2-17　混凝土基础

为了节约混凝土，常在混凝土中加入粒径不超过300mm的毛石。这种做法称为毛石混凝土。毛石混凝土基础所用毛石的尺寸，不得大于基础宽度的1/3，毛石的体积一般为总体积的20%～30%。毛石在混凝土中应均匀分布。

### 三、扩展基础构造

钢筋混凝土扩展基础由于不受刚性角的限制，所以基础可尽量浅埋，这种基础相当于一个受均布荷载的悬臂梁，所以它的截面高度向外逐渐减少，但最薄处的厚度不应小于200mm。截面如做成阶梯形，每步高度为300～500mm。基础中受力钢筋的数量应通过计算确定，但钢筋直径不宜小于8mm。混凝土的强度等级不宜低于C15。

为了使基础底面均匀传递对地基的压力，常在基础下部用强度等级为C7.5或C10的混凝土做垫层，其厚度宜为60～100mm。有垫层时，钢筋距基础底面的保护层厚度不宜小于35mm；不设垫层时，钢筋距基础底面不宜小于70mm，以保护钢筋免遭锈蚀（图2-18）。

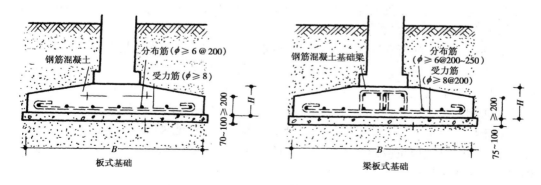

板式基础　　　　　　　　　梁板式基础

图2-18　钢筋混凝土基础

## 第三节　地下室的防潮与防水

在建筑物底层以下的房间叫地下室，它是在限定的占地面积中争取到的使用空间。高层建筑的基础很深，利用这个深度建造1层或多层地下室，既可提高建设用地的利用率，又不需要增加太多投资。适用于设备用房、储藏库房、地下商场、餐厅、车库，以及战备防空等多种用途（图2-19）。

### 一、地下室类型

按使用功能分，有普通地下室和防空地下室；按顶板标高分，有半地下室和全地下室；按结构材料分，有砖墙地下室和混凝土墙地下室。

### 二、地下室的防潮与防水构造

由于地下室的墙身，底板长期受到地潮或地下水的浸蚀，由于水的作用，轻则引起室内墙面灰皮脱落，墙面上生霉，影响人体健康；重则进水，使地下室不能使用或影响建筑物的耐久性。因此，如何保证地下室在

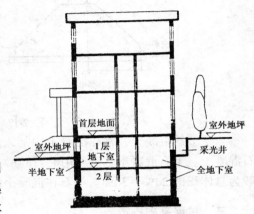

图2-19　地下室示意

使用时不受潮、不渗漏，是地下室构造设计的主要任务。设计人员必须根据地下水的情况和工程的要求，对地下室设计采取相应的防潮、防水措施。

（一）地下室的防潮

当地下水的常年水位和最高水位都在地下室地面标高以下时（图2-20a），仅受到土层中地潮的影响，这时只需做防潮处理。对于砖墙，其构造要求是：墙体必须采用水泥砂浆砌筑，灰缝要饱满；在墙面外侧设垂直防潮层。做法是在墙体外表面先抹一层20mm厚的水泥砂浆找平层，再涂一道冷底子油和两道热沥青，然后在防潮层外侧回填低渗透土壤，如粘土、灰土等，并逐层夯实。土层宽500mm左右，以防地面雨水或其他地表水的影响。

另外，地下室的所有墙体都必须设两道水平防潮层。一道设在地下室地坪附近（具体位置视地坪构造而定，见图2-20b）；另一道设置在室外地面散水以上150~200mm的位置，以防地下潮气沿地下墙身或勒角处侵入室内。凡在外墙穿管、接缝等处，均应嵌入油缝防潮。

对于地下室地面，一般主要借助混凝土材料的憎水性能来防潮，但当地下室的防潮要求较高时，其地层也应做防潮处理。一般设在垫层与地面面层之间，且与墙身水平防潮层在同一水平地面上。

当地下室使用要求较高时，可在围护结构内侧加涂防潮涂料，以消除或减少潮气渗入。

（二）地下室防水

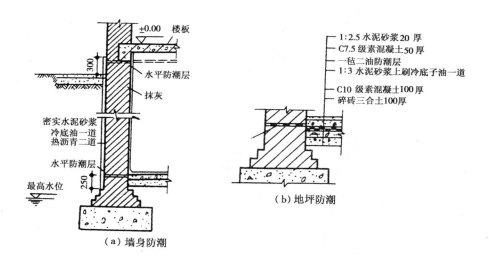

（a）墙身防潮 （b）地坪防潮

图 2-20 地下室防潮处理

当设计最高地下水位高于地下室地面时，地下室的底板和部分外墙将浸在水中。在水的作用下，地下室的外墙受到地下水的侧压力，底板则受到浮力作用，而且地下水位高出地下室地面愈高，侧压力和浮力就越大，渗水也越严重。因此，地下室外墙与底板应做好防水处理。

目前，采用的防水方案有材料防水和自防水两大类。

1. 材料防水

材料防水是在外墙和底板表面敷设防水材料，借材料的高效防水特性阻止水的渗入，常用卷材、涂料和防水水泥砂浆等。

（1）卷材防水能适应结构的微量变形和抵抗地下水的一般化学侵蚀，比较可靠，是一种传统的防水做法。防水卷材一般用沥青卷材（石油沥青卷材、焦油沥青卷材）和高分子卷材（如三元乙丙-丁基橡胶防水卷材、氯化聚乙烯-橡塑共混防水卷材等），各自采用与卷材相适应的胶结材料胶合而成的防水层。高分子卷材具有重量轻、使用范围广、抗拉强度高、延伸率大、对基层伸缩或开裂的适用性强等特点，而且是冷作业，施工操作简捷，不污染环境。但目前价格偏高，且不宜用于地下水含矿物油或有机溶液的地方。一般为单层做法。

沥青卷材是一种传统的防水材料，有一定的抗拉强度和延伸性，价格较低，但属热作业，操作不便，并污染环境，易老化。一般为多层做法，卷材的层数根据水压即地下水的最大计算水头大小而定（表 2-2）。最大计算水头，是指设计最高地下水位高于地下室底板下皮的高度。

表 2-2 防水层的卷材层数

| 最大计算水头（m） | 卷材所受经常压力（MPa） | 卷 材 层 数 |
| --- | --- | --- |
| < 3 | 0.01 ~ 0.05 | 3 |
| 3 ~ 6 | 0.05 ~ 0.1 | 4 |
| 6 ~ 12 | 0.1 ~ 0.2 | 5 |
| > 12 | 0.2 ~ 0.5 | 6 |

按防水材料的铺贴位置不同，分外包防水和内包防水两类（图2-21）。外包防水是将防水材料贴在迎水面，即外墙的外侧和底板的下面，防水效果好，采用较多，但维修困难，缺陷处难于查找。内包防水是将防水材料贴于背水一面，其优点是施工简便，便于维修，但防水效果较差，多用于修缮工程。

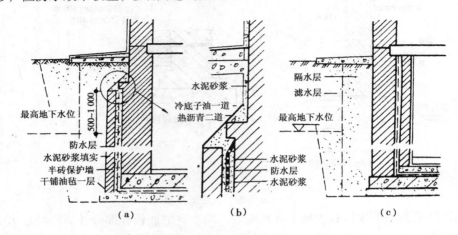

图 2-21  地下室防水处理

(a) 外包防水；(b) 墙身防水层收头处理；(c) 内包防水

沥青油毡外包防水构造对地下室地坪的防水处理：先在混凝土垫层上将油毡铺满整个地下室，在其上浇筑细石混凝土或水泥砂浆保护层以便浇筑钢筋混凝土底板。地坪防水油毡需留出足够的长度以便与墙面垂直防水油毡搭接。对墙体的防水处理：先在外墙外面抹20mm厚的1:2.5水泥砂浆找平层，涂刷冷底子油一道，再按一层油毡一层沥青胶顺序粘贴好防水层。油毡需从底板上包上来，沿墙身由下而上连续密封粘贴，在设计水位以上500~1 000mm处收头。然后，在防水层外侧砌厚为120mm的保护墙以保护防水层均匀受压，在保护墙与防水层之间缝隙中灌以水泥砂浆。保护墙下干铺油毡一层，并沿其长度方向每隔3~5m设一通高竖向断缝，以保证系压防水层。

(2) 涂料防水系指在施工现场以刷涂、刮涂、滚涂等方法将无定型液态冷涂料在常温下涂敷于地下室结构表面的一种防水做法。目前，涂料以经乳化或改性的沥青材料为主，也有用高分子合成材料制成的，固化后的涂料薄膜能防止地下无压水（渗流水、毛细水）及压力不大（水头小于1.5m）的有压水侵入。一般为多层敷设。为增强防水效果，可夹铺1~2层纤维制品（玻璃纤维、玻璃丝网格布）。涂料的防水质量、耐老化性能均较油毡防水层好，故目前在地下室防水工程中应用广泛。

(3) 水泥砂浆防水是采用合格材料，通过严格多层次交替操作形成的多防线整体防水层或掺入适量的防水剂以提高砂浆的密实性。但是由于目前水泥砂浆防水以手工操作为主，质量难以控制，加之砂浆干缩性大，故仅适用于结构刚度大、建筑物变形小、面积小的工程。

2. 混凝土防水

为满足结构和防水的需要，地下室的地坪与墙体材料一般多采用钢筋混凝土。这时，以采用防水混凝土材料为佳。防水混凝土的配制和施工与普通混凝土相同。所不同的是借不同的集料级配，以提高混凝土的密实性；或在混凝土内掺入一定量的外加剂，

以提高混凝土自身的防水性能。集料级配主要是采用不同粒径的骨料进行配料，同时提高混凝土中水泥砂浆的含量，使砂浆充满于骨料之间，从而堵塞因骨料间直接接触而出现的渗水通道，达到防水目的。

掺外加剂是在混凝土中掺入加气剂或密实剂以提高其抗渗性能。目前，常采用的外加防水剂的主要成分有氯化铝、氯化钙及氯化铁，系淡黄色液体。它掺入混凝土中能与水泥水化过程中的氢氧化钙反应，生成氢氧化铝、氢氧化铁等不溶于水的胶体，并与水泥中的硅酸二钙铝酸三钙合成复盐晶体，这些胶体与晶体填充于混凝土的孔隙内，从而提高其密实性，使混凝土具有良好的防水性能。集料级配防水混凝土的抗渗标号可达 35MPa；外加剂防水混凝土外墙、底板均不宜太薄。一般外墙厚为 200mm 以上，底板厚应在 150mm 以上，否则会影响抗渗效果。为防止地下水对混凝土的侵蚀，在墙外侧应抹水泥砂浆，然后涂刷沥青（图 2-22）。

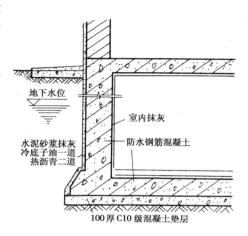

图 2-22 防水混凝土防水处理

地下室钢筋混凝土底板必须连续浇筑，其间不得留施工缝；地下室的墙体一般只允许留水平施工缝，其位置一般宜留在高出底板面 200mm 以上；如必须留垂直施工缝时，应留在结构变形缝处。凡地下室需穿越管道及预埋件，必须在浇筑混凝土前按设计要求予以固定，并要求穿墙管道预埋套管、设置止水环。遇有变形缝处，应根据不同要求可分别选用金属止水带、埋入式橡胶或塑料止水带（图 2-23）。

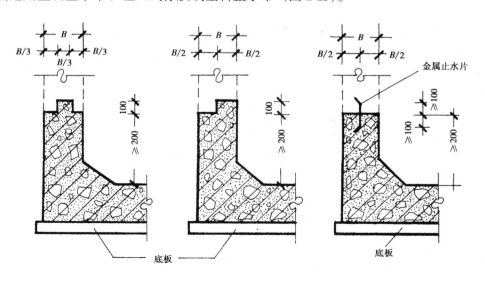

图 2-23 地下室施工缝接缝构造形式（单位：mm）

（三）采光井构造

为了充分利用地下室空间，以满足一定的采光和通风要求，往往在地下室外墙一侧设置采光井。一般沿每个开窗部位单独设一个，也可将几个采光井合并在一起。

采光井由底板和侧墙构成，底板一般为现浇钢筋混凝土，侧墙可用砖或钢筋混凝土浇筑。构造要求：采光井底板应做出 1%～3% 的坡度，并通过排水口及时排入室外排水管网。同时，在采光井的上部铺盖铸铁或其他金属篦子，使之既满足使用要求又保证安全（图 2-24）。

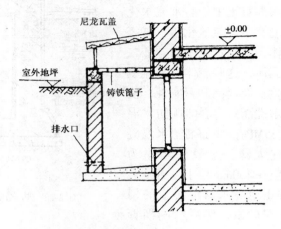

图 2-24　地下室采光井

### 三、地下工程防水技术规范简介

规范共分 10 个部分，摘要如下：

（一）总则

本规范适用于工业与民用地下建筑、防护工程及隧道等地下工程防水的设计、施工和验收。地下工程防水的设计和施工必须做好工程水文地质勘察工作，遵循"防、排、截、堵相结合，因地制宜，综合治理"的原则。

（二）地下工程防水设计

1．一般规定

（1）地下工程的防水设计，应定级准确、措施可靠、选材适当、经济合理。

（2）城市的地下工程，宜根据总体规范及排水体系，进行合理布局和确定工程标高。

（3）地下工程的防水设计，应考虑地表水、潜水、上层滞水、毛细管水等的作用，以及由于人为因素引起的附近水文地质改变的影响，合理确定工程防水标高。

（4）地下工程的防水，宜采用复合防水、防水混凝土自防水结构，并根据需要可设附加防水层或采用其他防水措施。

（5）变形缝、施工缝、穿墙管（盒）、埋设件、预留孔洞等特殊部件，应采取加强措施。

（6）地下管沟、地洞、出入口、窗井等应有防灌措施，寒冷地区的排水沟应有防冻措施。

（7）防水设计前，应根据工程特点搜集历年最高地下水位的标高、地下水类型、工程地质构造、历年气温变化情况、区域地形、地貌、工程所在区域的地震等有关资料。

2．地下工程防水等级

（1）地下工程的防水等级，按维护结构允许渗漏水量划分为四级，各级应符合表2-3规定。

表 2-3　地下工程防水等级

| 防水等级 | 标　　　准 |
| --- | --- |
| 一　级 | 不允许渗水，围护结构无湿渍 |
| 二　级 | 不允许漏水，围护结构有少量、偶见的湿渍 |
| 三　级 | 有少量漏水点，不得有线流和漏泥砂，每昼夜漏水量 $< 0.5 \text{L/m}^2$ |
| 四　级 | 有漏水点，不得有线流和漏泥砂，每昼液漏水量 $< 2 \text{L/m}^2$ |

（2）地下工程的防水等级，应根据工程的重要性和使用中对防水的要求确定，见表2-4。

表 2-4　各类地下工程的防水等级

| 防水等级 | 工　程　名　称 |
| --- | --- |
| 一　级 | 医院、餐厅、旅馆、影剧院、商场、冷库、粮库、金库、档案库、通信工程、计算机房、电站控制室、配电间、防水要求较高的生产车间<br>指挥工程、武器弹药库、防水要求较高的掩蔽部<br>铁路旅客站台　行李房、地下铁道车站、城市人行地道 |
| 二　级 | 一般生产车间、空调机房、发电机房、燃料库<br>一般人员掩蔽工程<br>电气化铁路隧道、寒冷地区铁路隧道、地铁运行区间隧道、城市公路隧道、水泵房 |
| 三　级 | 电缆隧道<br>水下隧道、非电气化铁路隧道、一般公路隧道 |
| 四　级 | 取水隧道、污水排放隧道<br>人防疏散干道<br>涵　洞 |

注：① 地下工程的防水等级，可按工程或组成单元划分。
　　② 对防潮要求较高的工程，除应按一级防水等级外，还应采取相应的防潮措施。

3．地下工程防水方案

（1）对于没有自流排水条件而处于饱和土层或岩层中的工程，可采用下列防水方案：

① 复合防水；

② 防水混凝土自防水结构，铸铁管筒或管片；

③ 设置附加防水层，采用注浆或其他防水措施。

（2）对于没有自流排水条件而处于非饱和土层或岩层中的工程，可采用下列防水方案：

① 复合防水；防水混凝土自防水结构，外满涂与防水等级要求相一致的防水涂料；

② 防水混凝土自防水结构，普通混凝土结构或砌体结构；

· 29 ·

③ 设置附加防水层或采用注浆或其他防水措施。

（3）对于有自流排水条件工程，可采用下列防水方案：

① 防水混凝土自防水结构、普通混凝土结构、砌体结构或锚喷支护；

② 设置附加防水层、衬套、采用注浆或其他防水措施；

③ 防水混凝土自防水结构，外满涂防水涂料。

（4）对处于侵蚀性介质中的工程，应采用耐侵蚀的防水砂浆、混凝土、卷材或涂料等防水方案。

（5）对受推动作用的工程，应采用柔性防水卷材或涂料等防水方案。

（6）对处于冻土层中的工程，当采用混凝土结构时，其混凝土抗冻融循环不得小于100次。

（7）具有自流排水条件的工程，应设自流排水系统。无自流排水条件，有渗漏水或需应急排水的工程，应设机械排水系统。

（三）防水混凝土

1．一般规定

（1）防水混凝土的抗渗能力，不应小于 0.6MPa。

防水混凝土的抗渗等级，应根据防水混凝土的设计壁厚及地下水的最大水头的比值，按表 2-5 选用。

表 2-5　防水混凝土抗渗等级

| 最大水头（$H$）与防水混凝土壁厚（$h$）的比值 | 设计抗渗等级（MPa） |
| --- | --- |
| < 10 | 0.6 |
| 10 ~ 15 | 0.8 |
| 15 ~ 25 | 1.2 |
| 25 ~ 35 | 1.6 |
| > 35 | 2.0 |

（2）防水混凝土的环境温度不得高于 100℃，处于侵蚀性介质中防水混凝土的侵蚀系数，不应小于 0.8。

（3）防水混凝土结构的混凝土垫层，其抗压强度等级不应小于 10MPa，厚度不应小于 100mm。

（4）防水混凝土结构，应符合下列规定：

① 衬砌厚度不应小于 20mm；

② 裂缝宽度不得大于 0.2mm；

③ 钢筋保护层厚度迎水面不应小于 35mm，当直接处于侵蚀性介质中时，保护层厚度不应小于 50mm。

2．其他（略）

（四）附加防水层（略）

（五）注浆防水

1．一般规定

（1）注浆包括预注浆、衬砌前围岩注浆、回填注浆、衬砌内注浆、衬砌后围岩注浆等，应根据工程水文地质条件按下列要求选择注浆方案：

① 在工程开挖前，预计涌水量大的地段、软弱地层，宜采用预注浆；

② 开挖后有大股通水或大面积渗漏水时，应采用衬砌前围岩注浆；

③ 衬砌后或回填注浆后仍有渗漏水时，宜采用衬砌内注浆或衬砌后围岩注浆。

（2）注浆应符合下列规定：

① 预注浆后的漏水量应小于设计允许值，浆液固结体达到设计强度后工程方可开挖；

② 回填注浆应在衬砌混凝土达到设计强度 70% 后进行；

③ 衬砌后围岩注浆应在回填注浆浆液固结体达到 70% 后进行。

2. 其他（略）

（六）特殊施工法的结构防水（略）

（七）隧道、坑道排水（略）

（八）细部构造（略）

（九）其他（略）

（十）工程检验及竣工验收（略）

## 复习思考题

1. 什么叫地基？什么叫基础？地基基础工程为什么必须受到重视？

2. 常用的基础材料有哪几种？你所在地区民用建筑的基础都采用哪些材料，采用什么形式的基础？

3. 什么叫刚性基础和柔性基础？

4. 桩基础的种类？什么叫端承桩和摩擦桩。

5. 地下室的构造及其要求。

6. 试述地下室防潮与防水的几种作法。

# 第三章 墙 体

## 第一节 概 述

### 一、墙的类型

按墙在建筑物中的位置、受力情况、所用材料和构造方式不同可将其分成不同的类型。

按所处位置不同，墙分为外墙和内墙。建筑物四周的墙称为外墙，其作用是分隔室内外空间，起挡风、阻雨、保温、防热等作用。位于建筑物内部的墙称为内墙，其作用是分隔室内空间，保证各空间的正常使用。凡沿建筑物长轴方向的墙称为纵墙，有外纵墙和内纵墙之分；沿短轴方向的墙称为横墙，其中外横墙称为山墙。另外，尚有窗与窗或门与窗之间的窗间墙，窗洞下方的窗下墙以及屋顶上四周的女儿墙等（图 3-1）。

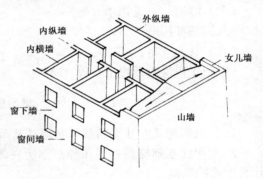

图 3-1 墙各部分的名称

按受力不同，墙可分为承重墙和非承重墙。直接承受其它构件传来荷载的墙称为承重墙，不承受外来荷载，只承受自重的墙称为非承重墙。建筑物内部只起分隔作用的非承重墙称为隔墙。骨架结构的外墙，除承受自重和风力外，一般不承受其它荷载，为非承重墙，它有自承重墙、填充墙、悬挂墙即幕墙等形式。

按所用材料，有砖墙、石墙、土墙、混凝土墙以及各种天然的、人工的或工业废料制成的砌块墙、板材墙等。按构造方式不同，又可分为实体墙、空体墙和组合墙三种类型（图 3-2）。实体墙是由一种材料构成，如普通砖墙、砌块墙等；空体墙也由一种材料构成，但墙内留有空腔，如空斗墙、空气间层墙等；组合墙则是由两种或两种以上材料组合而构成的墙。

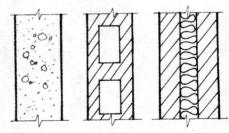

a) 实体墙 b) 空体墙 c) 组合墙

图 3-2 墙的构造方式

### 二、墙的设计要求

1. 具有足够的强度和稳定性，以保证安全。墙的强度与所用材料、墙体尺寸以及构造和施工方式有关；墙的稳定性则与墙的长度、高度、厚度相关，一般通过合适的高厚比例、加设壁柱、圈梁、构造柱以及加强墙与墙或墙与其它构件的连接等措施增加其

稳定性；

2．具有必要的保温、防热、隔声、防水、防潮和防火等性能以满足建筑物的正常使用，提高使用质量和耐久年限；

3．合理选择墙体材料和构造方式以减轻自重、提高功能、降低造价、降低能源消耗、保护耕地和减少环境污染；

4．适应工业化生产的要求，为生产工业化、施工机械化创造条件以降低劳动强度、提高施工工效。

## 第二节  砖墙构造

### 一、砖墙材料

砖墙是用砂浆将砖按一定技术要求砌筑成的砌体，其主要材料是砖与砂浆。

（一）砖

砌墙用的砖类型很多，应用最普遍的是烧结普通砖、烧结多孔砖以及蒸压灰砂砖、蒸压粉煤灰砖等。我国标准砖的规格为 240mm × 115mm × 53mm。为适应模数制的要求，近年来开发了多种符合模数的砖型，其尺寸为 90mm × 90mm × 190mm、90mm × 190mm × 190mm、190mm × 190mm × 190mm 等（图 3-3）。

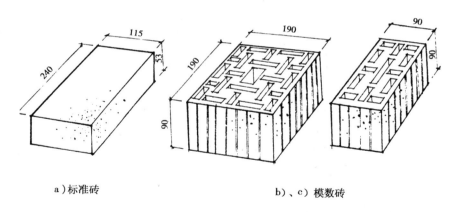

a）标准砖                          b）、c）模数砖

图 3-3  粘土砖规格

砖的强度以强度等级表示，有 MU10，MU15，MU20，MU25，MU30 等五级，其中的数值相当于以 N/mm² 计抗压强度的 1/0.98 倍，如 MU10 的抗压强度为 10 ÷（1/0.98）= 9.8N/mm²（N 为牛顿）。

我国不少地区粘土资源严重不足，烧结普通砖向空心化、多孔化发展是解决矛盾的途径之一。从长远看，砖生产的根本出路是工业废渣的资源化，如利用粉煤灰、矿渣等工业废料制砖。

（二）砂浆

砂浆将砌体内的砖块连接成一整体，用砂浆抹平砖表面，使砌体在压力下应力分布较均匀，此外砂浆填满砌体缝隙，减少了砌体的空气渗透，提高了砌体的保温、隔热和抗冻能力。

砂浆按其成分有水泥砂浆、石灰砂浆和混合砂浆等。水泥砂浆由水泥、砂加水拌和而成，属于水硬性材料，强度高，适合砌筑处于潮湿环境下的砌体。石灰砂浆由石灰膏、砂加水制成，属于气硬性材料，强度不高，多用于砌筑次要的建筑地面以上的砌体。混合砂浆则由水泥、石灰膏、砂和水拌和而成。这种砂浆强度较高、和易性和保水性较好，适于砌筑一般建筑地面以上的砌体。

砂浆强度分为五个等级，即 M2.5，M5，M7.5，M10，M15。

## 二、砖墙厚度

砖砌体用作内外承重墙、围所墙或隔墙。承重墙的厚度是根据强度和稳定性的要求确定，围护墙则需要考虑保温、防热、隔声等要求来确定其厚度。此外，砖墙厚度应与砖的规格相适应。

实砌标准砖墙的厚度有 120mm（半砖）、240mm（一砖）、370mm（一砖半）、490mm（两砖）、620mm（两砖半）等。有时为节约材料，墙厚可不按半砖，而按 1/4 砖进位。这时砌体中有些砖需侧砌，构成 180mm、300mm、420mm 等厚度。

模数砖可砌成 90mm、190mm、290mm、390mm 等厚度的墙体。

## 三、砖墙构造

（一）勒脚

建筑物四周与室外地面接近的那部分墙体称为勒脚，一般是指室内首层地面和室外地面之间的一段墙体，也有将勒脚提高到首层窗台下或更高。由于距室外地面最近，容易受到人、物和车辆的碰撞以及雨、雪、土壤潮气的侵蚀而破坏。因此，须采取相应的构造措施加以防范。

1. 加固勒脚 一般是在勒脚的外表面作水泥砂浆或其它强度较高并且有一定防水能力的抹灰处理。为加强与砌体的连接，可作咬口处理。这种做法造价不高、施工简便，应用甚广。也可用坚固材料，如石块来砌筑，或用天然石板、人造石板贴面（图3-4）。

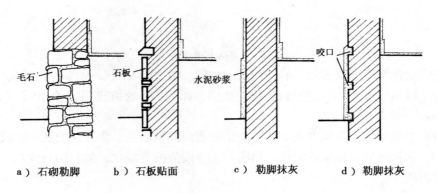

a）石砌勒脚　　b）石板贴面　　c）勒脚抹灰　　d）勒脚抹灰

图 3-4　勒脚加固

2. 防潮　地表水和土壤潮气很容易侵入勒脚，由于砌体的毛细作用，水分不断上升，高时可达二层。墙身受潮影响建筑物的使用质量、人体健康、耐久性和美观（图 3-5）。因此，在构造上须采取防潮措施，通常是设置防潮层。

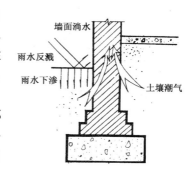

图 3-5　墙身受潮示意

（1）水平防潮　水平防潮是在建筑地层附近一定部位的墙体中设置水平向通长防潮层。按材料不同，一般有油毡防潮层、砂浆防潮层和配筋细石混凝土防潮层等（图 3-6）。

油毡防潮层具有一定的韧性和良好的防潮性能，但由于油毡层降低了砖砌体的整体性，不能用于有抗震设防要求的墙体中。另外，由于油毡的老化使耐久年限不长，目前已较少采用。

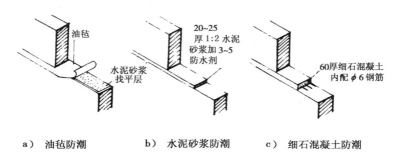

a）油毡防潮　　b）水泥砂浆防潮　　c）细石混凝土防潮

图 3-6　水平防潮层

砂浆防潮层是在需要设置防潮层的位置上铺设一层防水砂浆或用防水砂浆砌筑 2 ~ 3 皮砖。防水砂浆是在水泥砂浆中掺入水泥用量 3% ~ 5% 的防水剂配制而成，铺设厚度为 20 ~ 25mm。采用防水砂浆，砌体的整体性好，较适用于抗震地区、独立砖柱和受振动较大的砌体。但砂浆属脆性材料，易开裂，不适于地基会产生一定变形的建筑中。

配筋细石混凝土防潮层厚度一般为 6mm。它抗裂性好，且能与砌体结合成一体，很适用于整体刚度要求较高的建筑中。

考虑到室内地层下填土和垫层具有毛细作用，应将水平防潮层设置在地层的混凝土垫层厚度范围内。通常在 - 0.06m 标高处设置。同时，为防止地表反溅水的浸入，水平防潮层应设在距室外地面至少 150mm 的勒脚墙体中（图 3-7）。

（2）垂直防潮　当相邻室内地层存在高差或室内地层低于室外地面时，为避免地表水和土壤潮气的侵袭，不仅要设置水平防潮层，而且要对高差部分的垂直墙面作防潮处理。方法是在高低地层之间或地层与室外地面之间，即两道水平防潮层之间，迎水和潮气的垂直墙面上先用水泥砂浆将墙面抹平，再涂以冷底子油一道、热沥青两道或作其它行之有效的处理（图 3-8）。

（3）设明沟、散水　为了将地表水迅速排离，避免勒脚和下部砌体受水，一般在建筑物外墙四周设明沟或散水。

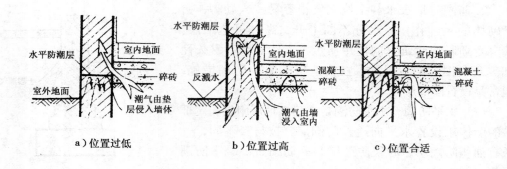

a）位置过低　　　　b）位置过高　　　　c）位置合适

图 3-7　水平防潮层位置

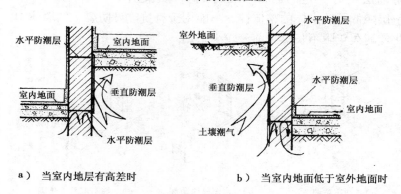

a）当室内地层有高差时　　　　b）当室内地面低于室外地面时

图 3-8　垂直防潮层位置

明沟是设在外墙四周将通过雨水管流下的屋面雨水有组织地导向集水口，流向排水系统的小型排水沟。明沟一般用素混凝土现浇，外抹水泥砂浆，或用砖石砌筑再抹水泥砂浆而成（图 3-9）。

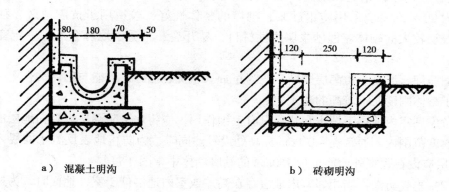

a）混凝土明沟　　　　b）砖砌明沟

图 3-9　明沟断面

散水是设在外墙四周的倾斜护坡，坡度为 3% ~ 5%，宽度一般为 600 ~ 1 000mm，并要求比无组织排水屋顶檐口宽出 200mm 左右。所用材料与明沟相同。为防止由于建筑物的沉降和土壤冻胀等影响导致勒脚与散水交接处开裂，在构造上要求散水与勒脚连接处设缝。散水沿长度方向宜设分格缝，以适应材料的收缩、温度变化和土壤不均匀变形的影响。上述缝内填塞沥青胶等材料，以防渗水。散水做

法见图 3-10。

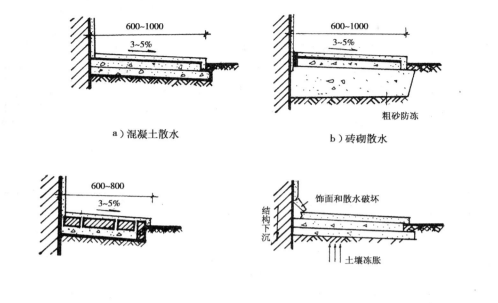

a）混凝土散水                    b）砖砌散水

c）寒冷地区散水举例          d）建筑下沉和土壤冻胀使勒脚饰面和散水破坏示意

图 3-10  散水断面

（二）窗台

为避免顺窗面淌下的雨水聚积窗洞下部或沿窗下槛与窗洞之间的缝隙向室内渗流，也为了避免污染墙面，应在窗洞下部靠室外一侧设置窗台。

窗台有悬挑窗台和不悬挑窗台两种。悬挑窗台常采取丁砌一皮砖，并向外挑出60mm，表面用水泥砂浆抹出坡度和做出滴水，引导雨水沿滴水线聚集而落下。清水墙面常用一砖倾斜侧砌，向外挑出，自然形成坡度和滴水，用水泥砂浆严密勾缝。此外，尚有预制钢筋混凝土窗台等（图 3-11a、b、c）。如果外墙饰面为面砖、马赛克等易于冲洗的材料，可做不悬挑窗台，窗下墙的脏污可借窗上不断流下的雨水冲洗干净（图 3-11d）。

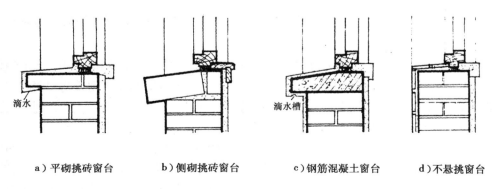

a）平砌挑砖窗台      b）侧砌挑砖窗台      c）钢筋混凝土窗台      d）不悬挑窗台

图 3-11  窗台构造

窗框下槛与窗台交接部位是防水渗漏的薄弱环节，为避免雨水顺缝隙渗入，应将抹灰嵌入木窗下槛外缘刨出的槽口内，或嵌在槽口下，切忌将抹灰抹得高于槽口。

（三）门窗过梁

过梁是门窗等洞口上设置的横梁，承受洞口上部墙体与其它构件（楼层、屋顶等）传来的荷载，并将荷载传至窗间墙。由于砌体相互错缝咬接，过梁上的墙体在砂浆硬结后具有拱的作用，它的部分自重可以直接传给洞口两侧墙体，而不由过梁承受，只承受如图 3-12 粗线下呈三角形的砌体荷载。

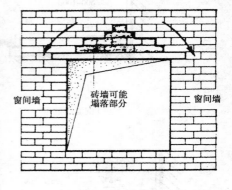

图 3-12 过梁受荷范围示意

过梁可直接用砖砌筑，也可用木材、型钢和钢筋混凝土制作。砖砌过梁和钢筋混凝土过梁采用得最为广泛。

1. 砖砌平拱  这种过梁用竖砖砌筑，竖砖部分的高度不小于 240mm，洞口宽度不超过 1.2m（图 3-13a、b），当过梁上有集中荷载或振动荷载时，不宜采用。

2. 砖砌弧拱  这种过梁也用竖砖砌筑，竖砖部分高度不应小于 240mm。弧拱的最大跨度 $l$ 与矢高 $f$ 有关，$f = \left(\dfrac{1}{12} - \dfrac{1}{8}\right) l$ 时为 2.5～3.5m；$f = \left(\dfrac{1}{6} - \dfrac{1}{5}\right) l$ 时为 3～4m。

平拱和弧拱多用于清水砖墙。

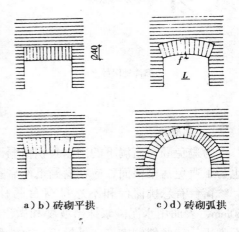

a）b）砖砌平拱　c）d）砖砌弧拱

图 3-13 砖拱过梁

3. 钢筋砖过梁  钢筋砖过梁是在门窗洞口上部砂浆层内配置钢筋的平砌砖过梁。过梁砌筑方法与一般砖墙一样，适用于清水墙、施工方便，但门窗洞口宽度不应超过 1.5m。通常将 φ6 钢筋埋于过梁底面厚度为 30mm 的砂浆层内，根数不少于两根，钢筋间距不大于 120mm，钢筋端部应弯起，伸入洞口两侧不小于 240mm。洞口上 $\dfrac{1}{4}l$ 高度范围内（一般为 5～7 皮砖）用不低于 M5 的砂浆砌筑（图 3-14）。

4. 钢筋混凝土过梁  砖砌过梁（尤其是无筋砖过梁）对振动荷载和地基不均匀沉降比较敏感，因此对有较大振动荷载，可能产生不均匀沉降的建筑物或门窗洞口尺寸较大时，应采用钢筋混凝土过梁。由于钢筋混凝土过梁跨度不受限制、施工方便的优点，已成为门窗过梁的基本形式。

钢筋混凝土过梁宽度一般同墙厚，高度与砖的皮数相适应，常为 120mm、180mm、240mm 等，过梁伸入两侧墙内不少于 240mm。预制钢筋混凝土过梁施工方便、速度快、省模板和便于门窗洞口上挑出装饰线条等优点，应用十分广泛。钢筋混凝土过梁是砌体中导热系数较大的嵌入构件，在寒冷地区不应贯通砌体整个厚度，并应做局部保温处理

以避免热桥（图 3-15）。

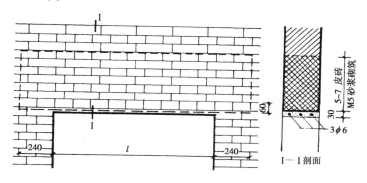

图 3-14　钢筋砖过梁

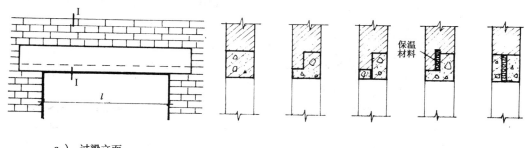

a ）　过梁立面　　　　　　　　　b ）　过梁的断面形式与构造

图 3-15　钢筋混凝土过梁

（四）圈梁

圈梁又称腰箍，它可以提高建筑物的空间刚度和整体性、增加墙体稳定、减少由于地基不均匀沉降而引起的墙体开裂，并防止较大振动荷载对建筑物的不良影响。在抗震设防地区，设置圈梁是减轻震害的重要构造措施。

圈梁是沿外墙、内纵墙和主要横墙设置的处于同一水平面内的连接封闭梁。如果圈梁被门窗或其它洞口切断，不能封闭时，应在洞口上部设置截面不小于圈梁的附加梁（图 3-16）。附加梁与墙的搭接长度 $l$ 应大于与圈梁之间的垂直间距 $h$ 的 1 倍，且不小于1m。

圈梁有钢筋混凝土圈梁和钢筋砖圈梁两种。圈梁宜设在楼板标高处，尽量与楼板结构连成整体，也可设在门窗洞口上部，兼起过梁作用。

（五）构造柱

圈梁在水平方向将楼板与墙体箍住，构造柱则从竖向加强墙体的连接，与圈梁一起构成空间骨架，提高了建筑物的整体刚度和墙体的延性，约束墙体裂缝的开展，从而增加建筑物承受地震作用的能力。因此，有抗震设防要求的建筑中须设钢筋混凝土构造柱。

构造柱一般在墙的某些转角部位（如建筑物四角、纵横墙相交处、楼梯间转角处等）设置，沿整个建筑高度贯通，并与圈梁、地梁现浇成一体。施工时先砌墙，后浇混凝土。要注意构造柱与周围构件的连结，根部应与基础或基础梁有良好的连结（图

3-17)。

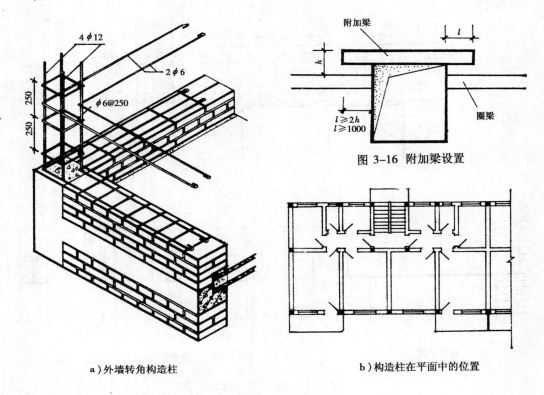

图 3-16 附加梁设置

a) 外墙转角构造柱　　　　　　　　b) 构造柱在平面中的位置

图 3-17　构造柱

## 四、空斗墙构造

空斗墙是用粘土砖砌成的空体墙，在我国南方一些地区采用，厚度一般为一砖，有无眠空斗和有眠空斗（一眠一斗、一眠三斗等）砌法（图 3-18）。根据资料，一砖厚空斗墙与实体墙比较，省砖 22% ~ 38%。

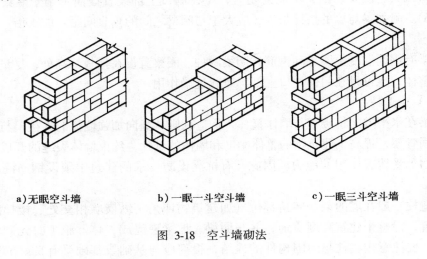

a) 无眠空斗墙　　　　　b) 一眠一斗空斗墙　　　　c) 一眠三斗空斗墙

图 3-18　空斗墙砌法

空斗墙自重轻、造价低，可用作三层以下民用建筑的承重墙，但遇下列情况不宜采用：

1. 土质软弱，且可能引起建筑物不均匀下沉时；

2. 门窗洞口面积超过墙面积50%以上时；

3. 建筑物受到振动荷载时；

4. 地震烈度为6度或6度以上地区。

在构造上，空斗墙要求在门窗洞口侧边、墙转角、内外墙交接、勒脚及与承重砖柱相接处均应采取眠砖实砌，在楼板、梁、屋架、檩条支承处，墙体也应眠砖实砌三皮以上（图3-19）。

**五、组合墙构造**

为满足保温、节能要求，也为了减轻墙体重量、减小厚度和节约用砖，寒冷地区外墙常用砖与其它轻质材料结合而成的组合墙。在这种外墙中，轻质材料起保温作用，强度较高的砖主要起承重作用，不同材料发挥各自的功能。

按保温材料的位置，组合砖墙分为外保温墙、内保温墙和夹心墙等（图3-20）。

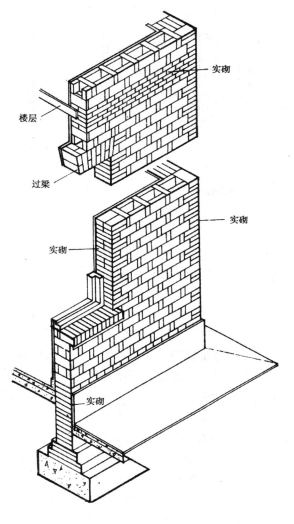

图 3-19　空斗墙构造

外保温墙即将保温材料放于室外低温一侧，将容重大、质地密实的砖砌体放于室内一侧。这时墙体的表面温度波动小，当供热不均匀或室外温度变化较大时，可保证墙的内表面的温度不致急剧下降，使室温也不致突然下降。保温材料放于低温一侧，减少了保温材料内部产生凝结水的可能性，也减弱了热桥作用。但是，目前多数保温材料不能防水，且耐久性差，必须在其外侧增设保护层和防雨措施，增加了材料用量和构造的复杂性。

保温材料放在室内高温一侧的墙称为内保温墙，它施工简单、造价较低，但室内的热稳定性较差，保温材料内部容易产生凝结水，墙体中的热桥也不易消除。一般用于室内湿度不高的原有建筑外墙保温改造，但必须认真作好隔汽层。

夹层保温砖墙是将保温材料放在两层砖砌体中间，是我国寒冷地区近年来得到推广的一种保温墙体构造方案。保温材料常用岩棉、泡沫塑料、膨胀珍珠岩、加气混凝土

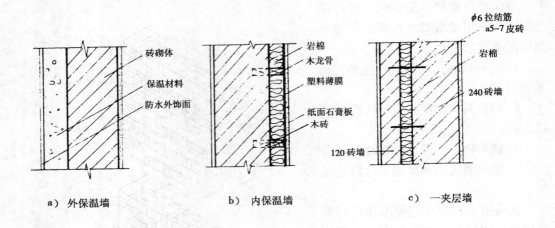

图 3-20 组合砖墙构造举例

等。设计时应注意内外两层砖砌体之间的可靠拉结，并在勒脚、窗台等处认真处理，以免保温层受水受潮，降低保温性能和墙的耐久性。

## 第三节 砌 块 墙

采用预制块材按一定技术要求砌筑的墙体称为砌块墙。砌块生产投资少、见效快、生产工艺简单、能充分利用工业废料和地方材料，并有不占耕地、节约能源、保护环境等优点。采用砌块墙是我国目前墙体改革主要途径之一。

砌块按单块重量和幅面大小分为小型砌块、中型砌块和大型砌块。单块重量小于20kg时，一个人能搬运砌筑的称为小型砌块。目前我国采用的小型砌块的主块外形尺寸多为 190m×190mm×390mm，辅块尺寸为 90mm×190mm×190mm 和 190mm×190mm×190mm。重量为 20～350kg、需要用轻便机具搬运和砌筑的为中型砌块。中型砌块尺寸各地不一，根据各自的习惯和生产条件确定。目前常见的有 180mm×845mm×630mm、180mm×845mm×1 280mm、240mm×380mm×280mm、240mm×380mm×430mm、240mm×380mm×580mm、240mm×380mm×880mm 等。重量大于 350kg 时，需要用大型设备搬运和施工，称为大型砌块。我国目前以中、小型砌块居多。

### 一、砌块类型和组合

（一）砌块类型

砌块生产应结合各地区实际情况，因地制宜、就地取材，充分利用各地自然资源和工业废渣。目前各地采用的有混凝土、加气混凝土、浮石混凝土以及各种废渣，如煤矸石、粉煤灰、矿渣等材料制成的砌块。

按砌块的形式分为实心砌块和空心砌块。空心砌块又有方孔、圆孔和窄孔等数种（图3-21）。按砌块的功能分为承重砌块和保温砌块。承重砌块用强度等级高的材料。如普通混凝土和容重较大、强度较高的轻混凝土等；保温砌块一般用容量小、导热系数小的材料，如加气混凝土、陶粒混凝土、浮石混凝土等制作。孔洞相互平行交错布置的窄孔砌块保温性能好，用作寒冷地区的外墙砌块。

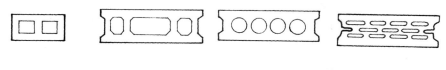

a)b)单排方孔    c)单排圆孔    d)多排窄孔

图 3-21　空心砌块孔型举例

（二）砌块组合

砌块的排列与组合是件繁杂而重要的工作。为使砌块墙搭接、咬砌牢固、砌块排列整齐有序、减少砌块规格类型，尽量提高主块的使用率和避免镶砖或少镶砖，必须进行砌块排列设计，按排列设计图进料和砌筑。排列组合图包括各层平面、内外墙立面分块图。图 3-22 为此种图的一个实例。

**二、砌块墙构造**

（一）增加墙体整体性措施

1. 砌块墙的叠砌　良好的错缝和搭接是保证砌块砌体整体性的重要措施。由于砌块尺寸较大，砌块墙在厚度方向大多没有搭接，因此砌块的长向错缝搭接就更显重要。搭接长度一般为砌块长度的 $\frac{1}{2}$，如不能满足时，必须保证搭接长度不小于砌块高度的 $\frac{1}{3}$，或在水平灰缝内增设 $\phi4$ 的钢筋网片。纵横墙交接和外墙转角处均应咬接（图 3-23）。

2. 设圈梁、构造柱　为加强砌块墙的整体性，多层砌块建筑应设圈梁。圈梁有现浇和预制两种。现浇圈梁整体性强，对加固墙身有利，但施工较复杂。不少地区采用 U 形预制构件，在槽内配置钢筋，现浇混凝土形成圈梁。墙体的竖向加强措施是在外墙转角以及某些内外墙相接的"T"字接头处增设构造柱，将砌块在垂直方向连成一体。多利用空心砌块上下孔洞对齐，于孔中配置 $\phi10 \sim \phi12$ 的钢筋，然后用细石混凝土分层灌实（图 3-24）。

（二）门窗固定

普通粘土砖砌体与门窗的连接，一般是在砌体中预埋木砖，通过钉子将门窗框固定其上或将钢门窗与砌体中的预埋铁件焊牢。为简化砌块生产和减少砌块的规格类型，砌块中不宜设木砖和铁件，另外有些砌块强度低，直接用圆钉固定门窗容易松动。因此，在实践中一般采取如图 3-25 的做法。

1. 用 4″圆钉每隔 300mm 钉入门窗框，然后将钉头打弯，嵌入砌块端头竖向小槽内，从门窗框两侧嵌入砂浆；

2. 将木楔打入空心砌块窄缝中代替木砖，以固定门窗框；

3. 在砌块灰缝内窝木榫或铁件；

4. 加气混凝土砌块砌体常埋胶粘圆木或塑料胀管来固定门窗。

（三）保温构造

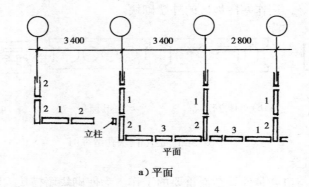

a）平面

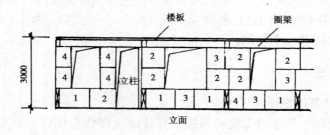

b）外墙立面

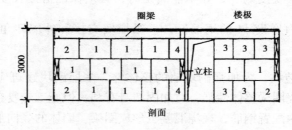

c）内墙立面

图 3-22　砌块排列组合

1. 灰缝处理　寒冷地区的外墙砌块一般由导热系数小的材料制成,墙体厚度小于粘土砖墙,而且砌体灰缝厚度也比砖墙灰缝大（一般为 15mm）,若用普通砂浆砌筑,灰缝因热阻不足而形成热桥。提高灰缝保温的方法主要有二,一是改善砌筑砂浆的保温性能,用导热系数小的保温砂浆,如水玻璃矿渣砂浆（水玻璃＋砂＋磨细矿渣）等代替普通砂浆;二是减小灰缝厚度,即要求提高砌块制作精度与砌筑精度。

2. 过梁、圈梁等部位处理　过梁、圈梁等是砌体中导热系数较大的嵌入构件,容易产生热桥,须采取措施避免。一般采用 U 形构件,腹内填充保温材料,如膨胀珍珠岩等。

（四）防湿构造

砌块多为多孔材料,吸水性强,容易受水受潮,特别是在檐口、窗台、勒脚及水落管附近墙面等部位。在湿度较大的房间中,砌块墙也须有相应的防湿措施。图 3-26 为

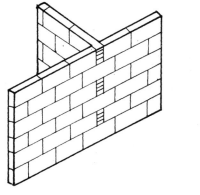
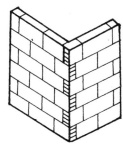

a）纵横墙交接　　　　　　　　　b）外墙转角交接

图 3-23　砌块的咬接

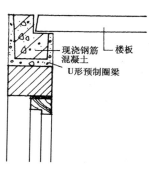
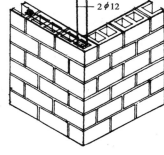

a）　U 型预制圈梁块　　　　　　b）　墙转角处的构造柱

图 3-24　圈梁和构造柱

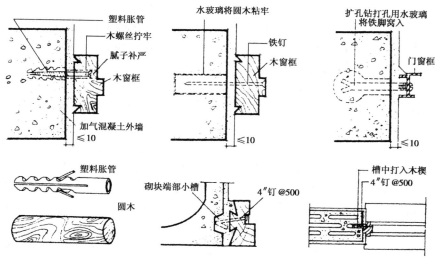

图 3-25　门窗固定

砌块墙勒脚的防湿处理。

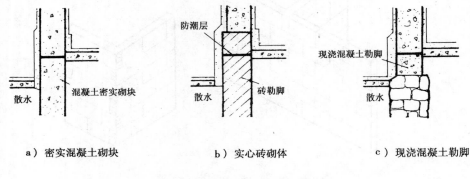

　a）密实混凝土砌块　　　　　b）实心砖砌体　　　　　c）现浇混凝土勒脚

图 3-26　勒脚防湿构造

## 第四节　隔墙构造

　　建筑物内分隔房间的非承重墙通称隔墙，其重量由楼地层承受。对隔墙的基本要求是稳定、自重轻、厚度小、防火、隔声。根据房间的使用要求，有时还分别要求防水、防潮、隔热等。此外，为适应房间使用性质的改变，有的隔墙应便于拆装。

　　隔墙按其构造方式分为骨架隔墙、块材隔墙和板材隔墙等。

### 一、骨架隔墙

　　骨架隔墙是由骨架和覆面层两部分组成，骨架有木骨架和金属骨架之分。

　　（一）木骨架隔墙

　　木骨架隔墙具有重量轻、厚度小、施工方便和便于拆装等优点，但防水、防潮、隔声较差，且耗费木材。

　　木骨架是由上槛、下槛、立柱、斜撑或横撑等木构件组成。上下槛和边立柱组成边框，中间每隔 400 或 600mm 架一截面为 50mm×50mm 或 50mm×100mm 的立柱。在高度方向每隔 1 500mm 左右设一斜撑或横撑以增加骨架的刚度。骨架用钉固定在两侧砖墙预埋的防腐木砖上。隔墙设门窗时，将门窗框固定在两侧截面加大的立柱上或采用直顶上槛的长脚门窗框上。

　　木骨架隔墙可用板条抹灰、钢丝网抹灰或钢板网抹灰以及铺钉各种薄型面板来做两侧覆面层。

　　1. 板条抹灰隔墙　先在骨架两侧横钉 1 200mm×24mm×6mm 或 1 200mm×38mm×9mm 的毛板条，视立柱间距而定。板条间留缝，缝宽 9mm 左右，以便抹灰层挤入，增加与灰板条的握裹力。板条接缝应错开，避免过长的通缝，以防抹灰开裂和脱落。为使抹灰层与板条粘结牢固和避免墙面开裂，通常采用纸筋灰或麻刀灰抹面。隔墙下一般加砌 2～3 皮砖，并做出踢脚（图 3-27）。

　　2. 钢丝网抹灰隔墙　为提高隔墙的防火、防潮能力与节约木材，可在骨架两侧钉以钢丝网或钢板网，然后再做抹灰面层。由于钢丝网变形小、强度高、抹灰层开裂的可能性小，有利于防潮、防火。

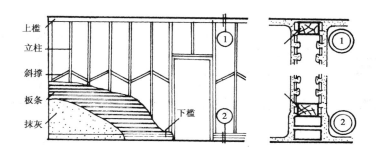

图 3-27　板条抹灰隔墙

3. 钉面板隔墙　木骨架两侧镶钉胶合板、纤维板、石膏板或其它轻质薄板构成的隔墙施工简便、属干作业、便于拆装。为提高隔声能力，可在板间填以岩棉等轻质材料或做双层面板。

（二）金属骨架隔墙

它是在金属骨架两侧铺钉各种面板构成的隔墙。骨架一般由薄钢板加工组合而成，也称轻钢龙骨。与木骨架一样，金属骨架也由上下槛、立柱和横撑组成。面板通常采用胶合板、纤维板、石膏板和其它薄型装饰板，其中以纸面石膏板应用得最普遍。石膏板借自攻螺丝固定于金属骨架上，石膏板之间接缝除用石膏胶泥堵塞刮平外，须粘贴接缝带。接缝带应选用玻璃纤维织带，粘贴在两遍胶泥之间。石膏板贴面金属骨架隔墙见图 3-28。

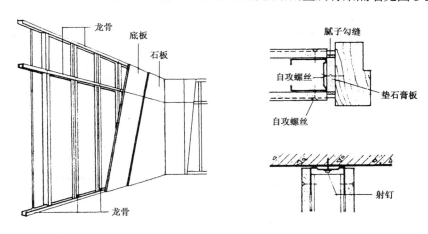

图 3-28　金属骨架隔墙

金属骨架隔墙自重轻、厚度小、防火、防潮、易拆装，且均为干作业，施工方便、速度快。为提高隔声能力，可铺钉双层面板、错开骨架和骨架间填以岩棉、泡沫塑料等弹性材料等措施（图 3-29）。

**二、块材隔墙**

块材隔墙是用粘土砖或砌块砌筑而成。砖隔墙一般是用普通粘土实心砖或空心砖顺砌或实心砖侧砌而成的半砖墙或 $\frac{1}{4}$ 砖墙，砌筑砂浆一般采用 M2.5 或 M5。半砖隔墙墙体较薄，当高度大于 3.6m 和长度大于 5m 时，应采取加强措施以确保稳定，一般沿高度

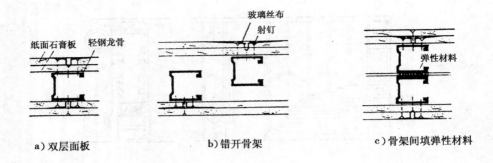

a）双层面板　　　　　　b）错开骨架　　　　　　c）骨架间填弹性材料

图 3-29　隔声墙构造举例

每 10～15 皮砖设 2φ6 通长钢筋，两端与承重墙连牢。隔墙上部常以立砖斜砌，与楼板顶紧（图 3-30）。$\frac{1}{4}$ 砖墙墙身更薄，稳定性差，只做成高不超过 3m、面积不大、不设门窗的隔墙，如住宅中厨房与卫生间之间的墙等。$\frac{1}{4}$ 砖隔墙须采取增强稳定性的措施，如沿高度方向每隔 7 皮砖在水平灰缝中放两根 12 号铁丝或一根 φ6 钢筋，并与两端墙连牢或每隔 900～1 200mm 立细石混凝土小柱等。

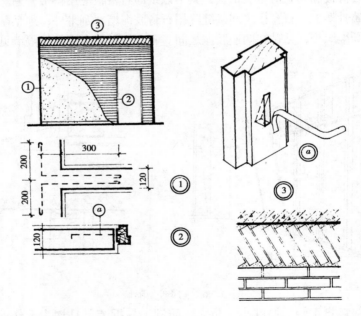

图 3-30　半砖隔墙

为减轻建筑物自重和节约用砖，常采用比砖轻的加气混凝土、水泥炉渣混凝土、粉煤灰硅酸盐等制成的砌块砌筑隔墙。砌块隔墙厚度一般为 60～100mm，块大、墙薄、稳定性差，因此也须采取加固措施（图 3-31）。轻质砌块隔声性能不如同厚的砖隔墙。它的防湿性能也较差，宜在墙身下部改砌 3～5 皮粘土砖，避免直接受湿。

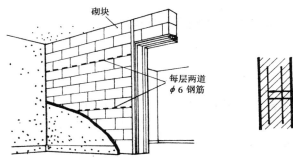
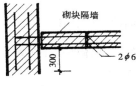

图 3-31　砌块隔墙

### 三、板材隔墙

板材隔墙是用各种轻质竖向通长条板用粘结剂拼合在一起形成的隔墙（图 3-32），一般有加气混凝土条板隔墙、石膏条板隔墙、碳化石灰条板隔墙和蜂窝纸板隔墙等。为减轻自重，常制成空心板，以圆孔居多。这种隔墙自重轻、安装方便、施工速度快、工业化程度高。为改善隔声可采用双层条板隔墙。如用于卫生间等有水房间，应采用防水条板，其构造与饰面做法也应考虑防水要求，隔墙下端应做高出地面 50mm 以上的混凝土墙垫。板条厚度大多为 60～100mm，宽度为 600～1 200mm。为便于安装，条板长度略小于房间净高。安装时，板下留 20～30mm 缝隙，用小木楔顶紧，板下缝隙用细石混凝土堵严。条板用建筑胶粘剂胶结，板缝用胶泥刮平后即可做饰面。

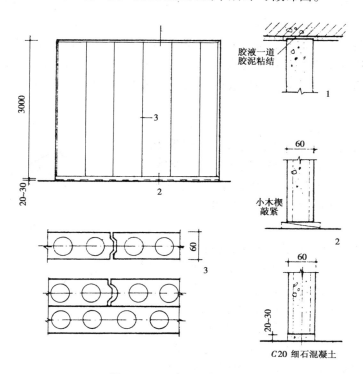

图 3-32　石膏空心条板隔墙

## 第五节　墙面装修构造

### 一、墙面装修的作用

墙面装修是墙体构造不可缺少的组成部分，其作用主要有：

1. 改善和提高墙的使用功能　墙面装修对改善建筑物内外的清洁卫生条件、提高热工、声响、光照等物理环境和创造良好的生活和生产空间起十分明显的作用；

2. 保护墙体、延长墙体的耐久年限　墙体受到各种自然因素和人为因素的作用，墙面装修可以提高抵御这些消极作用的能力；

3. 美化建筑环境、提高艺术效果　墙面装修是建筑空间艺术处理的重要手段之一。墙面的色彩、质感效果、线脚和纹样处理等都在一定程度上改善建筑的内外形象和气氛。

由于墙面装修对建筑造价的影响很大，因此在做构造设计时应根据建筑使用功能、建筑物的性质以及经济条件等综合考虑，区别对待，严格掌握装修标准，合理使用投资。

### 二、墙面装修构造

墙面装修分外墙装修和内墙装修。外墙装修主要是为了保护外墙体不受风、霜、雨、雪、日照等因素的作用，提高墙体防水、防潮、防风化、保温、防热等能力，同时也为了建筑艺术效果；内墙装修主要是为了改善室内的卫生条件、提高采光、声响等效果、增加室内美观。对浴室、厕所、厨房等有水房间，墙面装修起到防水、防潮的作用；对一些有特殊要求的房间，尚应分别有防腐蚀、防辐射、防火等能力。

按材料和施工方式不同，墙面装修一般分为抹灰类、贴面类、涂刷类、裱糊类、镶钉类等。

#### （一）抹灰类墙面装修

抹灰类装修是指采用水泥、石灰或石膏等为胶结料，加入砂或石碴用水拌和成的砂浆或石碴浆的墙体饰面，是一种传统的墙面装修做法。其主要优点是材料来源广泛、施工操作较简便、造价较低廉，但目前多系手工湿作业，工效较低，劳动强度较大。

为保证抹灰平整、牢固，避免龟裂、脱落，在构造上须分层。抹灰装修层由底层、中层和面层三个层次组成（图 3-33）。普通装修标准的墙面一般只做底层和面层。各层抹灰不宜过厚，总厚度为 15～25mm。

底层主要与基层粘结，同时起到初步找平作用，厚度为 5～10mm。底层灰浆用料视基层材料而异；普通砖墙常采用石灰砂浆和混合砂浆；对混凝土墙应采用混合砂浆和水泥砂浆；对木板条墙，由于与灰浆粘结力差，

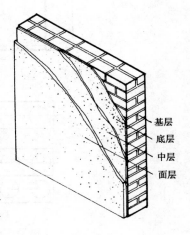

图 3-33　分层墙面抹灰

抹灰容易开裂、脱落，应在石灰砂浆或混合砂浆中掺入适量的纸筋、麻刀或玻璃纤维。

中层主要起找平作用，其所用材料与底层基本相同，厚度一般为 7~8mm。

面层主要起装饰作用，要求表面平整、色彩均匀、无裂纹，可以做成光滑、粗糙等不同质感的表面。根据面层所用材料，抹灰装修有很多类型，表 3-3 列举了一些常见做法。

表 3-3　墙面抹灰做法举例

| 名　称 | 构造及材料配比举例 | 适用范围 |
|---|---|---|
| 水泥砂浆 | 12 厚 1:3 水泥砂浆打底<br>8 厚 1:2.5 水泥砂浆罩面 | 外墙或内墙受水部位 |
| 混合砂浆 | 12 厚 1:1:6 水泥石灰砂浆<br>8 厚 1:1:4 水泥石灰砂浆 | 内墙、外墙 |
| 纸筋（麻刀）灰 | 12~17 厚 1:2~1:2.5 石灰砂浆<br>2~3 厚纸筋（麻刀）灰罩面 | 内墙 |
| 水刷石 | 15 厚 1:3 水泥砂浆素水泥浆一道<br>10 厚 1:1.5 水泥石子，后用水刷 | 外墙 |
| 干粘石 | 12 厚 1:3 水泥砂浆<br>6 厚 1:3 水泥砂浆<br>粘石碴、拍平压实 | 外墙 |
| 水磨石 | 12 厚 1:3 水泥砂浆<br>素水泥浆一道<br>10 厚水泥石碴罩面、磨光 | 勒脚、墙裙 |
| 剁斧石<br>（斩假石） | 12 厚 1:3 水泥砂浆<br>素水泥浆一道<br>10 厚水泥石碴罩面、赶平压实剁斧斩毛 | 外墙 |
| 砂浆拉毛 | 15 厚 1:1:6 水泥石灰砂浆<br>5 厚 1:0.5:5 水泥石灰砂浆<br>拉毛 | 内墙、外墙 |

在人群活动频繁，较易碰撞或有防水要求的内墙下段墙面，常采用 1:3 水泥砂浆打底，1:2 水泥砂浆或水磨石罩面高约 1.5m 的墙裙（图 3-34）。对易于碰撞的内墙阳角，还须作护角保护（图 3-35）。

外墙面因抹灰面积较大，由于材料干缩和温度变化，容易产生裂缝，常将抹灰面层作线脚分格。面层施工前设置不同形式的木引条，待面层抹后取出引条，即形成线脚（图 3-36）。

（二）贴面类墙面装修

这类装修是利用各种天然石板或人造板、块直接贴于基层表面或通过构造连接固定于基层上的装修层，它具有耐久、装饰效果好、容易清洗等优点。常用的贴面材料有面砖、瓷砖、锦砖等陶瓷和玻璃制品、水磨石板、水刷石板和剁斧石板等水泥制品以及花岗岩板和大理石板等天然石板。一般多将质感细腻、耐候性较差的材料用于内墙装修，如瓷砖、大理石板等，而将质感粗犷、耐候性好的材料，如面砖、锦砖、花岗岩板等用于外墙装修。

1. 面砖、瓷砖、锦砖墙面装修　面砖多数是以陶土为原料，压制成型煅烧而成的

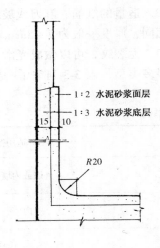
a）水泥砂浆墙裙

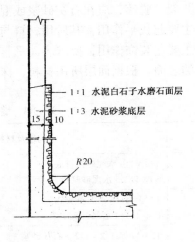
b）水磨石墙裙

图 3-34　墙裙构造

饰面块，分挂釉和不挂釉、平滑和有一定纹理质感等不同类型，色彩和规格多种多样。面砖质地坚固、防冻、耐蚀、色彩多样，常用规格有 113mm×77mm×17mm、145mm ×113mm×17mm、233mm×113mm×17mm 和 265mm× 113mm×17mm 等。瓷砖是用优质陶土烧制成的内墙贴面材料，表面挂釉，有白色和各种其它颜色，还有带图案花纹的瓷砖。它也具有吸水率低、比较耐久的特点，用于室内需要经常擦洗的局部或整片墙面，如医院手术室、厨房、卫生间等。规格品种也较多，常用的有 151mm×151mm×5mm、110mm×110mm× 5mm 等，并配有各种边角制品。

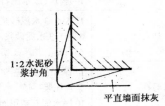
图 3-35　护角做法

　　锦砖又名马赛克，陶瓷锦砖是以优质陶土烧制而成的小块瓷砖，有挂釉和不挂釉之分，常用规格有 18.5mm×18.5mm× 5mm、39mm×39mm×5mm、39mm× 18.5mm×5mm 等，有方形、长方形和其它不规则形。锦砖一般用于内墙面，也可用

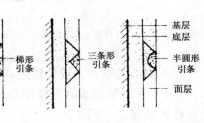
a）梯形线脚　　b）三角形线脚　　c）半圆形线脚

图 3-36　墙面凹线脚做法

于外墙面装修。锦砖与面砖相比，造价较低。与陶瓷锦砖相似的玻璃锦砖是半透明的玻璃质饰面材料，它质地坚硬、色泽柔和，具有耐热、耐蚀、不龟裂、不褪色、造价低的特点。

　　面砖等类型贴面材料通常是直接用水泥砂浆将它们粘于墙上。一般将墙面清理干净后，先抹 15 厚 1:3 水泥砂浆打底找平，再抹 5 厚 1:1 水泥细砂砂浆粘贴面层制品。镶贴面砖需留出缝隙，面砖的排列方式和接缝大小对立面效果有一定的影响，通常有横铺、竖铺、错开排列等几种方式。缝宽有均匀的和有规则不均匀的，形成具有明显节奏感的墙面。锦砖一般按设计图案要求，在工厂反贴在标准尺寸为 325mm×325mm 的牛皮纸上，施工时将纸面朝外整块粘贴在 1:1 水泥细砂砂浆上，用木板压平，待砂浆硬结后，洗去牛皮纸即可。锦砖能拼铺出丰富多彩的墙面图案，图 3-37 列举了若干种锦砖墙面拼合实例。

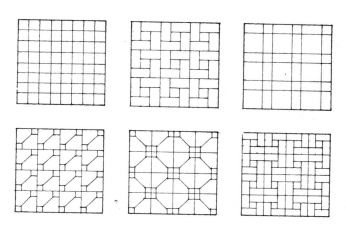

图 3-37　锦砖墙面拼合举例

2. 天然石板及人造石板墙面装修　常见的天然石板有花岗岩板、大理石板等，它们具有强度高、结构致密、色彩丰富和不易被污染的优点，但由于加工复杂、价格昂贵，故多作高级装饰用。

人造石板一般由白水泥、彩色石子、颜料等配合而成，具有强度高、表面光洁、色彩多样、造价较低等优点，常见的有水磨石板、仿大理石板等。

由于石板的面积大、重量大，为保证石板饰面的坚固和耐久，构造上须采取措施。一般在墙体结构中预埋 φ6 钢筋头或 U 形铁件，中距 500mm 左右，上绑 φ6 或 φ8 纵横向钢筋，形成钢筋网，网格大小视石板尺寸而定，用至少 φ2 的镀锌铁丝或铜片，穿过石板上下边预凿的小孔，将石板绑于钢筋网架上或用 φ6 钢筋钩住。上下石板用 Z 形钢丝或 φ6 钢筋锚件钩牢。石板与墙体之间保持有 30mm 宽的缝隙，缝中灌以 1:3 水泥砂浆，使石板与基层连接紧密（图 3-38）。

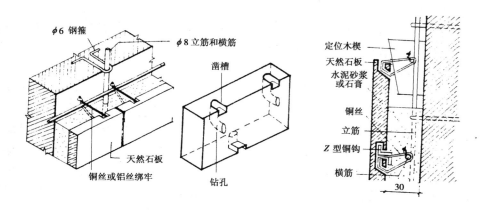

图 3-38　大理石板墙面装修

人造石板墙面装修构造和安装顺序与天然石板的相同，但不必在板上凿孔，而是借板块背面露出的钢筋挂钩用镀锌铁丝绑牢或用挂钩钩住即可（图3-39）。

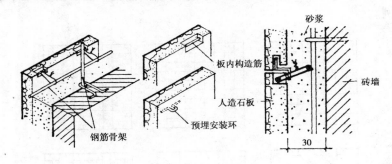

砂浆

板内构造筋

人造石板

预埋安装环

钢筋骨架

砖墙

30

图 3-39 人造石板墙面装修

（三）涂刷类墙面装修

这类墙面装修是将各种涂料涂敷于基层表面而形成牢固的膜层，从而起到保护墙面和装饰墙面的作用的一种装修做法。

建筑内外墙面用涂料作饰面是饰面做法中最简便的一种方式。虽然与传统的贴面砖、水刷石抹灰等相比，目前有效使用年限较短，但由于省工、省料、工期短、工效高、自重轻、更新方便以及造价低廉，是一种很有前途的装修类型。

墙面涂刷装修多以抹灰层为基层，也可直接涂刷在砖、混凝土、木材等基层上。根据装饰要求，可以采取刷涂、滚涂、弹涂、喷涂等施工方法以形成不同的质感效果。

建筑涂料品种繁多，应根据建筑的使用功能、墙体所处环境、施工和经济条件等，尽量选择附着力强、耐久、无毒、耐污染、装饰效果好的涂料。

涂料按其主要成膜物不同，分为有机和无机两大类：

1. 无机涂料　传统的无机涂料有石灰浆、大白浆、水泥浆等。近年来无机高分子涂料不断发展，虽品种尚少、价格偏高，但具有附着力强、耐热耐老化、耐酸碱、耐擦洗等优点。

2. 有机涂料　有机涂料依其主要成膜物质与稀释剂不同，有溶剂型涂料、水溶性涂料和乳液涂料三类。

溶剂型涂料是以高分子合成树脂为主要成膜物质，有机溶剂为稀释剂，加入一定量的颜料、填料和辅料配制成的一种挥发性涂料。溶剂型涂料具有较好的耐水性和耐候性，但有机溶液在施工时挥发出有害气体，污染环境。

水溶性涂料无毒无怪味，且有一定的透气性，但目前质量尚差，易粉化、脱皮，因此不作高级装修。

乳液涂料又称乳胶漆，具有无毒无味、不易燃烧、不污染环境的优点，是目前广为采用的内外墙饰面材料。为克服乳胶漆大面积使用装饰效果不够理想、不能掩盖基层表面缺陷等不足，近年来发展一种乳液厚涂料。由于有粗填料，涂层厚实，装饰性强。涂料中掺入石英砂、彩色石屑、玻璃细屑及云母粉等填料的彩砂涂料作住宅、公共建筑外墙饰面可以取代水刷石、干粘石等传统装修。

（四）裱糊类墙面装修

裱糊类装修是将各种装饰性壁纸、墙布等卷材用粘结剂裱糊在墙面上而成的一种饰面，材料和花色品种繁多。

1. PVC（聚氯乙烯）塑料壁纸　塑料壁纸由面层和衬底层所组成，面层以聚氯乙烯塑料薄膜或发泡塑料为原料，经配色、喷花而成。发泡面层具有弹性，花纹起伏多变，立体感强，美观豪华。壁纸的衬底一般分纸基和布基两类，纸基加工简单、价格低，但抗拉性能较差；布基则有较高抗拉能力，价格较高。

2. 织物墙布　由动植物的纤维（毛、蔴、丝）或其它人造纤维编织成的织物面料复合于纸基衬底上制成的墙布，它色彩自然、质感细腻、美观高雅，是高级内墙装修材料。另一种较普及的织物墙布为玻璃纤维墙布，它是以玻璃纤维织物为基材，经加色、印花而成的一种装饰卷材，具有加工简单、耐火、防水、抗拉强、可擦洗、造价低的优点，并且织纹感强，装饰效果好。缺点是日久变黄并易泛色。

（五）镶钉类墙面装修

镶钉类装修是将各种天然或人造薄板镶钉在墙面上的装修做法，其构造与骨架隔墙相似，由骨架和面板两部分组成。

1. 骨架　有木骨架和金属骨架之分。由截面一般为 $50 \times 50mm$ 的立柱和横撑组成的木骨架钉在预埋在墙上的木砖上，或直接用射钉钉在墙上，立柱和横撑间距应与面板长度和宽度相配合。金属骨架由槽形截面的薄钢立柱和横撑组成。

2. 面板　室内墙面装修用面板，一般采用各种截面的硬木条板、胶合板、纤维板、石膏板及各种吸声板等。

硬木条板装修是将各种截面形式的条板密排竖直镶钉在横撑上，其构造见图 3-40为防止条板受潮变形变质，在立骨架前，先于墙面涂刷热沥青两道或粘贴油毡一层。胶合板、纤维板等人造薄板可用圆钉或木螺丝直接固定在木骨架上，板间留有 5 ~ 8mm 缝隙，以保证面板有微量伸缩的可能，也可用木压条或铜、铝等金属压条盖缝。石膏板与金属骨架的连接一般用自攻螺丝或电钻钻孔后用镀锌螺丝固定。

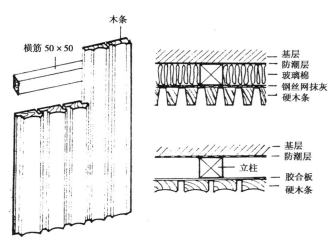

图 3-40　墙面木装修

另外，粘土砖的耐久性好，不易变色并具有独特的线条质感，有较好的装饰效果。

如选材得当，保证砌筑质量，砖墙表面可不另做装修，只需勾缝，这种墙称为清水墙。勾缝的作用是防止雨水侵入，且使墙面整齐美观。勾缝用1:1或1:2水泥细砂砂浆，砂浆中可加颜料，也可用砌墙砂浆随砌随勾，称原浆勾缝。勾缝形式有平缝、平凹缝、斜缝、弧形缝等（图3-41）。

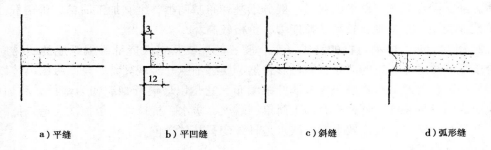

　　a）平缝　　　　　　b）平凹缝　　　　　　c）斜缝　　　　　d）弧形缝

图 3-41　清水墙勾缝形式

## 复习思考题

1. 砖墙的基本尺寸包括哪些内容？决定砖墙基本尺寸应考虑哪些因素？
2. 实砌砖墙、空斗砖墙及复合墙各有哪些砌式？其构造特点如何？
3. 试述隔墙的种类。
4. 墙身防潮层有哪几种做法？
5. 勒脚、散水、排水沟的构造有哪几种？
6. 试述过梁的作用及种类。
7. 试述圈梁的作用及构造要求？

# 第四章 幕 墙

幕墙是建筑物外围护墙的一种新的形式，一般不承重，形似挂幕。幕墙的特点是装饰效果好、质量轻、安装速度快，是外墙轻型化、装配化较理想的型式，因此在现代大型和高层建筑上得到广泛地采用。

常见的幕墙有玻璃幕墙、金属薄板幕墙和轻质钢筋混凝土墙板幕墙三种类型。

## 第一节 玻璃幕墙

玻璃幕墙一般由结构框架、填衬材料和幕墙玻璃所组成。由于其组合形式和构造方式的不同而做成框架外露系列、框架隐藏系列，还有用玻璃做肋的无框架系列。从施工方法的不同又分为现场组合的分件式玻璃幕墙和工厂预制后再到现场安装的板块式玻璃幕墙两种。

### 一、分件式玻璃幕墙构造

分件式玻璃幕墙（图4-1）是在施工现场将金属框架、玻璃、填充层和内衬墙，以一定顺序进行组装。玻璃幕墙通过金属框架把自重和风荷载传递给主体结构，可以通过竖梃也可以通过横挡。目前主要采用竖梃方式，因为横挡的跨度不能太大，否则结构立柱数量要增加。竖梃一般支搁在楼板上，布置比较灵活。国内现在大多采用分件式组装，施工相对较慢，由于精度低，施工要求也低一些。

（一）金属框料的断面与连接方式

金属框料有铝合金、铜合金及不锈钢型材。现在大多采用铝合金型材，特别是质轻、易加工、价

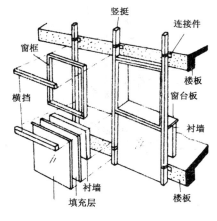

图 4-1 分件式玻璃幕墙示意图

格便宜。铝型材有实腹和空腹二种，通常采用空腹型材，主要是节省材料，刚度好。竖梃和横挡由于使用功能不同，其断面形状也不同，主要根据受力状况、连接方式、玻璃安装固定位置和凝结水及雨水排除等因素确定。目前，各生产厂家的产品系列不太一样，图4-2，4-3是其中用得最广泛的显框系列玻璃幕墙型材和玻璃组合型式。

为了便于安装，也可以由两块甚至三块型材组合成一根竖梃和一根横挡来构成所需要的断面，如图4-4所示。

竖梃通过连接件固定在楼板上，连接件的设计与安装，要考虑竖梃能在上下左右前后三个方向均可调节移动，所以连接件上的所有螺栓孔都设计成椭圆形的长孔。图4-5是几种不同的连接件示例。连接件可以置于楼板的上表面、侧面和下表面，一般情况是安置于楼板的上表面，由于操作方便，故采用较多。需要强调说明的是：由于要考虑型

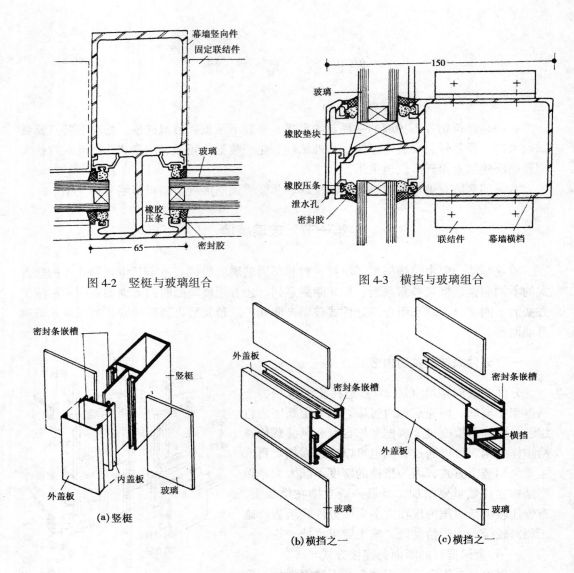

图 4-2　竖梃与玻璃组合

图 4-3　横挡与玻璃组合

(a) 竖梃

(b) 横挡之一

(c) 横挡之一

图 4-4　玻璃幕墙铝框型材断面示例

材的热胀冷缩，每根竖梃不得长于建筑的层高，且每根竖梃只固定在上层楼板上，上下层竖梃之间通过一个内衬套管连接，两段竖梃之间还必须留 15～20mm 的伸缩缝，并用密封胶堵严。而竖梃与横挡可通过角铝铸件连接。图 4-6 表示出竖梃与竖梃、竖梃与横挡、竖梃与楼板的连接关系。

（二）玻璃的选择与镶嵌

玻璃幕墙的玻璃是主要的建筑外围护材料。应选择热工性能良好、抗冲击能力强的特种玻璃，通常有钢化玻璃、吸热玻璃、镜面反射玻璃和中空玻璃等。

吸热玻璃是在生产透明玻璃的过程中，在原料中加入极微量的金属氧化物，便成了带颜色的吸热玻璃。它的特点是能使可见光透过而限制带热量的红外线通过，由于其价格适中，热工效果好，故采用较多。

镜面玻璃是在透明玻璃、钢化玻璃、吸热玻璃的一侧涂上反射膜，通过反射掉太阳

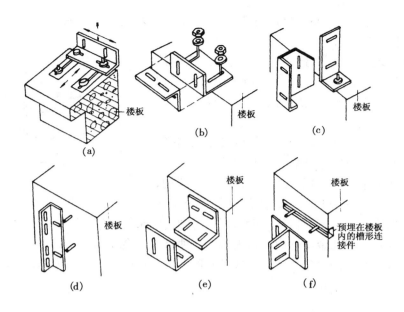

图 4-5　玻璃幕墙连接件示例

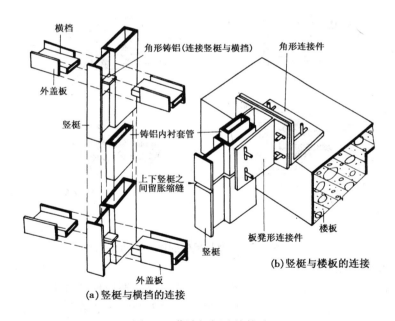

图 4-6　幕墙铝框连接构造

光的热辐射而达到隔热目的。镜面玻璃能映照附近景物和天空，能随景色和光线的变化而产生不同的立面效果。

　　中空玻璃系将两片透明玻璃、钢化玻璃、吸热玻璃等与边框通过焊接、胶接或熔接密封而成。玻璃之间相隔 6～12mm，形成干燥空气层或充以惰性气体以达到隔热和保温效果。这是单层玻璃所不能比拟的。

　　玻璃镶嵌在金属框上必须要考虑能保证接缝处的防水密闭、玻璃的热胀冷缩问题。

要解决这些问题，通常在玻璃与金属框接触的部位设置密封条、密封衬垫和定位垫块。玻璃安装如图4-7所示。

密封条有现注式和成型式两种，现注式接缝严密、密封性好、采用较广，上海联谊大厦采用了现注式密封条；成型式密封条是工厂挤压成型的，在幕墙玻璃安装时嵌入边框的槽内，施工方便，北京的长城饭店玻璃幕墙就采用了氯丁橡胶成型密封条。目前采用的密封条材料有硅酮橡胶和聚硫橡胶。

密封衬垫通常只是在现注式密封条注前安置的，目的在于给现注式密封条定位，使密封条不至于注满整个金属框内空腔。密封衬垫一般采用富有弹性的聚氯乙烯条。

定位垫块是安置在金属框内支撑玻璃的，使玻璃与金属框之间具有一定的间隙，调节玻璃的热胀冷缩，同时垫块两边形成了空腔。空腔可防止挤入缝内的雨水因毛细现象进入室内。如图4-8所示。

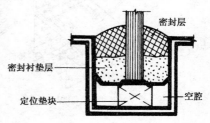

图4-7 玻璃安装

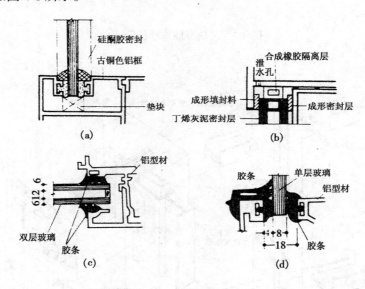

图4-8 玻璃与铝框的连接实例

（三）立面线型划分

玻璃幕墙的立面线型划分指金属竖梃和横挡组成的框格形状和大小的确定。

建筑师往往注重从建筑的立面造型、尺度、比例及室内装修效果诸方面因素来划分线型，而实际上玻璃幕墙立面线型划分还要考虑由于墙面受到的风荷载大小会直接影响金属框料的规格和排列间距的选择。窗的形状也是考虑因素之一。通常分件式玻璃幕墙比板块式玻璃幕墙的立面线型划分稍微灵活一些。图4-9为分件式玻璃幕墙立面划分的几种形式，图4-10为板块式玻璃幕墙定型单元，图4-11为板块式玻璃幕墙立面划分的几种形式。

（四）玻璃幕墙的内衬墙和细部构造

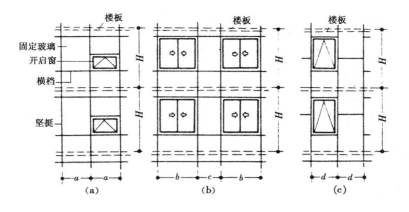

图 4-9 分件式玻璃幕墙立面划分

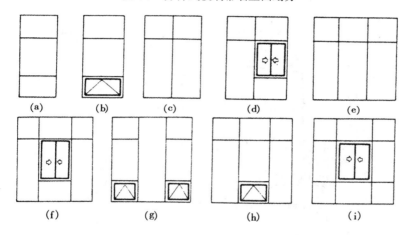

图 4-10 板块式玻璃幕墙定型单元

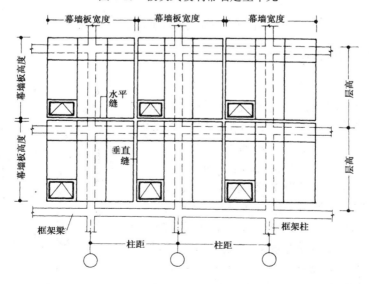

图 4-11 板块式玻璃幕墙立面划分

由于建筑造型的需要，玻璃幕墙通常都设计成整片的，这就给建筑功能带来一系列问题。首先室内不需要这么大的采光面，而且外面看进去也不雅；其次整个外围护墙全是玻璃，对保温隔热不利；另外，幕墙与楼板和柱子之间产生的空隙对防火、隔声不利。所以，在做室内装修时，必须在窗户上下部位做内衬墙。内衬墙的构造类似于内隔墙的作法。窗台板以下部位可以先立筋，中间填充矿棉或玻璃棉隔热层，再复铝箔反射隔汽层，再封纸面石膏板。也可以直接砌筑加气混凝土板或成型碳化板。具体做法见图4-12。

分件式玻璃幕墙的横挡断面往往比竖梃要复杂，主要问题在于通过密封条少量渗漏进框内的雨水必须要及时排除，因此通常将横挡中隔做成向外倾斜，并留有泄水孔和滴水口。见图4-12。

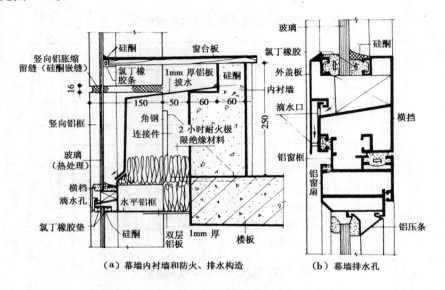

（a）幕墙内衬墙和防火、排水构造　　　　（b）幕墙排水孔

图4-12　玻璃幕墙细部构造

## 二、板块式玻璃幕墙构造

### （一）单元板块式玻璃幕墙

板块式玻璃幕墙在工厂将玻璃、铝框、保温隔热材料组装成一块块幕墙定型单元，有平面的，如北京长城饭店；也有折角的，如上海希尔顿大酒店。每一单元一般由多块玻璃组成，每块单元一般宽度为一个开间，高度为一个层高。图4-13为板块式玻璃幕墙示意。由于高层建筑大多采用空调来调节室内气候，故定型单元的大多数玻璃是固定的，只有少数窗开启。由于高层建筑上空风大，不宜做平开窗，大多用上悬窗和推拉窗，位置根据室内布置要求确定。由于板块式玻璃幕墙单元是从一个房间的层高和开间作基本尺度，故立面线型划分也比较简单，建筑师设计的重点就放在单元线型上了。但特别要提起

图4-13　板块式玻璃幕墙

注意的是,为了在施工时,便于墙板与楼板,墙板与墙板的连接安装,上下墙板的横缝要高于楼板 200～300mm,左右两块墙板的垂直缝也宜与框架柱错开。见图 4-13。

（二）板块式玻璃幕墙的安装与接缝

为了起到防震和适应结构变形的作用。幕墙板与主体结构的连接应考虑柔性连接。图 4-14 表示幕墙板与框架梁的连接详图,先在幕墙板装上一根镀锌钢管、幕墙板再通过根钢管与楼板上的角钢连接。为了防止震动,连接处均应垫上防振胶垫,而幕墙板之间相连必须留有一定的变形缝隙,空隙之间用 V 型和 W 型胶条封闭,如图 4-15 所示。

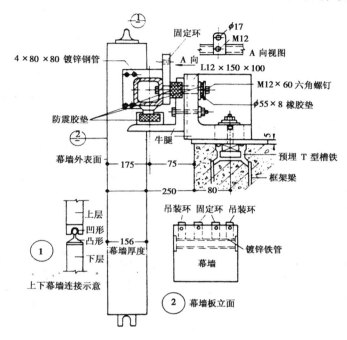

图 4-14　板块式幕墙与结构的连接

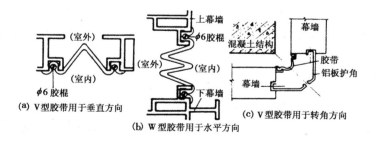

图 4-15　幕墙之间的胶带封闭构造

### 三、隐框式玻璃幕墙

隐框式玻璃幕墙分为全隐型和半隐型玻璃幕墙。

全隐型玻璃幕墙由于在建筑物的表面不显露金属框,而且玻璃上下左右结合部位尺寸也相当窄小,因而产生全玻璃的艺术感觉,受到目前旅馆和商业建筑的青睐。全隐型玻璃幕墙的发展首先得益于性能良好的结构粘接密封膏的出现。省掉了早期全隐型玻璃幕墙每块玻璃必须在四角开孔加扣钉的做法，避免了玻璃扣件开孔处由于变形应力不同而产生的断裂破坏。见图 4-16。

全隐型玻璃幕墙由于玻璃四周用强力密封胶全封闭，所以它是各种玻璃幕墙中最无能量效果的一种，玻璃产生的热胀冷缩变形应力全由密封胶给予吸收，而且玻璃面所受的水平风压力和自重力也更均匀地传给金属框架和主结构件，安全性得到了加强。

半隐性玻璃幕墙利用结构硅酮胶为玻璃相对的两边提供结构的支持力，另两边则用框料和机械性扣件进行固定，见图 4-17。这种体系看上去有一个方向的金属线条，不如全隐形玻璃幕墙简洁，立面效果稍差，但安全度比较高。

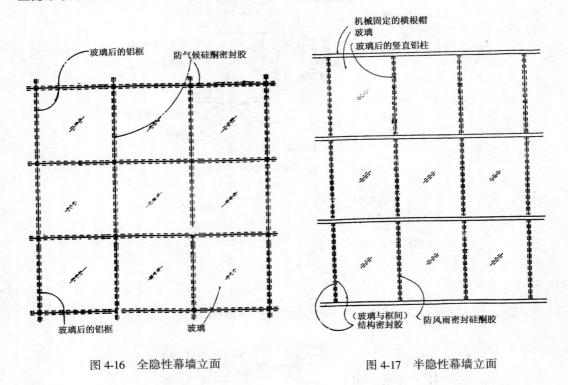

图 4-16　全隐性幕墙立面　　　　　　　图 4-17　半隐性幕墙立面

## 四、无框式玻璃幕墙

无框式玻璃幕墙的含义是指在视线范围内不出现金属框料，形成在某一层范围内幅面比较大的无遮挡透明墙面，为了增强玻璃墙面的刚度，必须每隔一定的距离用条形玻璃作为加强肋板，称为肋玻璃，如图 4-18 所示。

（a）种构造是面玻璃内外两侧加肋玻璃；（b）种构造是在面玻璃内侧加肋玻璃；（c）种构造是肋玻璃整块穿过面玻璃，外形同（a）种是两边加肋，适合于面幅大的幕墙。

无框型玻璃幕墙一般选用比较厚的钢化玻璃和夹层钢化玻璃。选用的单片玻璃面积和厚度，主要应满足最大风压情况下的使用要求。

无框型玻璃幕墙的面玻璃和肋玻璃有三种固定方式：

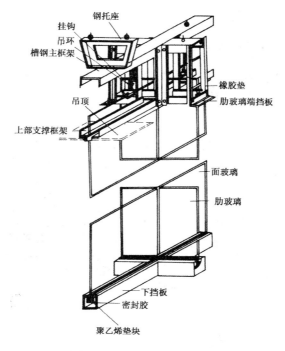

钢托座
挂钩
吊环
槽钢主框架
吊顶
上部支撑框架
橡胶垫
肋玻璃端挡板
面玻璃
肋玻璃
下挡板
密封胶
聚乙烯垫块

图 4-18　无框玻璃幕墙构造

（a）种固定：是用上部结构梁上悬吊下来的吊钩，将肋玻璃及面玻璃固定，这种方式多用于高度较大的单块玻璃。见图 4-19（a）。

（b）种固定：是用金属支架连接边框料固定玻璃。见图 4-19（b）。

（c）种固定：见图 4-19（c）。

面玻璃与肋玻璃相交部位宜留出一定的间隙，用硅酮系列密封胶注满。近来为了使外观更流畅，避免"冷桥"出现，并减少金属型材的温度应力，玻璃上下结合也采用密封胶，已可承受 9.8kN/m² 的风压，达到了很高的安全性。

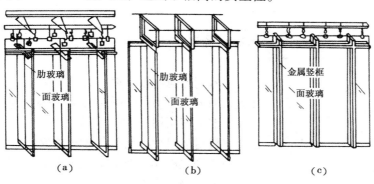

肋玻璃
面玻璃
肋玻璃
面玻璃
金属竖框
面玻璃

（a）　　　　　　　（b）　　　　　　　（c）

图 4-19　玻璃固定形式

## 第二节　金属薄板幕墙

金属薄板幕墙类似于玻璃幕墙，它是由工厂定制的折边金属薄板作为外围护墙面，与窗一起组合成幕墙，形成闪闪发光的金属墙面，有其独特的现代艺术感。

## 一、金属薄板幕墙的组成和构造

金属薄板幕墙有两种体系，一种是幕墙附在钢筋混凝土墙体上的附着型金属薄板幕墙；另一种是自成骨架体系的构架型金属薄板幕墙。

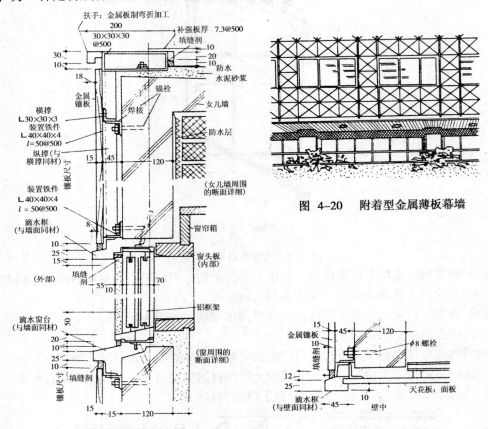

图 4-20　附着型金属薄板幕墙

图 4-21　金属薄板幕墙构造

### （一）附着型金属薄板幕墙

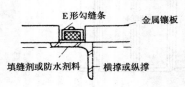

图 4-22　横撑与镶板的组合

附着型金属薄板幕墙的特点是幕墙体系纯粹是作为外墙饰面而依附在钢筋混凝土墙体上，如图 4-20 所示，混凝土墙面基层用螺帽锁紧锚栓来连接 L 型角钢，再根据金属板材的尺寸，将轻钢型材焊接在 L 型角钢上。而金属薄板则如图 4-21 所示，在板与板之间用匚型压条打板边固定在轻钢型材上，最后在压条上再用防水填缝橡胶填充（见图 4-22）。

窗框与窗内木质窗头板也是由工厂加工后在现场装配的，外窗框与金属板之间的缝也必须用防水密封胶填充（见图 4-23）。

女儿墙的做法是一段段有间隔地固定方钢补强件，最后再用金属薄板覆盖。

## （二）构架型金属薄板幕墙

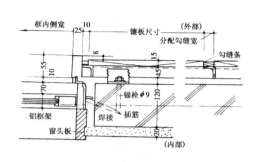

图 4-23　窗周围平面详细构造

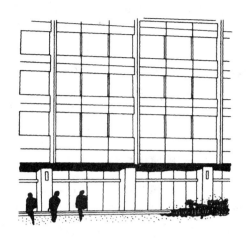

图 4-24　构架型金属薄板幕墙透视图

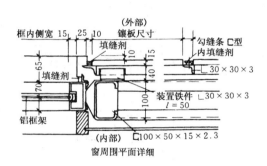

窗周围平面详细

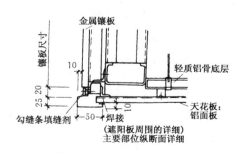

（遮阳板周围的详细）
主要部位纵断面详细

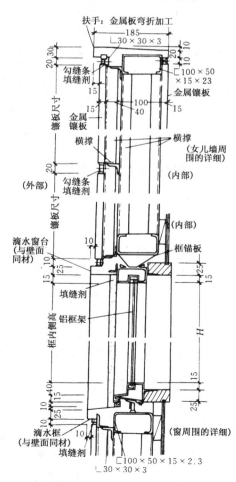

图 4-25　构架型金属薄板幕墙节点详图

构架型金属薄板幕墙（图 4-24）基本上类似于隐框式玻璃幕墙的构造特点，它是用抗风受力骨架固定在楼板梁或结构柱上，然后再将轻钢型材固定在受力骨架上，如图 4-25 所示。板的固定方式同附着型金属薄板幕墙一样。

对于女儿墙、窗台、窗楣等细部的做法，要比附着型金属薄板幕墙的做法简单，只要将补强件直接焊在受力钢骨架上即可包金属板了。见图 4-23。

从美观的角度来看，目前金属薄板幕墙的窗户做横线条带型窗为多。而且窗框与金属壁面最好外平。墙体的转角处做直角和圆弧型的式样目前都比较流行。

### 二、金属薄板材料

目前从金属薄板材料的选用来看，有平板和凹凸花纹板两种。材质基本是铝合金板，比较高级的建筑也有用不锈钢板的，铝合金幕墙板材的厚度一般在 1.5～2mm 左右，建筑的底层部位要求厚一些，这样抗冲击性能较强。

为了达到建筑外围护结构的热工要求，金属墙板的内侧均要用矿棉等材料做保温和隔热层。而且，为了防止室内的水蒸气渗透到隔热保温层中去，造成保温材料失效，还必须用铝箔塑料薄膜作为隔汽层衬在室内的一侧。内墙面另外做装修。

## 第三节  混凝土挂板幕墙

混凝土挂板幕墙是一种装配式轻混凝土墙板系统。这种系统利用混凝土的可塑性，可制作较复杂的钢模盒，浇筑出有凹凸的甚至带有窗框的混凝土墙板。为了加强墙面的质感，也可以在钢模底部衬上刻有各种花纹的橡胶模，用反打工艺制作出花纹墙板。

混凝土挂板幕墙也有两种体系，一种是无骨架墙板系统，另一种是构架式墙板系统。

### 一、无骨架墙板系统

无骨架墙板（图 4-26）一般块面较大，高度有一层或两层高，宽度通常为一开间或一个柱距。这种墙板在装配时，先要将板下部的预埋铁件与楼板外口的预埋铁件用角钢连接起来（图 4-27）。然后再固定上端。这种墙板的表观密度与

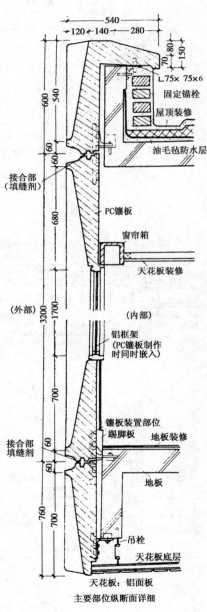

图 4-26  无骨架墙板

自身的刚度都比较大，属于一种较重型幕墙。

　　无骨架墙板由于在工厂预制，自身防水一般较好。关键在于板缝的处理，墙板装好以后，除了板缝之间要注入防水密封胶之外，板边还应进行折口和空腔处理，利用空气的压力差来阻断渗透雨水的侵入（见图4-27）。

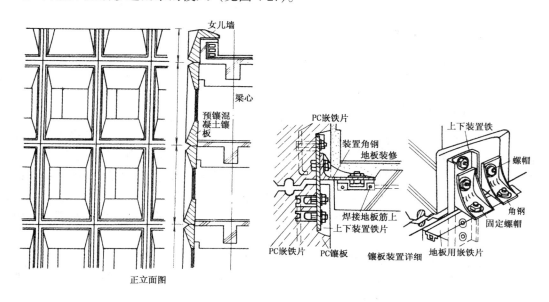

图 4-27　混凝土镶板式帷幕墙的装置详细图

## 二、构架式墙板系统

　　构架式墙板系统一般采用薄型的轻混凝土墙板。日本积水房屋公司的装配式住宅构造。墙板厚57mm，表观密度1070kg/m³，板内布置 $\phi4$（50×50）的钢筋网片，板后预埋二根薄壁槽钢。安装时，用螺栓勾住板后的槽钢，再将板连接到钢骨架上，由于板宽为1m，搬运和施工均很方便，板的下方与楼板的连接与无骨架墙板系统完全一样。板缝之间同样用防水密封胶填充。

## 复习思考题

　　1.试述幕墙的类型及幕墙的特点。

　　2.玻璃幕墙可分为几种？分别说明其构造。

　　3.简述金属薄板幕墙的构造。

　　4.混凝土挂板幕墙有几种？简述其构造特点。

# 第五章 楼板与楼地面

## 第一节 概　述

### 一、楼板层的作用及其设计要求

楼板层是多层建筑中沿水平方向分隔上下空间的结构构件。它除了承受并传递垂直荷载和水平荷载外，还应具有一定程度的隔声、防火、防水等的能力。同时，建筑物中的各种水平设备管线，也将在楼板层内安装。因此，作为楼板层，必须具备如下要求：

（1）具有足够的强度和刚度，保证安全正常使用。

（2）为避免楼层上下空间的相互干扰，楼板层应具备一定的隔空气传声和撞击传声的能力。

（3）楼板应满足规范规定的防火要求，保证生命财产安全。

（4）对有水侵袭的楼板层，须具有防潮防水能力，避免渗透，影响建筑物正常使用。

（5）在现代建筑中，将有更多的管道、线路将借楼板层来敷设。所以在设计中，须仔细考虑各种设备管线的走向。

（6）在多层建筑中，楼板结构占相当比重，因此在设计中应尽量为工业化创造条件。

### 二、楼板层的组成

为满足楼板层的使用要求，建筑物的楼板层通常由以下几部分构成（图 5-1）。

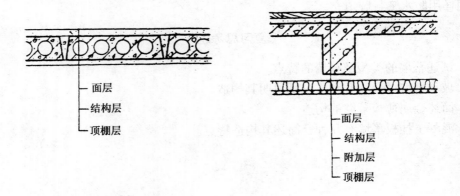

图 5-1　楼板层的组成

（一）楼板面层

又称面层或地面，是楼板层中与人和家具设备直接接触的部分，它起着保护楼板、分布荷载和各种绝缘、隔声等功能方面的作用。同时也对室内装饰有重要影响。

（二）楼板结构层

它是楼板层的承重部分，包括着板和梁，主要功能在于承受楼板层的荷载，并将荷载传给墙或柱，同时还对墙身起水平支撑作用，抵抗部分水平荷载，增加建筑物的整体刚度。

（三）附加层

附加层又称功能层，主要用以设置满足隔声、防水、隔热、保温、绝缘等作用的部分。

（四）楼板顶棚层

它是楼板层下表面的构造层，也是室内空间上部的装修层，又称天花、天棚或平顶，其主要功能是保护楼板、装饰室内，以及保证室内使用条件。

**三、楼板的类型**

根据楼板结构层所采用材料的不同，可分为木楼板、砖拱楼板、钢筋混凝土楼板以及压型钢板与钢梁组合的楼板等多种形式（图5-2）。

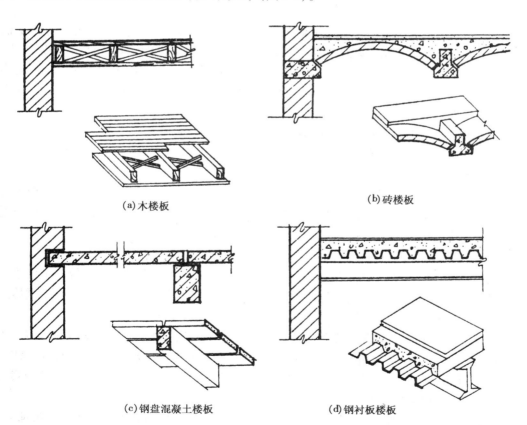

(a)木楼板　　　　　　　　　(b)砖楼板

(c)钢盘混凝土楼板　　　　　(d)钢衬板楼板

图 5-2　楼板的类型

木楼板具有自重轻、表面温暖、构造简单等优点，但不耐火、隔声，且耐久性亦较差，为节约木材，现已极少采用。

砖拱楼板可以节约钢材、水泥和木材，曾在缺乏钢材、水泥的地区采用过。由于它自重大、承载能力差，且不宜用于有振动和地震烈度较高地区，加上施工较繁，现也趋于不用。

钢筋混凝土楼板具有强度高、刚度好，既耐久又防火，还具有良好的可塑性，且便于机械化施工等特点，是目前我国工业与民用建筑中楼板的基本型式。近年来，由于压型钢板在建筑上的应用，于是出现了以压型钢板为底模的钢衬板楼板。

## 第二节　钢筋混凝土楼板层构造

钢筋混凝土被用于建造房屋已有一百多年的历史，由于它强度高、不燃烧、耐久性好，而且可塑性强，所以今天钢筋混凝土在建筑上的运用仍极为广泛。它是当今建筑业中不可缺少的、较经济的建筑材料之一。它的出现，给建筑业带来了巨大的变化。钢筋混凝土楼板按施工方式的不同可以分为现浇整体式、预制装配式和装配整体式楼板。

### 一、现浇钢筋混凝土楼板

现浇钢筋混凝土楼板是在施工现场按支模、扎筋、浇灌振捣混凝土、养护等施工工程序而成型的楼板结构。由于是现场整体浇筑成型，结构整体性能良好，且制作灵活，因而特别适合于整体性要求较高、平面位置不规划、尺寸不符合模数或管道穿越较多的楼面，随着高层建筑的日益增多，以及施工技术的不断革新和工具式钢模板的发展，现浇钢筋混凝土楼板的应用逐渐增多。

现浇钢筋混凝土楼板按其受力和传力情况可分为板式楼板、梁板式楼板、无梁楼板，此外还有压型钢板组合式楼板。

（一）板式楼板

将楼板现浇成一块平板，并直接支承在墙上，这种楼板称为板式楼板。板式楼板底面平整，便于支模施工，是最简单的一种形式，适用于平面尺寸较小的房间（多用于混合结构住宅中的厨房和卫生间等）以及公共建筑的走廊。

（二）梁板式

当房间的平面尺寸较大，为使楼板结构的受力与传力较为合理，常在楼板下设梁以增加板的支点，从而减小了板的跨度。这样楼板上的荷载是先由板传给梁，再由梁传给墙或柱。这种楼板结构称为梁板式结构。梁有主梁与次梁之分（图 5-3）。

楼板依其受力特点和支承情况，又有单向板与双向板之分。在板的受力和传力过程中，板的长边尺寸 $l_2$ 与短边尺寸 $l_1$ 的比例，对板的受力方式关系极大。当 $l_2/l_1 > 2$ 时，在荷载作用下，板基本上只在 $l_1$ 方向挠曲，而在 $l_2$ 方向挠曲很小（图 5-4a），这表明荷载主要沿 $l_1$ 方向传递，故称单向板。

当 $l_2/l_1 \leqslant 2$ 时，则两个方面都有挠曲（图 5-4b），这说明板在两个方向都传递荷载，故称双向板。

（1）楼板结构的经济尺度

为了更充分地发挥楼板结构的效力，合理选择构件的使用尺度是至关重要的。工程

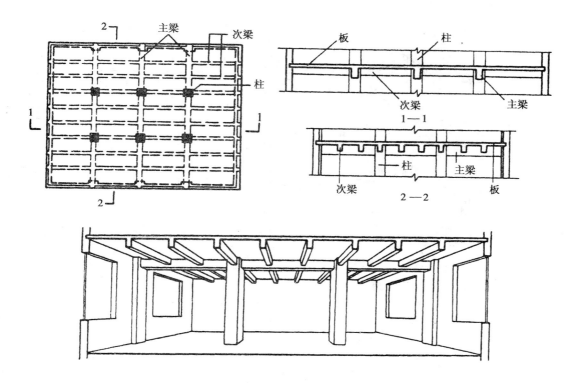

图 5-3 梁式楼板

技术人员在试验和实践的基础上，总结出的楼板结构构件常用尺度，是结构构件设计时参考的经济尺度，现分述如下：

主梁跨度一般为 5~9m，最大可达 12m；主梁高度为跨度的 1/14~1/8；次梁跨度即主梁间距，一般为 4~6m，次梁高为次梁跨度的 1/18~1/12。梁的宽与高之比一般为 1/3~1/2，其宽度常采用 250mm 或 300mm。

板的跨度即次梁（或主梁）的间距，一般为 1.7~2.5m，双向板不宜超过 5m×5m，板的厚度根据施工和使用要求，一般有如下规定：

单向板时：屋面板板厚 60~80mm，一般为板跨的 $\frac{1}{35}$~$\frac{1}{30}$。

民用建筑楼板板厚 70~100mm。

生产性建筑（工业建筑）的楼板板厚 80~180mm。

当混凝土强度等级≥C20 时，板厚可减少 10mm，但不得小于 60mm。

双向板时：板厚为 80~160mm，一般为板跨的 $\frac{1}{40}$~$\frac{1}{35}$。

（2）楼板的结构布置

结构布置是对楼板的承重构件作合理的安排，使其受力合理，并与建筑设计协调。

在结构布置中，首先应考虑构件的经济尺度，以确保构件受力的合理性；当房间的尺度超过构件的经济尺度时，可在室内增设柱子作为主梁的支点，使其尺度在经济跨度范围以内。其次，构件的布置应根据建筑的平面尺寸使其主梁尽量沿支点的短跨方向布置；次梁则与主梁方向垂直。对于一些公共建筑的门厅或大厅中，当房间的形状近似方

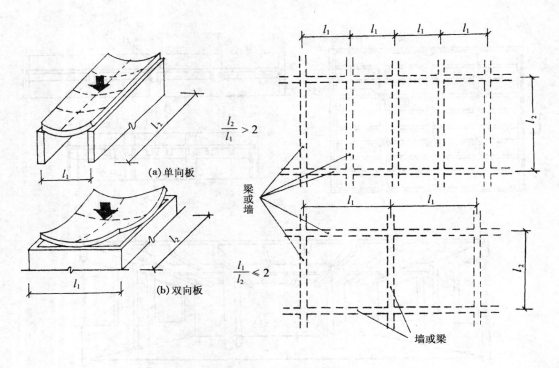

图 5-4　楼板的受力、传力方式

形，长短边比例 $l_2:l_1 \leqslant 2$，且跨度在 10m 或 10m 以上时，常沿两个方向等尺寸地布置构件，即不分主梁与次梁，梁的截面也同高，形成井格形梁板结构形式，这种结构又称井式楼板（图 5-5）。

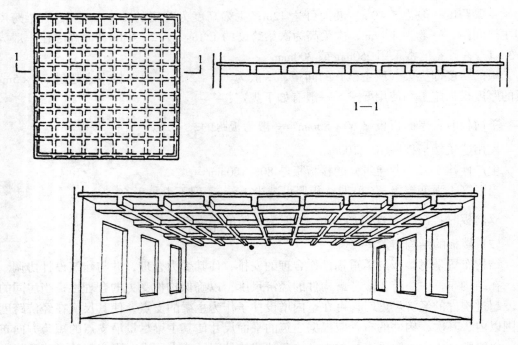

图 5-5　井式楼板（梁正交正放）

（三）无梁楼板

对于平面尺寸较大的房间或门厅，也可以不设梁，直接将板支承于柱上，这种楼板称为无梁楼板(图5-6)。无梁楼板分无柱帽和有柱帽两种类型。当荷载较大时，为避免楼板太厚，应采用有柱帽无梁楼板，以增加板在柱上的支承面积。无梁楼板的柱网一般布置成方形或矩形，以方形柱网较为经济，跨度一般不超过6m，板厚通常不小于120mm。

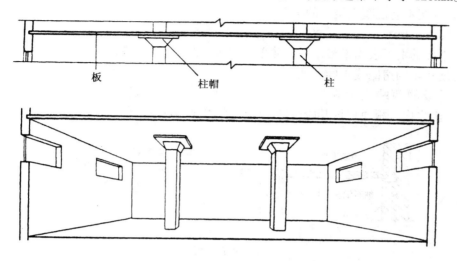

图 5-6 无梁楼板（有柱帽）

无梁楼板的底面平整，增加了室内的净空高度，有利于采光和通风，但楼板厚度较大。这种楼板比较适用于荷载较大，管线较多的商店和仓库等。

（四）压型钢板混凝土组合楼板

压型钢板混凝土组合楼板是在型钢梁上铺设压型钢板，以压型钢板作衬板来现浇混凝土，使压型钢板和混凝土浇注在一起共同作用。压型钢板用来承受楼板下部的拉应力（负弯矩处另加铺钢筋），同时也是浇注混凝土的永久性模板，此外，还可以利用压型钢板的空隙敷设管线（图5-7）。

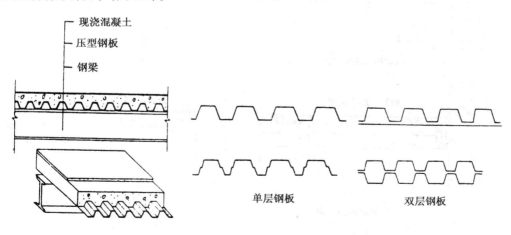

图 5-7 压型钢板混凝土组合楼板

## 二、预制装配式钢筋混凝土楼板

预制钢筋混凝土楼板是将楼板在预制厂或施工现场预制，然后装配而成。此做法可节省模板，改善劳动条件，提高效率，缩短工期，促进工业化水平。但预制楼板的整体性不好，灵活性也不如现浇板，更不宜在楼板上穿洞。

（一）预制钢筋混凝土楼板的类型

（1）实心平板

实心平板的上下表面平整，制作简单。但板的跨度受到限制，隔声效果较差，一般多用于跨度较小的房间或走廊等处。

实心平板的两端支承在墙或梁上，其跨度一般不超过 2.5m，板宽多在 500 ~ 1 000mm范围之内，板厚可取其跨度的1/30，常用 50 ~ 80mm（图5-8）。

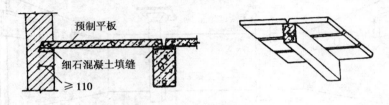

图 5-8　实心平板

（2）槽形板

槽形板是由板和肋两部分组成，它是一种梁板结合的构件。肋设于板的两侧以承受板的荷载，为方便搁置和提高板的刚度，在板的两端常设端肋封闭，当板的跨度达到6m 时，还应在板的中部增加横肋，以加强板的刚度（图5-9b）。

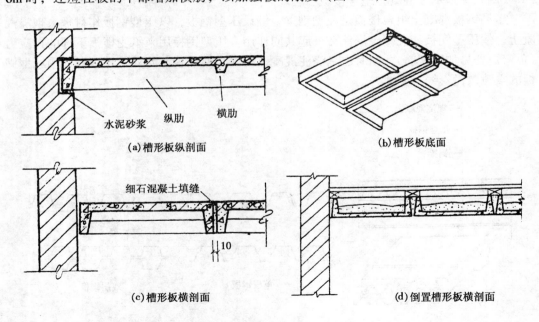

（a）槽形板纵剖面　　　　　　　　　　（b）槽形板底面

（c）槽形板横剖面　　　　　　　　　　（d）倒置槽形板横剖面

图 5-9　预制钢筋混凝土槽形板

槽形板有预应力和非预应力两种。由于其两侧有肋,故槽形板的板厚较小,而跨度可以较大。一般槽形板的板厚为 30～35mm;板宽为 600～1 200mm;肋高为 150～300mm,板跨为 3～7.2m。槽形板的自重较轻,用料省,亦便于在楼板上临时开洞,但隔声性能较差。槽形板经常被制成大型屋面板,用在单屋大跨度的工业厂房建筑中。

槽形板的搁置方式有两种:一种是正置,即肋向下搁置。这种做法受力合理,但底板不平整,也不利于采光,可直接用于观瞻要求不高的房间,也可采用吊顶棚来解决美观和隔声等问题(图 5-9a、c)。另一种是倒置,即肋向上搁置,这种方式可使板底平整,但板受力不合理,且须另做面板。为提高板的隔声能力,可在槽内填充隔声材料(图 10-9d)。

(3)空心板

空心板是将平板沿纵向抽孔而成。孔的断面形式有圆形、方形、长方形和长圆形等。由于圆形孔制作时抽蕊脱膜方便且刚度好,所以其应用最普遍。空心板也有预应力和非预应力之分,预应力空心板更为多用。

空心板的厚度尺寸视板的跨度而定,一般多为 110～240mm,宽度为 500～1 200mm,跨度为 2.4～7.2m,其中较为经济的跨度为 2.4～4.2m。

空心板上下表面平整,隔声效果较实心板和槽形板好,是预制板中应用最广泛的一种类型。但空心板不宜任意开洞,故不能用于管道穿越较多的房间(图 5-10)。

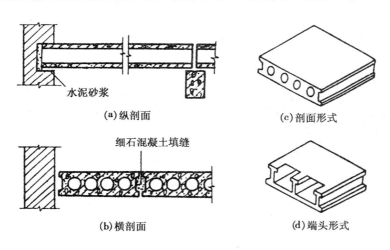

(a)纵剖面 水泥砂浆  (c)剖面形式

细石混凝土填缝

(b)横剖面  (d)端头形式

图 5-10 预制空心板

(二)钢筋混凝土预制板的细部构造

(1)板的搁置构造

板的搁置方式有两种:一种是板直接搁置在墙上,形成板式结构;另一种是将板搁置在梁上,梁支承在墙或柱子上,形成梁板式结构。板的布置方式视结构布置方案而定。

① 板在墙上的搁置

板在墙上必须具有足够的搁置长度,一般不宜小于 100mm。为使板与墙有可靠的连接,在板安装前,应先在墙上铺设水泥砂浆,俗称:坐浆,厚度不小于 10mm。板安装后,板端缝内须用细石混凝土或水泥砂浆灌缝,若为空心板,则应在板的两端用砖块或混凝土堵孔，以防板端在搁置处被压坏，同时，也能避免板缝灌浆时细石混凝土流入孔内（图 5-11）。

空心板靠墙一侧的纵向长边不应搁置在墙上，否则会形成三边支承的板，这样板的受力状态与板的设计不符，易导致板的开裂。板的纵向长边应靠墙布置，并用细石混凝土将板边与墙之间的缝隙灌实（图 5-11）。

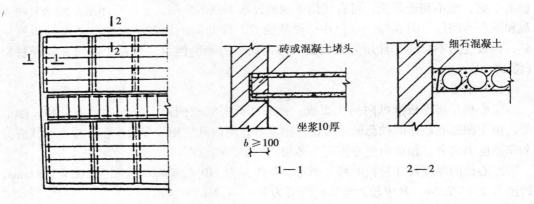

图 5-11　板在墙上的搁置

为增加建筑物的整体刚度，可用钢筋将板与墙、板与板之间进行拉结。拉结钢筋的配置视建筑物对整体刚度的要求及抗震情况而定，图 10-12 中的锚固钢筋配置可供参考。

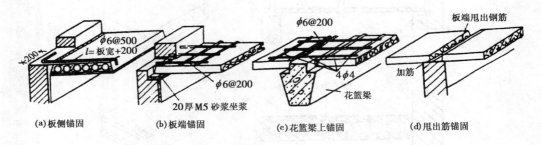

图 5-12　锚固筋的配置

② 板在梁上的搁置

板在梁上的搁置方式有两种：一是搁置在梁的顶面，如矩形梁（图 5-13a）；二是搁置梁出挑的翼缘上，如花篮梁（图 5-13b）。后一种搁置方式板的上表面与梁的顶面平齐，若梁高不变，楼板结构所占的高度就比前一种搁置方式小一个板厚，这样室内的净空高度增加了一个板厚。此时应特别注意板的跨度尺寸已不是梁的中心距，而应是减去梁顶面宽度之后的尺寸（图 5-13a、b）。

板搁置在梁上的构造要求与做法同搁置在墙上时基本相同，只是板的搁置长度略小于板在墙上的尺寸，其搁置长度一般不小于 60mm。

（2）板缝的处理

① 板的侧缝处理

为加强楼板的整体性，改善各独立铺板的工作，板的侧缝内应用细石混凝土灌实

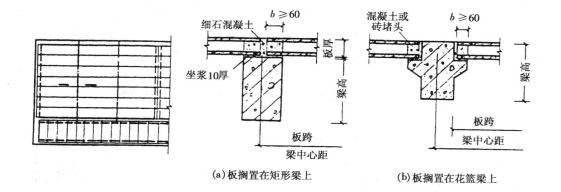

(a)板搁置在矩形梁上　　　　　(b)板搁置在花篮梁上

图 5-13　板在梁上的搁置

（图 5-14）。整体性要求较高时，可在板缝内配筋，或用短钢筋与预制板的吊钩焊接在一起（图 5-15）。

　　板的侧缝有 V 形缝、U 形缝、凹槽缝三种形式（图 5-14）。共中 V 形缝和 U 形缝便于灌缝，多在楼板较薄时采用，凹槽缝连接牢固，楼板整体性好，相邻的板之间共同工作效果较好。

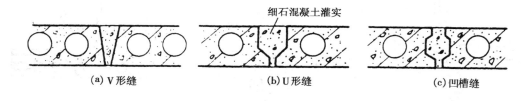

(a) V 形缝　　　　　　(b) U 形缝　　　　　　(c) 凹槽缝

图 5-14　板的侧缝形式及处理

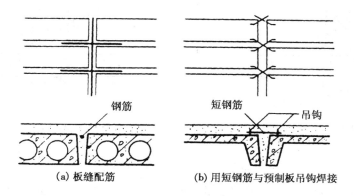

（a）板缝配筋　　　　（b）用短钢筋与预制板吊钩焊接

图 5-15　整体性要求较高时的板缝处理

② 剩余板缝处理

为便于施工，在进行板的布置时，一般要求板的规格、类型愈少愈好，通常一个房间的预制板宽度尺寸的规格不超过两种。因此，在房间的楼板布置时，板宽方向的尺寸（板的宽度之和）与房间的平面尺寸之间可能会产生差额，即出现不足以排开一块板的缝隙。这时，应根据剩余缝隙大小不同，分别采取相应的措施补缝。当缝差在60mm以内时，调整板缝宽度；当缝差在60～120mm时，可沿墙边挑两皮砖解决（图5-16a）；当缝差超过120mm且在200mm以内，或因竖向管道沿墙边通过时，则用局部现浇板带的办法解决（图10-16b、c）；当缝差超过200mm，则需重新选择板的规格。

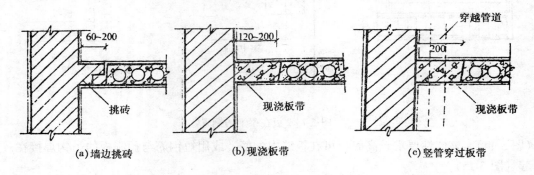

(a)墙边挑砖　　　　　(b)现浇板带　　　　　(c)竖管穿过板带

图 5-16　板缝差的处理

（3）预制板上设立隔墙

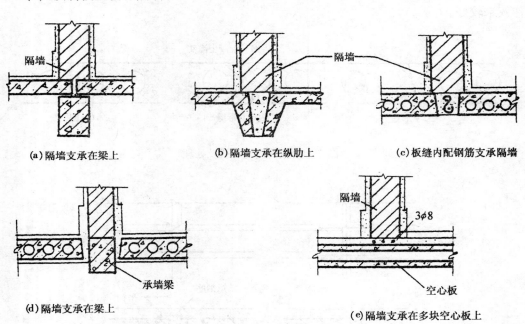

(a)隔墙支承在梁上　　　(b)隔墙支承在纵肋上　　(c)板缝内配钢筋支承隔墙

(d)隔墙支承在梁上　　　　　　　　(e)隔墙支承在多块空心板上

图 5-17　隔墙在楼板上的搁置

当房间设置隔墙，而且隔墙的重量由楼板承受时，必须从结构上予以考虑。首先应考虑采用轻质隔墙，其次是隔墙的位置应进行调整，尽量避免使隔墙的重量完全由一块板负担。当隔墙与板跨平行时，通常将隔墙设置在板的接缝处、槽形板的肋上或于墙下设梁来支承隔墙（图5-17b、c、d）。当隔墙与板跨垂直时，应尽量将墙布置在楼板的支承端（图 5-17a），否则，应通过结构计算选择预制板的型号，并在板面内加配构造钢筋（图 5-17e）。

### 三、装配整体式钢筋混凝土楼板

装配整体式钢筋混凝土楼板是将楼板中的部分构件预制安装后，再通过现浇的部分连接成整体。这种楼板的整体性较好，又可节省模板，施工速度也较快。

（一）叠合楼板

叠合楼板是由预制板和现浇钢筋混凝土层叠合而成的装配整体式楼板。预制板既是楼板结构的组成部分，又是现浇钢筋混凝土叠合层的永久性模板，现浇叠合层内应设置负弯矩钢筋，并可在其中敷设水平设备管线。

叠合楼板的预制部分，可以采用预应力和非预应力实心薄板，板的跨度一般为 4 ~ 6m，预应力薄板的跨度最大可达 9m，板的宽度一般为 1.1 ~ 1.8m，板厚通常不小于 50mm。叠合楼板的总厚度视板的跨度而定，以大于或等于预制板的两倍为宜，通常为 150 ~ 250mm（图 5-18b）。为使预制薄板与现浇叠合层结合牢固，薄板的板面应做适当处理，如在板面刻槽，或设置三角形结合钢筋等（图 5-18a）。

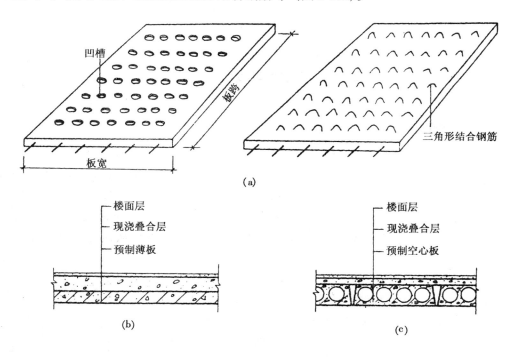

图 5-18　叠合楼板

叠合楼板的预制板，也可采用钢筋混凝土空心板，此时现浇叠合层的厚度较薄，一般为 30 ~ 50mm（图 5-17c）。

（二）密肋填充块楼板

密肋填充块楼板的密肋小梁有现浇和预制两种。现浇密肋填充块楼板以陶土空心砖、矿渣混凝土空心块等作为肋间填充块，然后现浇密肋和面板。填充块与肋和面板相接触的部位带有凹槽，用来与现浇肋或板咬接，使楼板的整体性更好。肋的间距视填充块的尺寸而定，一般为300~600mm，面板厚度一般为40~50mm（图5-19a）。预制小梁填充块楼板是在预制小梁之间填充陶土空心砖、矿渣混凝土空心块、煤渣空心砖等填充块，上面现浇混凝土面层而成（图5-19b）。

密肋填充块楼板底面平整，隔声效果好，能充分利用不同材料的性能，节约模板，且整体性好。

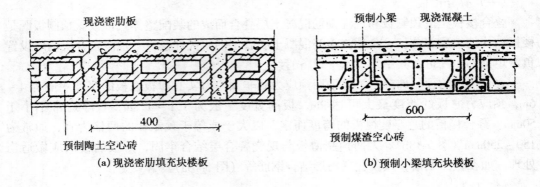

图5-19　密肋填充块楼板

## 第三节　楼板层的防水、隔声构造

### 一、楼板层防水

对有水侵蚀的房间，如厕所、盥洗室、淋浴室等，由于小便槽、盥洗台等各种设备、水管较多，用水频繁，室内积水的机会也多，容易发生渗漏水现象。因此，设计时需对这些房间的楼板层、墙身采取有效的防潮、防水措施。如果忽视这样的问题或者处理不当，就很容易发生管道、设备、楼板和墙身渗漏水，影响正常使用，并有碍建筑物的美观，严重的将破坏建筑结构，降低使用寿命。通常从两方面着手解决问题。

（一）楼面排水

为便于排水，楼面需有一定坡度，并设置地漏，引导水流入地漏。排水坡一般为1%~1.5%。为防止室内积水外溢，对有水房间的楼面或地面标高应比其他房间或走廊低20~30mm；若有水房间楼地面标高与走廊或其他房间楼、地面标高相平时，亦可在门口做高出20~30mm的门槛，如图5-20所示。

（二）楼板、墙身的防水处理

楼板防水要考虑多种情况及多方面的因素。通常需解决以下问题：

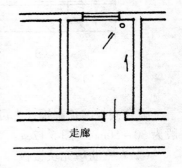

图5-20　楼面排水

（1）楼板防水　对有水侵袭的楼板应以现浇为佳。对防水质量要求较高的地方，可在楼板与面层之间设置防水层一道，常见的防水材料有卷材防水、防水砂浆防水或涂料防水层，以防止水的渗透。然后再做面层，如图5-21所示。有水房间地面常采用水泥地面、水磨石地面、马赛克地面、地砖地面或缸砖地面等。为防止水沿房间四周侵入墙身，应将防水层沿房间四周墙边向上深入踢脚线内100~150mm，如图5-21c所示。当遇到开门处，其防水层应铺出门外至少250mm，如图5-21a、b所示。

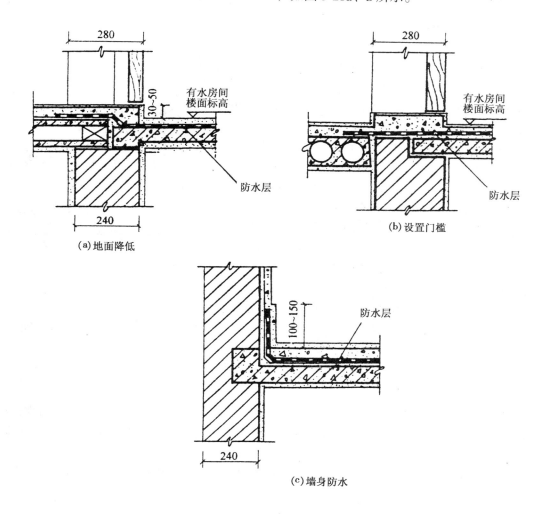

图5-21　有水房间楼板层的防水处理

（2）穿楼板立管的防水处理　一般采用两种办法，一是在管道穿过的周围用C20级干硬性细石混凝土捣固紧实，再以两布二油橡胶酸性沥青防水涂料作密封处理。如图5-22a所示；二是对某些暖气管、热水管穿过楼板层时，为防止由于温度变化，出现胀缩变形，致使管壁周围漏水，故常在楼板走管的位置埋设一个比热水管直径稍大的套管，以保证热水管能自由伸缩而不致影响混凝土开裂。套管比楼面高出30mm左右，如图5-22b所示。

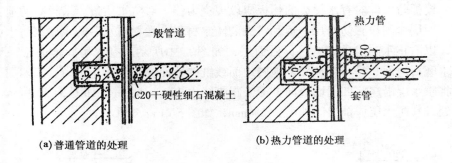

(a)普通管道的处理　　　　　　　　(b)热力管道的处理

图 5-22　管道穿过楼板时的处理

（3）对淋水墙面的处理　淋水墙面常包括浴室、盥洗室和小便槽等处有水侵蚀墙体的情况。对于这些部位如果防水处理不当，亦会造成严重后果。最常见的问题是男小便槽的渗漏水，它不仅影响室内，严重的影响到室外或其他房间。对小便槽的处理首先是迅速排水，其次是小便槽本身须用混凝土材料制作，内配构造钢筋（φ6@200～300mm 双向钢筋网），槽壁厚40mm 以上。为提高防水质量，可在槽底加设防水层一道，并将其延伸到墙身，如图 5-23 所示。然后在槽表面作水磨石面层或贴瓷砖。水磨石面层由于经常受人尿侵蚀或水冲刷，使用时间长，表面受到腐蚀，致使面层呈粗糙状，变成水刷石，容易积脏。一般贴瓷砖或涂刷防水防腐蚀涂料效

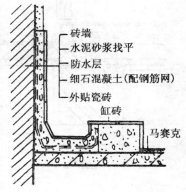

图 5-23　小便槽的防水处理

果较好。但贴瓷砖其拼缝要严，且须用酚醛树脂胶泥勾缝，否则，水、尿仍能侵蚀墙体，致使瓷砖剥落。

### 二、楼板层的隔声

噪声通常是指由各种不同强度、不同频率的声音混杂在一起的嘈杂声，强烈的噪声对人们的健康和工作有很大的影响。噪声一般以空气传声和撞击传声两种方式进行传递。

在建筑构件中，楼上人的脚步声，拖动家具、撞击物体所产生的噪声，对楼下房间的干扰特别严重。因此，楼板层的隔声构造主要是针对撞击传声而设计的。若在降低撞击传声的声级，首先应对振源进行控制，然后是改善楼板层隔绝撞击声的性能，通常可以从以下三方面考虑。

（一）对楼面进行处理

在楼面上铺设富有弹性的材料，如地毯、橡胶地毡、塑料地毡、软木板等，以降低楼板本身的振动，使撞击声能减弱。采用这种措施，效果是比较理想的（图 5-24）。

（二）利用弹性垫层进行处理

即在楼板结构层与面层之间增设一道弹性垫层，以降低结构的振动。弹性垫层可以是具有弹性的片状、条状或块状的材料。如木丝板、甘蔗板、软木片、矿棉毡等。使楼

(a)铺地毯　　　　　　(b)贴橡胶或塑料毡　　　　　(c)镶软木砖

图 5-24　对楼面进行隔声处理

面与楼板完全被隔开，使楼面形成浮筑层。所以这种楼板层又称浮筑楼板。但必须注意，要保证楼面与结构层（包括面层与墙面交接处）都要完全脱离，防止产生"声桥"。如图 5-25 所示。

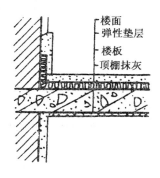 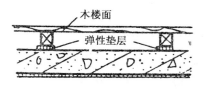

图 5-25　浮筑楼板

（三）作楼板吊顶处理

即在楼板下作吊顶。它主要是解决楼板层所产生的空气传声问题。当楼板被撞击后会产生撞击声，于是利用隔绝空气声的措施来降低其撞击声。吊顶的隔声能力取决于它单位面积的质量以及其整体性，即质量越大，整体性越强，其隔声效果越好。此外，还决定于吊筋与楼板之间刚性连接的程度。如采用弹性连接，则隔声能力可大为提高。如图 5-26 所示。

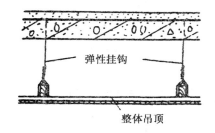 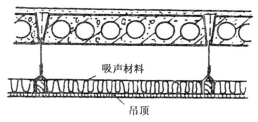

图 5-26　利用吊顶棚隔声

## 第四节　楼地面构造

楼面和地面分别为楼板层和地层的面层，它们在构造要求和做法上基本相同，对室内装修而言，两者统称地面。

### 一、地面的设计要求

地面是人和家具设备直接接触的部分，它直接承受地面上的荷载，经常受到摩擦，并需要经常清扫或擦洗。因此，地面首先必须满足的基本要求是坚固耐磨，表面平整光洁并便于清洁。标准较高的房间，地面还应满足吸声、保温和弹性等要求，特别是人们长时间逗留且要求安静的房间，如居室、办公室、图书阅览室、病房等。具有良好的消声能力，较低的热传导性和一定弹性的面层，可以有效地控制室内噪声，并使人行走时感到温暖舒适，不易疲劳。对有些房间，地面还应具有防水、耐腐蚀、耐火等性能。如厕所、浴室、厨房等用水的房间，地面应具有防水性能；某些实验室等有酸碱作用的房间，地面应具有耐酸碱腐蚀的能力；厨房等有火源的房间，地面应具有较好的防火性能等。

### 二、地面的构造做法

地面的材料和做法应根据房间的使用要求和装修要求并结合经济条件加以选用。地面按材料形式和施工方式可分为四大类，即整体浇注地面、板块地面、卷材地面和涂料地面。

（一）整体浇注地面

整体浇注地面是指用现场浇注的方法做成整片的地面。按地面材料不同有水泥砂浆地面、水磨石地面、菱苦土地面等。

1. 水泥砂浆地面

水泥砂浆地面通常是用水泥砂浆抹压而成。一般采用 1:2.5 的水泥砂浆一次抹成，即单层做法，但厚度不宜过大，一般 15~20mm。为了保证质量，减少由于水泥砂浆干缩而产生裂缝的可能性，可将水泥砂浆分两次抹成，即双层做法，一般先用 15~20mm 厚 1:3 水泥砂浆打底找平，再用 5~10mm 厚 1:1.5 或 1:2 水泥砂浆抹面（图 5-27）。

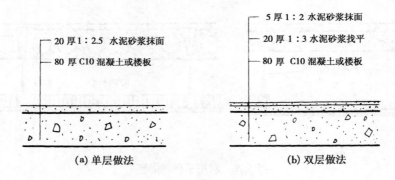

（a）单层做法　　　　　　　　　　　（b）双层做法

图 5-27　水泥砂浆地面

水泥砂浆地面构造简单，施工方便，造价低，且耐水，是目前应用最广泛的一种低挡地面做法。但地面易起灰，无弹性，热传导性高，且装饰效果较差。为改善其装饰效果，可在水泥砂浆中掺入少量矿物颜料，如氧化铁红等，但由于普通水泥呈暗灰色，掺入颜料的水泥砂浆地面的装饰效果也不太理想。为了提高水泥砂浆地面的耐磨性和光洁度，可用干硬性的水泥砂浆作面层，用磨光机打磨，或用水泥和石屑（不掺砂）作面层等。

2. 水磨石地面

水磨石地面是将用水泥作胶结材料、大理石或白云石等中等硬度石料的石屑作骨料而形成的水泥石屑浆浇抹硬结后，经磨光打蜡而成。水磨石地面的常见做法是先用 15～20mm 厚 1:3 水泥砂浆找平，再用 10～15mm 厚 1:1.5 或 1:2 的水泥石屑浆抹面，待水泥凝结到一定硬度后，用磨光机打磨，再由草酸清洗，打蜡保护。为便于施工和维修，并防止因温度变化而导致面层变形开裂，应用分格条将面层按设计的图案进行分格，这样做也可以增加美观。分析形状有正方形、长方形、多边形等，尺寸常为 400～1 000mm。分格条按材料不同有玻璃条、塑料条、铜条或铝条等，视装修要求而定。分格条通常在找平层上用 1:1 水泥砂浆嵌固（图 5-28）。

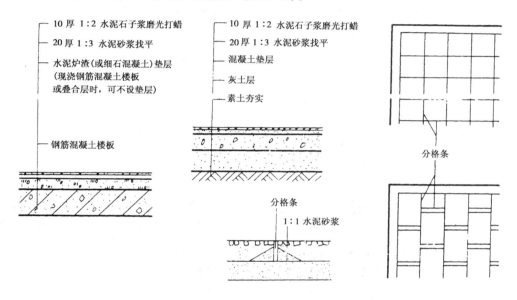

图 5-28　水磨石地面

水磨石地面坚硬、耐磨、光洁、不透水，而且由于施工时磨去了表面的水泥浆膜，使其避免了起灰，有利于保持清洁，它的装饰效果也优于水泥砂浆地面，但造价高于水泥砂浆地面，施工较复杂，无弹性，吸热性强，常用于人流量较大的交通空间和房间，如公共建筑的门厅、走廊、楼梯以及营业厅、候车厅等。对装修要求较高的建筑，可用彩色水泥或白水泥加入各种颜料代替普通水泥，与彩色大理石石屑做成各种色彩和图案的地面，即美术水磨石地面。它比普通的水磨石地面具有更好的装饰性，但造价较高。

3. 菱苦土地面

菱苦土地面是用菱苦土、锯末、滑石粉和矿物颜料干拌均匀后，加入氯化镁溶液调制成胶泥，铺抹压光，硬化稳定后，用磨光机磨光打蜡而成。菱苦土地面有单层和双层两种做法，见图 5-29。

菱苦土地面易于清洁，有一定弹性，热工性能好，适用于有清洁、弹性要求的房间。由于这种地面不耐水，也不耐高温，因此，不宜用于经常有水存留及地面温度经常处在35℃以上的房间。对于磨损较多的地方，菱苦土地面的面层可掺入砂或石屑调制，形成硬性菱苦土，使之坚硬耐磨。

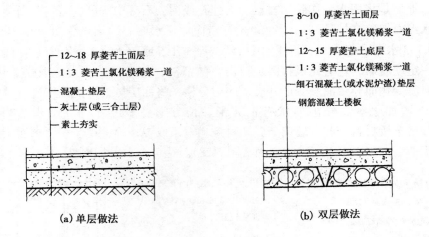

图 5-29　菱苦土地面

(二) 板块地面

板块地面是指利用板材或块材铺贴而成的地面。按地面材料不同有陶瓷板块地面、石板地面、塑料板块地面和木地面等。

1. 陶瓷板块地面

用作地面的陶瓷板块有陶瓷锦砖和缸砖、陶瓷彩釉砖、瓷质无釉砖等各种陶瓷地砖。陶瓷锦砖（又称马赛克）是以优质瓷土烧制而成的小块瓷砖，它有各种颜色、多种几何形状，并可拼成各种图案。陶瓷锦砖色彩丰富、鲜艳，尺寸小，面层薄，自重轻，不易踩碎。陶瓷锦砖地面的常见做法是先在混凝土垫层或钢筋混凝土楼板上用 15～20mm 厚 1:3 水泥砂浆找平，再将拼贴在牛皮纸上的陶瓷锦砖用 5～8mm 厚 1:1 水泥砂浆粘贴，在表面的牛皮纸清洗后，用素水泥浆扫缝（图 5-30b）。

缸砖是用陶土烧制而成，可加入不同的颜料烧制成各种颜色，以红棕色缸砖最常见。缸砖可根据需要做成方形、长方形、六角形和八角形等，并可组合拼成各种图案，其中方形缸砖应用较多，其尺寸一般为 100mm×100mm、150mm×150mm，厚度为 10～15mm。缸砖通常是在 15～20mm 厚 1:3 水泥砂浆找平层上用 5～10mm 厚 1:1 水泥砂浆粘贴，并用素水泥浆扫缝（图 5-30a）。

陶瓷彩釉砖和瓷质无釉砖是较理想的新型地面装修材料，其规格尺寸一般较大，如200mm×200mm、300mm×300mm 等。瓷质无釉砖又称仿花岗石砖，它具有天然花岗石的质感。陶瓷彩釉和瓷质无釉砖可用于门厅、餐厅、营业厅等，其构造做法与缸砖相同，见图 5-30 （a）。

陶瓷板块地面的特点是坚硬耐磨、色泽稳定，易于保持清洁，而且具有较好的耐水和耐酸碱腐蚀的性能，但造价偏高，一般适用于水的房间以及有腐蚀的房间，如厕所、盥洗室、浴室和实验室等。这种地面由于没有弹性、不消声、吸热性大，故不宜用于人们长时间停留并要求安静的房间。陶瓷板块地面的面层属于刚性面层，只能铺贴在整体性和刚性较好的基层上，如混凝土热层或钢筋混凝土楼板结构层。

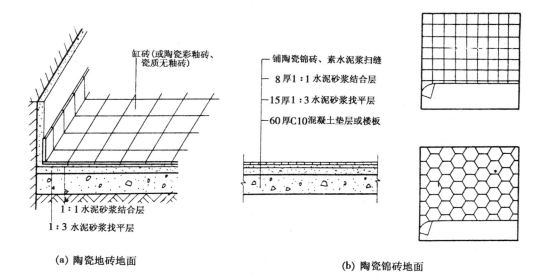

**(a) 陶瓷地砖地面**

缸砖（或陶瓷彩釉砖、瓷质无釉砖）
1:1 水泥砂浆结合层
1:3 水泥砂浆找平层

**(b) 陶瓷锦砖地面**

铺陶瓷锦砖、素水泥浆扫缝
8厚1:1水泥砂浆结合层
15厚1:3水泥砂浆找平层
60厚C10混凝土垫层或楼板

图 5-30　陶瓷板块地面

**2. 石板地面**

石板地面包括天然石地面和人造石地面。

天然石有大理石和花岗石等。天然大理石色泽艳丽，具有各种斑驳纹理，可取得较好的装饰效果。大理石板的规格尺寸一般为 300mm×300mm～500mm×500mm，厚度为 20～30mm。大理石地面的常见做法是先用 20～30mm 厚1:3 或 1:4 干硬性水泥砂浆找平，再用 5～10mm 厚1:1 水泥砂浆作结合层铺贴大理石板，板缝宽不大于1mm，洒干水泥粉浇水扫缝，最后过草酸打蜡。另外，还可利用大理石碎块拼贴，形成碎大理石地面，它可以充分利用边脚料，既能降低造价，又可取得较好的装饰效果。用作室内地面的花岗石板是表面打磨光滑的磨光花岗石板，它的耐磨程度高于大理石板，但价格昂贵，应用较少。花岗石地面有灰白、红、青、黑等颜色，其构造做法同大理石地面。天然石地面具有较好的耐磨，耐久性能和装饰性，但造价较高，属于高挡做法，一般用于装修标准较高的公共建筑的门厅、大厅等（图 5-31）。

人造石板有预制水磨石板、人造大理石板等，其规格尺寸及地面的构造做法与天然石板基本相同，而价格低于天然石板。

**3. 塑料板块地面**

随着石油化工业的发展，塑料地面的应用日益广泛。塑料地面材料的种类很多，目前聚氯乙烯塑料地面材料应用最广泛。它是以聚氯乙烯树脂为主要胶结材，添加增塑剂、填充料、稳定剂、润滑剂和颜料等经塑化热压而成。可加工成块材，也可加工成卷材，其材质有软质和半硬质两种，目前在我国应用较多的是半硬质聚氯乙烯块材，其规格尺寸一般为 100mm×100mm～500mm×500mm，厚度为 1.5～2.0mm。塑料板块地面的构造做法是先用 15～20mm 厚1:2 水泥砂浆找平，干燥后再用胶粘剂粘贴塑料板（图5-

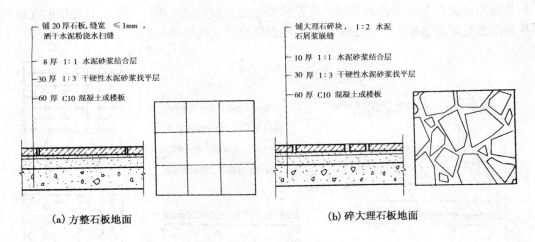

铺 20 厚石板，缝宽 ≤1mm，
洒干水泥粉浇水扫缝

8 厚 1:1 水泥砂浆结合层

30 厚 1:3 干硬性水泥砂浆找平层

60 厚 C10 混凝土或楼板

铺大理石碎块，1:2 水泥
石屑浆嵌缝

10 厚 1:1 水泥砂浆结合层

30 厚 1:3 干硬性水泥砂浆找平层

60 厚 C10 混凝土或楼板

(a) 方整石板地面　　　　　　　　　　　(b) 碎大理石板地面

图 5-31　石板地面

32)。

塑料板块地面具有一定的弹性和吸声能力，热传导性低，使脚感舒适温暖，并有利于隔声，它的色彩丰富，可获得较好的装饰效果，而且耐磨性、耐湿性和耐燃性较好，施工方便，易于保持清洁。但其耐高温性和耐刻划性较差，易老化，日久失光变色。这种地面适用于人们长时间逗留且要求安静的房间，或清洁要求较高的房间。

4. 木地面

木地面按构造方式有空铺式和实铺式两种。

空铺式木地面是将支承木地板的搁栅架空搁置，使地板下有足够的空间便于通风，以保持干燥，防止木板受潮变形或腐烂。木搁栅可搁置于墙上，当房间尺寸较大时，也可搁置于地垄墙或砖墩上。空铺木地面应组织好架空层的通风，通常应在外墙勒脚处开设通风洞，有地垄墙时，地垄墙上也应留洞，使地板下的潮气通过空气对流排至室外。空铺式木地面的构造见图 5-33。

空铺式木地面构造复杂，耗费木材较多，因而采用较少。

实铺式木地面有铺钉式和粘贴式两种做法。

铺钉式实铺木地面是将木搁栅搁置在混凝土垫层或钢筋混凝土楼板上的水泥砂浆或细石混凝土找平层上，在搁栅上铺钉木地板。房屋底层实铺木地面时，为防止木地板受潮腐烂，应在混凝土垫层上做防潮处理，通常在水泥砂浆找平层和冷底子油结合层上做一毡二油防潮层或涂刷热沥青防潮层。另外，在踢脚板处设通风口，使地板下的空气流通，以保持干燥。

木搁栅的断面尺寸一般为 50mm×50mm 或 50mm×70mm，间距为 400～500mm。木搁栅应固定在混凝土垫层或钢筋混凝土楼板上，固定方法有多种，如在结构层或垫层内预埋钢筋，用镀锌铁丝将木搁栅与钢筋绑牢，或预埋 U 形铁件嵌固木搁栅等。搁栅间的空挡可用来安装各种管线。

木地板有普通木地板、硬木条形地板和硬木拼花地板等。铺钉式木地面可用单层木板铺钉，也可用双层木板铺钉。单层木地板通常采用普通木地板或硬木条形地板（图 5-34b）。双层木地板的底板称为毛板，可采用普通木板，与搁栅呈 30°或 45°方向铺钉，面

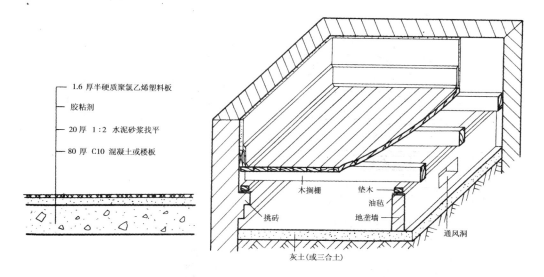

图 5-32　塑料板块地面　　　　　　　图 5-33　空铺式木地面

板则采用硬木拼花板或硬木条形板，底板和面板之间应衬一层油纸或涂酚醛树脂，以减小摩擦。双层木地板具有更好的弹性，但消耗木材较多（图 5-34a）。

粘贴式实铺木地面是将木地板用沥青胶或环氧树脂等粘结材料直接粘贴在找平层上，若为底层地面，则应在找平层上做防潮层，或直接用沥青砂浆找平。粘贴式实铺木地面由于省略了搁栅，比铺钉式节约木材，造价低，施工简便，应用较多（图5-34c）。

木地面具有良好的弹性、吸声能力和低吸热性，易于保持清洁，但耐火性差，保养不善时易腐朽，且造价较高，一般用于装修标准较高的住宅、宾馆或有特殊要求的建筑中（如体育馆、剧院等）。

（三）卷材地面

卷材地面是用成卷的铺材铺贴而成。常见的地面卷材有软质聚氯乙烯塑料地毡、油地毡、橡胶地毡和地毯等。

软质聚氯乙烯塑料地毡的规格一般为：宽 700～2 000mm，长 10～20m，厚 1～8mm，可用胶粘剂粘贴在水泥砂浆找平层上，也可干铺。塑料地毡的拼接缝隙通常切割成 V形，用三角形塑料焊条焊接（图 5-35）。

油地毡是以植物油、树脂等为胶结材，加上填料、催化剂和颜料与沥青油纸或麻布织物复合而成的红棕色卷材，它具有一定的弹性和良好的耐磨性。油地毡一般可不用胶粘剂，直接干铺在找平层上即可。

橡胶地毡是以天然橡胶或合成橡胶为主要原料，掺入填充料、防老剂、硫化剂等制成的卷材。它具有良好的弹性、耐磨性和电绝缘性，有利于隔绝撞击声。橡胶地毡可以干铺，也可用胶粘剂粘贴在水泥砂浆找平层上。

地毯类型较多，按地毯面层材料不同有化纤地毯、羊毛地毯和棉织地毯等，其中用化纤或短羊毛作面层，麻布、塑料作背衬的化纤或短羊毛地毯应用较多。地毯可以满铺，也可局部铺设，其铺设方法有固定和不固定两种。不固定式是将地毯直接摊铺在地

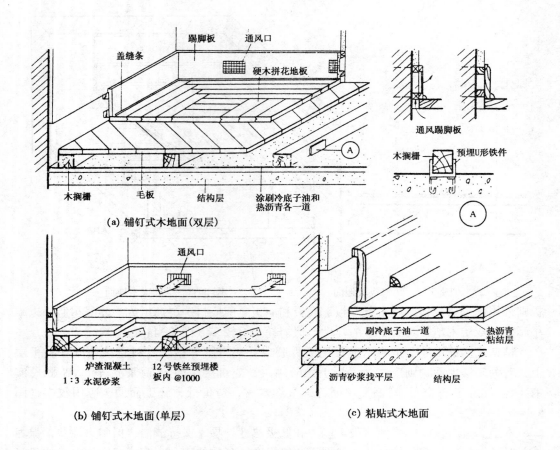

图 5-34 实铺式木地面

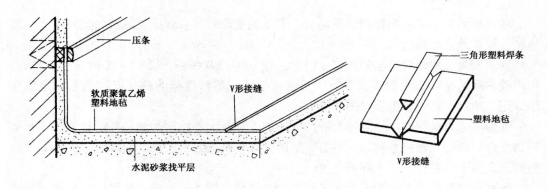

图 5-35 塑料卷材地面

面上，固定式通常是将地毯用胶粘剂粘贴在地面上，或用倒钩钉将地毯四周固定。为增加地面的弹性和消声能力，地毯下可铺设一层泡沫橡胶衬垫。地毯具有良好的弹性以及吸声、隔声和保温性能，脚感舒适，美观大方，施工简便，是理想的地面装修材料，但价格较高。

（四）涂料地面

涂料地面是利用涂料涂刷或涂刮而成。它是水泥砂浆地面的一种表面处理形式，用以改善水泥砂浆地面在使用和装饰方面的不足。地面涂料品种较多，有溶剂型、水溶性和水乳型等地面涂料。

普通地面涂料是指涂层较薄的地面涂料，如苯乙烯-丙烯酸酯共聚乳液地面涂料、聚乙烯醇缩丁醛溶剂型地面涂料等。这种涂料地面通常以涂刷的方式施工，故施工简便，且造价较低，但由于涂层较薄，在人流多的部位磨损较快。

厚质地面涂料是指涂层较厚的地面涂料，常用的厚质地面涂料有两类。一类是单纯以树脂为胶凝材料的厚质地面涂料，如环氧树脂厚质地面涂料、聚氨酯厚质地面涂料等。这类涂料地面由于涂层较厚，故耐磨、耐腐蚀、抗渗、弹韧等性能较好，且装饰效果较好，但造价较高。它可采用涂刮、涂刷等方式施工。另一类是以水溶性树脂或乳液与普通水泥或白水泥复合组成胶结材料，再加入颜料等制成的厚质地面涂料，称为聚合物水泥地面涂料，如聚乙烯醇缩甲醛胶水泥地面涂料、苯乙烯-丙烯酸酯共聚乳液水泥地面涂料等。这类涂料地面通常由主涂层和罩面层组成，采用涂刮、涂刷等方式施工，可根据需要做成各种几何图案或仿木纹、仿水磨石、仿大理石等花纹图案的地面。聚合物水泥涂料地面的涂层与水泥砂浆基层粘结牢固，具有较好的耐水性、耐磨性和耐久性，而且装饰效果较好，造价较低，故应用较普遍。

为保护墙面，防止外界碰撞损坏墙面，或擦洗地面时弄脏墙面，通常在墙面靠近地面处设踢脚线（又称踢脚板）。踢脚线的材料一般与地面相同，故可看作是地面的一部分，即地面在墙面上的延伸部分。踢脚线通常凸出墙面，也可与墙面平齐或凹进墙面，其高度一般为 150～200mm。踢脚线构造见图 5-36。

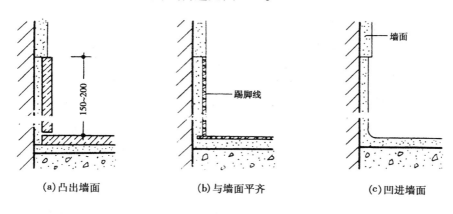

|(a)凸出墙面|(b)与墙面平齐|(c)凹进墙面|

图 5-36　踢脚线构造

### 三、楼地面变形缝

楼地面变形缝的位置应与墙体变形缝一致，其宽度不应小于 10mm。变形缝应贯通楼板层和地层的各层，混凝土垫层的变形缝宽度不小于 20mm，楼板结构层的变形缝宽度同墙体变形缝一致。对采用沥青类材料的整体楼地面和铺在砂、沥青胶结合层上的板块楼地面，可只在楼板结构层和顶棚层或混凝土垫层中设置变形缝。

变形缝内一般采用沥青麻丝、金属调节片等弹性材料做填缝或封缝处理，上铺活动盖板或橡皮条等，以防灰尘下落，地面也可用沥青胶嵌缝。顶棚处应用木板、金属调节片等做盖缝处理，盖缝板的设置应保证缝两侧的构件能自由变形（图5-37）。

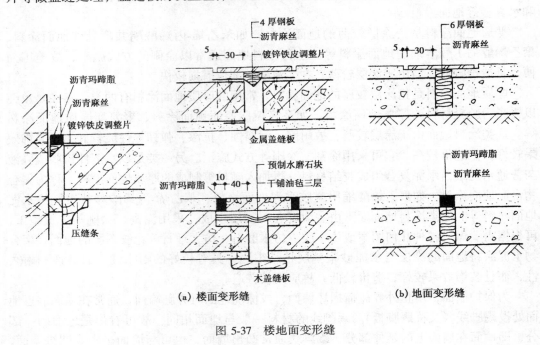

（a）楼面变形缝　　　　　　　　　　　（b）地面变形缝

图 5-37　楼地面变形缝

# 第五节　顶　棚

顶棚作为室内空间上部的装修层，应满足室内使用和美观等方面的要求。顶棚按构造方式不同有直接式顶棚和悬吊式顶棚两种类型。

## 一、直接式顶棚

直接式顶棚是指直接在楼板结构层的底面做饰面层所形成的顶棚。顶棚表面应光洁，有较好的反光性，以改善室内的照度。顶棚还应注意美观和防火等。直接式顶棚构造简单，施工方便，造价较低。

（一）直接喷刷顶棚

是在楼板底面填缝刮平后直接喷或刷大白浆、石灰浆等涂料，以增加顶棚的反射光照作用。直接喷刷顶棚通常用于观瞻要求不高的房间。

（二）抹灰顶棚

是在楼板底面勾缝或刷素水泥浆后进行抹灰装修，抹灰表面可喷刷涂料，抹灰顶棚适用于一般装修标准的房间。

抹灰顶棚一般有麻刀灰（或纸筋灰）顶棚、水泥砂浆顶棚和混合砂浆顶棚等，其中麻刀灰顶棚应用最普遍。麻刀灰顶棚的做法是先用混合砂浆打底，再用麻刀灰罩面（图5-38a）。

（三）贴面顶棚

是在楼板底面用砂浆打底找平后，用胶粘剂粘贴墙纸、泡沫塑胶板或装饰吸声板等。贴面顶棚一般用于楼板底部平整、不需要顶棚敷设管线而装修要求又较高的房间，或有吸声、保温隔热等要求的房间（图 5-38b）。

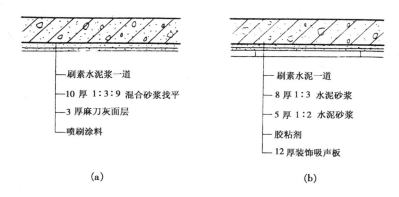

（a）　　　　　　　　　　　　（b）

图 5-38　直接式顶棚
（a）抹灰顶棚；（b）贴面顶棚

## 二、悬吊式顶棚

悬吊式顶棚又称吊顶棚或吊顶，是将饰面层悬吊在楼板结构上而形成的顶棚。饰面层可做成平直或弯曲的连续整体式，也可将局部降低或升高形成分层式，或按一定规律和图型进行分块而形成立体式等。吊顶棚的构造复杂、施工麻烦、造价较高，一般用于装修标准较高而楼板底部不平或在楼板下面敷设管线的房间，以及有特殊要求的房间。

吊顶棚应具有足够的净空高度，以便于各种设备管线的敷设；合理地安排灯具、通风口的位置，以符合照明、通风要求；选择合适的材料和构造做法，使其燃烧性能和耐火极限符合防火规范的规定；吊顶棚应便于制作、安装和维修，自重宜轻，以减少结构负荷。同时，吊顶棚还应满足美观和经济等方面的要求。对有些房间，吊顶棚应满足隔声、音质等特殊要求。

吊顶棚一般由吊杆、基层和面层三部分组成。吊杆又称吊筋，顶棚通常是借助于吊杆悬吊在楼板结构上的，有时也可不用吊杆而将基层直接固定在梁或墙上。吊杆有金属吊杆和木吊杆两种，一般多用钢筋或型钢等制作的金属吊杆。基层是用来固定面层并承受其重量，一般有主龙骨（又称主搁栅）和次龙骨（又称次搁栅）两部分组成。主龙骨与吊杆相连，一般单向布置。次龙骨固定在主龙骨上，其布置方式和间距视面层材料和顶棚外形而定。龙骨也有金属龙骨和木龙骨两种，为节约木材、减轻自重以及提高防火性能，现多用薄钢带或铝合金制作的轻型金属龙骨。面层固定在次龙骨上，可现场抹灰而成，也可用板材拼装而成（图 5-39）。

吊顶按面层施工方式不同有抹灰吊顶和板材吊顶两大类。

（一）抹灰吊顶

抹灰吊顶按面层做法不同有板条抹灰、板条钢板网（或钢丝网）抹灰和钢板网抹灰三种类型。

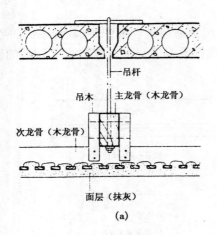
(a)

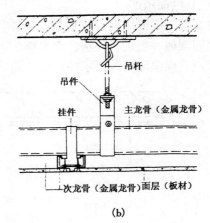
(b)

图 5-39　吊顶棚的组成

（a）抹灰吊顶，（b）板材吊顶

1. 板条抹灰吊顶

板条抹灰吊顶的吊杆一般采用 ø6 钢筋或带螺栓的 ø8 钢筋，间距一般为 900 ~ 1 500mm。吊杆与钢筋混凝土楼板的固定方式有若干种，如现浇钢筋混凝土楼板中预留钢筋做吊杆或与吊杆连接，预制钢筋混凝土楼板的板缝伸出吊杆，或用射钉、螺钉固定吊杆等（图 5-40）。这种吊顶也可采用木吊杆。吊顶的龙骨为木龙骨，主龙骨间距不大于 1 500mm，次龙骨垂直于主龙骨单向布置，间距一般为 400 ~ 500mm，主龙骨和次龙骨通过吊木连接。面层是由铺钉于次龙骨上的板条和表面的抹灰层组成。这种吊顶造价较低，但抹灰劳动量大，抹灰面层易出现龟裂，甚至破损脱落，且防火性能差，一般用于装修要求不高且面积不大的房间（图 5-41a）。

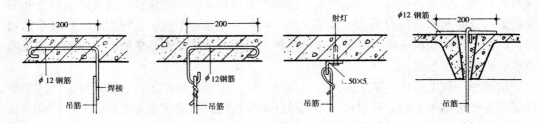

图 5-40　吊筋与楼板的固定方式

2. 板条钢板网抹灰吊顶

是在板条抹灰吊顶的板条和抹灰层之间加钉一层钢板网，以防抹灰层开裂脱落（图 5-41b）。

3. 钢板网抹灰吊顶

一般采用金属龙骨，主龙骨多为槽钢，其型号和间距应视荷载大小而定，次龙骨一般为角钢，在次龙骨下加铺一道 ø6 的钢筋网，再铺设钢板网抹灰。这种吊顶的防火性能和耐久性好，可用于防火要求较高的建筑（图 5-41c）。

（二）板材吊顶

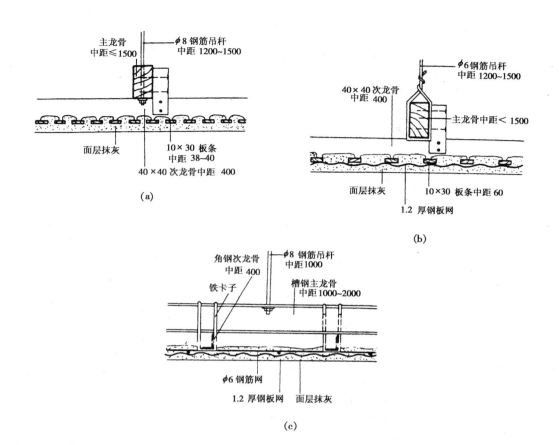

图 5-41 抹灰吊顶

(a) 板条抹灰吊顶；(b) 板条钢板网抹灰吊顶；(c) 钢板网抹灰吊顶

板材吊顶按基层材料不同主要有木基层吊顶和金属基层吊顶两种类型。

1. 木基层吊顶

木基层吊顶的吊杆可采用 $\phi6$ 钢筋，也可采用 40mm×40mm 或 50mm×50mm 的方木，吊杆间距一般为 900～1 200mm。木基层通常由主龙骨和次龙骨组成。主龙骨钉接或栓接于吊杆上，其断面多为 50mm×70mm。主龙骨底部钉装次龙骨，次龙骨通常纵横双向布置，其断面一般为 50mm×50mm，间距应根据材料规格确定，一般不超过 600mm，超过 600mm 时可加设小龙骨。吊顶面积不大且形式较简单时，可不设主龙骨。吊顶板材常采用木质板材，如胶合板、纤维板、装饰吸声板、木丝板等，也可采用塑料板材或矿物板材等。板材一般用木螺钉或圆钢钉固定在次龙骨上。

木基层吊顶属于燃烧体或难燃烧体，故只能用于防火要求较低的建筑中（图 5-42）。

2. 金属基层吊顶

金属基层吊顶的吊杆一般采用 $\phi6$ 钢筋或 $\phi8$ 钢筋，吊杆间距一般为 900～1 200mm。金属基层按材质不同有轻钢基层和铝合金基层。

轻钢基层的龙骨断面多为 U 形，称为 U 形轻钢吊顶龙骨，一般由主龙骨、次龙骨、次龙骨横撑、小龙骨及配件组成。主龙骨断面为 C 形，次龙骨和小龙骨的断面均为 U

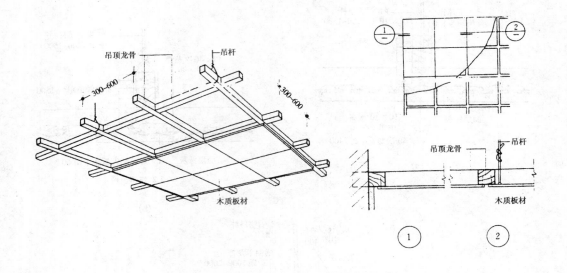

图 5-42  木基层吊顶

形（图 5-43）。

铝合金基层的龙骨断面多为 T 形，称为 T 形铝合金吊顶龙骨，一般由主龙骨、次龙骨、小龙骨、边龙骨及配件组成。主龙骨断面也是 C 形，次龙骨和小龙骨的断面为倒 T 形，边部次龙骨或小龙骨断面为 L 形（图 5-44）。

金属基层吊顶的主龙骨间距不宜大于 1 200mm，按其承受上人荷载的能力不同分为轻型、中型和重型三级，主龙骨借助于吊件与吊杆连接。次龙骨和小龙骨的间距应根据板材规格确定。龙骨之间用配套的吊挂件或连接件连接。

金属基层吊顶的板材主要有石膏板、矿棉板、塑料板和金属板等。石膏板有普通纸面石膏板、石膏装饰吸声板等，它具有质轻、防火、吸声、隔热和易于加工等优点；矿棉装饰吸声板具有质轻、吸声、防火、保温、隔热和施工方便等优点；塑料板有钙塑泡沫装饰吸声板（又称钙塑板）、聚氯乙烯塑料装饰板、聚苯乙烯泡沫塑料装饰吸声板等，它具有质轻、隔热、吸声、耐水和施工方便等优点。

吊顶板材与金属龙骨的布置方式有两种：一种是龙骨不外露的布置方式。板材用自攻螺钉或胶粘剂固定在次龙骨或小龙骨下面，使龙骨内藏形成整片光平的顶面。这种布置方式的龙骨通常为 U 形轻钢龙骨，如图 5-43 所示。另一种是龙骨外露的布置方式。板材直接搁置在倒 T 形次龙骨或小龙骨的翼缘上，使龙骨外露形成格状顶面。这种布置方式的龙骨为 T 形铝合金龙骨，如图 5-44 所示。

金属基层吊顶的金属板材和龙骨可用铝合金板、不锈钢板、镀锌钢板等材料制成。板有条形、方形等平面形式，并可做成各种不同的截面形状，板的外露面可作搪瓷、烤漆、喷漆等处理。金属龙骨根据板材形状做成各种不同形式的夹齿，以便与板材连接。金属吊顶板材自重轻，构造简单，组装灵活，安装方便，且装饰效果好（图 5-45）。

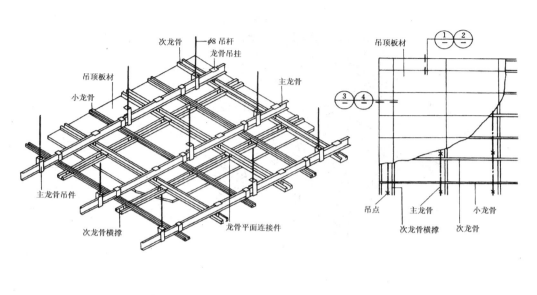

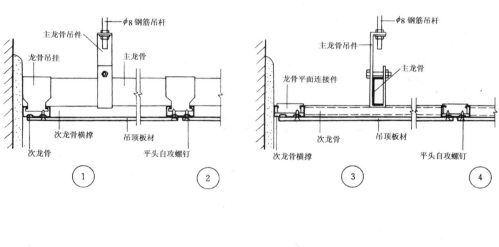

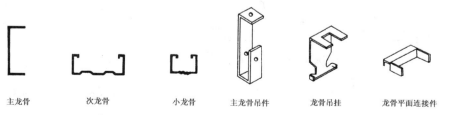

图 5-43　U 形轻钢龙骨吊顶

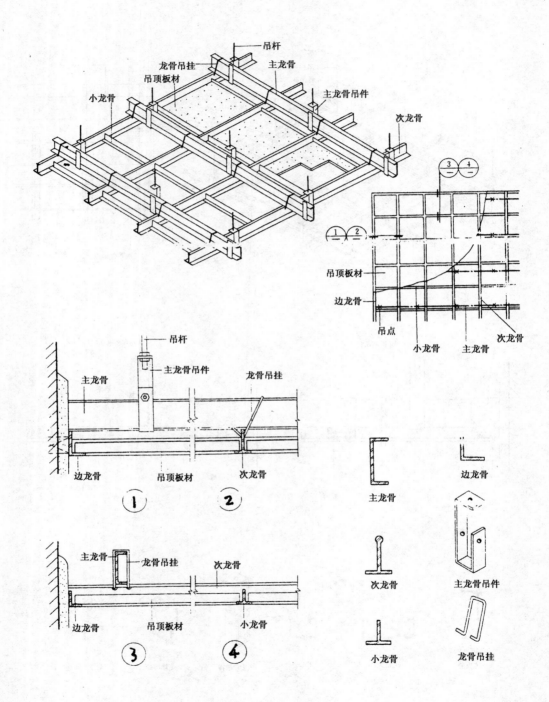

图 5-44　T形铝合金龙骨吊顶

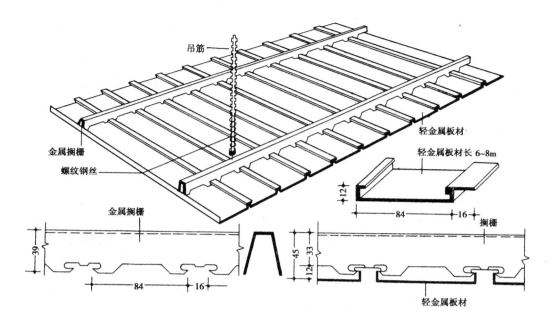

图 5-45　金属板材吊顶

## 第六节　阳台与雨篷

### 一、阳台

阳台是楼房各层与房间相连并设有栏杆的室外小平台，是居住建筑中用以联系室内外空间和改善居住条件的重要组成部分。阳台主要由阳台板和栏杆扶手组成。阳台板是阳台的承重结构，栏杆扶手是阳台的围护构件，设于阳台临空一侧。阳台按其与外墙的相对位置分为挑阳台、凹阳台、半凹半挑阳台，此外，还有转角阳台（图 5-46）。

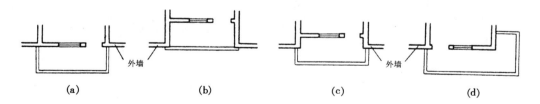

图 5-46　阳台的类型
（a）挑阳台；（b）凹阳台；（c）半凹半挑阳台；（d）转角阳台

（一）阳台结构布置

阳台承重结构的支承方式有墙承式、悬挑式等。

1. 墙承式

是将阳台板直接搁置在墙上，其板型和跨度通常与房间楼板一致。这种支承方式结构简单，施工方便，多用于凹阳台（图 5-47a）。

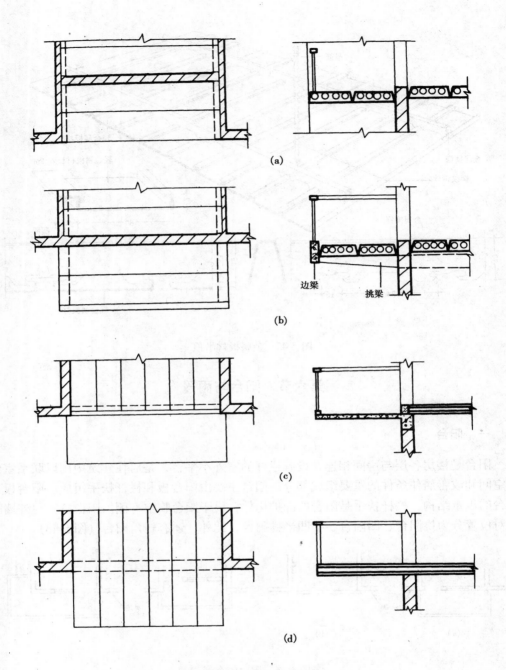

图 5-47 阳台结构布置

（a）墙承式；（b）挑梁式；（c）挑板式（墙梁挑板）；（d）挑板式（楼板悬挑）

2. 悬挑式

是将阳台板悬挑出外墙。为使结构合理、安全，阳台悬挑长度不宜过大，而考虑阳台的使用要求，悬挑长度又不宜过小，一般悬挑长度为 1.0 ~ 1.5m，以 1.2m 左右最常见。悬挑式适用于挑阳台或半凹半挑阳台。按悬挑方式不同有挑梁式和挑板式两种。

（1）挑梁式：是从横墙上伸出挑梁，阳台板搁置在挑梁上。挑梁压入墙内的长度一般为悬挑长度的 1.5 倍左右，为防止挑梁端部外露而影响美观，可增设边梁。阳台板的类型和跨度通常与房间楼板一致。挑梁式的阳台悬挑长度可适当大些，而阳台宽度应与横墙间距（即房间开间）一致。挑梁式阳台应用较广泛（图 5-47b）。

（2）桃板式：是将阳台板悬挑，一般有两种做法：一种是将阳台板和墙梁现浇在一起，利用梁上部的墙体或楼板来平衡阳台板，以防止阳台倾覆。这种做法阳台底部平整，外形轻巧，阳台宽度不受房间开间限制，但梁受力复杂，阳台悬挑长度受限，一般不宜超过 1.2m（图 5-47c）。另一种是将房间楼板直接向外悬挑形成阳台板。这种做法构造简单，阳台底部平整，外形轻巧，但板受力复杂，构件类型增多，由于阳台地面与室内地面标高相同，不利于排水（图 5-47d）。

（二）阳台细部构造

1. 阳台栏杆与扶手

栏杆扶手作为阳台的围护构件，应具有足够的强度和适当的高度，做到坚固安全。栏杆扶手的高度不应低于 1.05mm，高层建筑不应低于 1.1m。另外，栏杆扶手还兼起装饰作用，应考虑美观。

栏杆形式有三种，即空花栏杆、实心栏板以及由空花栏杆和实心栏板组合而成的组合式栏杆（图 5-48）。

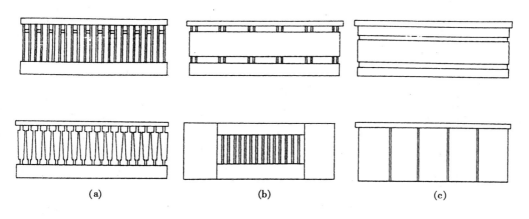

(a)                    (b)                    (c)

图 5-48 阳台栏杆形式
（a）空花栏杆；（b）组合式栏杆；（c）实心栏板

空花栏杆按材料有金属栏杆和预制混凝土栏杆两种。金属栏杆一般采用圆钢、方钢、扁钢或钢管等。栏杆与阳台板（或边梁）应有可靠的连接，通常在阳台板顶面预埋通长扁钢与金属栏杆焊接（图 5-49a），也可采用预留孔洞插接等方法。组合式栏杆中的金属栏杆有时须与混凝土栏板连接，其连接方法一般为预埋铁件焊接（图 5-49b）。预制混凝土栏杆与阳台板的连接，通常是将预制混凝土栏杆端部的预留钢筋与阳台板顶面的后浇混凝土挡水边坎现浇在一起（图 5-49c），也可采用预埋铁件焊接或预留孔洞插接等方法。

栏板按材料有混凝土栏板、砖砌栏板等。混凝土栏板有现浇和预制两种。现浇混凝土栏板通常与阳台板（或边梁）整浇在一起（图 5-49d），预制混凝土栏板可预留钢筋与阳台板的后浇混凝土挡水边坎浇注在一起（图 5-49e），或预埋铁件焊接。砖砌栏板的厚

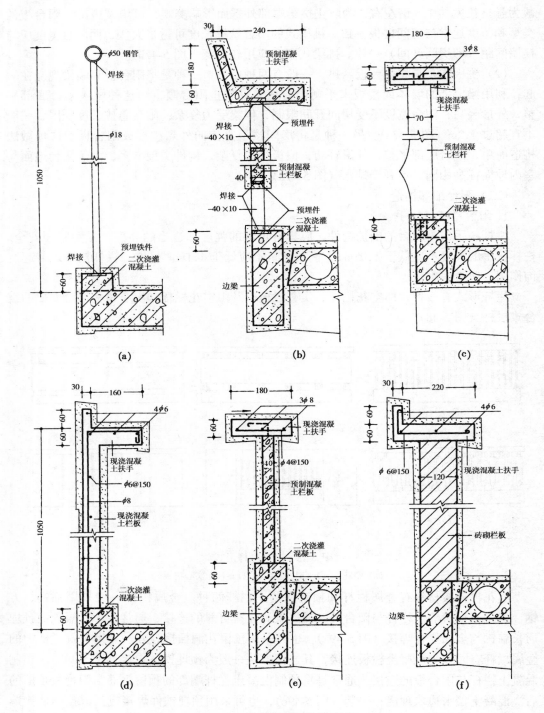

图 5-49　阳台栏杆与扶手构造

(a) 金属栏杆与钢管扶手；(b) 组合式栏杆与混凝土扶手；(c) 预制混凝土栏杆与混凝土扶手；

(d) 现浇混凝土栏板与混凝土扶手；(e) 预制混凝土栏板与混凝土扶手；(f) 砖砌栏板与混凝土扶手

度一般为 120mm，为加强其整体性，应在栏板顶部设现浇钢筋混凝土扶手，或在栏板中配置通长钢筋加固（图 5-49f）。

栏板和组合式栏杆顶部的扶手多为现浇或预制钢筋混凝土扶手。栏板或栏杆与钢筋混凝土扶手的连接方法和它与阳台板的连接方法基本相同，如图 5-49 所示。空花栏杆顶部的扶手除采用钢筋混凝土扶手外，对金属栏杆还可采用木扶手或钢管扶手。

2. 阳台排水处理

为避免落入阳台的雨水泛入室内，阳台地面应低于室内地面 30～60mm，并应沿排水方向做排水坡，阳台板的外缘设挡水边坎，在阳台的一端或两端埋设泄水管直接将雨水排出。泄水管可采用镀锌钢管或塑料管，管口外伸至少 80mm。对高层建筑应将雨水导入雨水管排出（图 5-50）。

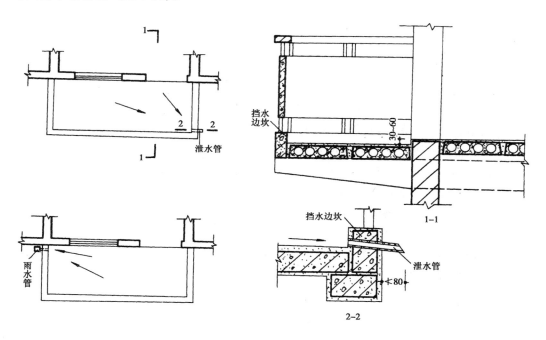

图 5-50　阳台排水处理

二、雨篷

雨篷是设置在建筑物外墙出入口的上方用以挡雨并有一定装饰作用的水平构件。雨篷的支承方式多为悬挑式，其悬挑长度一般为 0.9～1.5m。按结构形式不同，雨篷有板式和梁板式两种。板式雨篷多做成变截面形式，一般板根部厚度不小于 70mm，板端部厚度不小于 50mm。梁板式雨篷为使其底面平整，常采用翻梁形式。当雨篷外伸尺寸较大时，其支承方式可采用立柱式，即在入口两侧设柱支承雨篷，形成门廊，立柱式雨篷的结构形式多为梁板式。

雨篷顶面应做好防水和排水处理。通常采用防水砂浆抹面，厚度一般为 20mm，并应上翻至墙面形成泛水，其高度不小于 250mm，同时，还应沿排水方向做出排水坡。为了集中排水和立面需要，可沿雨篷外缘做上翻的挡水边坎，并在一端或两端设泄水管将雨水集中排出（图 5-51）。

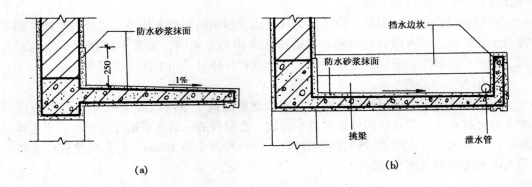

图 5-51　雨篷构造

(a) 板式雨篷；(b) 梁板式雨篷

## 复习思考题

1. 装配式楼板有哪些类型？其构造特点有哪些？

2. 画图说明装配式楼板搁置在墙上和梁上的构造。

3. 空心板的两端构造怎样处理？为什么？

4. 现浇钢筋混凝土肋形楼板的构造及其尺寸范围是怎样的？

5. 无梁楼板的构造特点和适用范围是怎样的？

6. 地面的组成及其各组成部分的作用如何？

7. 熟悉各种地面的构造。

8. 试述踢脚板与墙裙的构造要求。

9. 熟悉顶棚的构造做法。

# 第六章　门与窗

门和窗是房屋的重要组成部分。门的主要功能是交通联系，窗主要供采光和通风之用，它们均属建筑的围护构件。

在设计门窗时，必须根据有关规范和建设的使用要求来决定其形式及尺寸大小。造型要美观大方，构造应坚固、耐久，开启灵活，关闭紧严，便于维修和清洁，规格类型应尽量统一，并符合现行《建筑模数协调统一标准》的要求，以降低成本和适应建筑工业化生产的需要。

门窗按其制作的材料可分为：木门窗、钢门窗、铝合金门窗、塑料门窗、彩板门窗等。

## 第一节　门窗的形式与尺度

门窗的形式主要是取决于门窗的开启方式，不论其材料如何，开启方式均大致相同。本节所举例子主要是木门窗。

### 一、门的形式与尺度

（一）门的形式

门按其开启方式通常有：平开门、弹簧门、推拉门、折叠门、转门等。

（1）平开门

平开门是水平开启的门，它的铰链装于门扇的一侧与门框相连，使门扇围绕铰链轴转动。其门扇有单扇、双扇，向内开和向外开之分。平开门构造简单，开启灵活，加工制作简便，易于维修，是建筑中最常见、使用最广泛的门（图6-1）。

（2）弹簧门

弹簧门的开启方式与普通平开门相同，所不同处是以弹簧铰链代替普通铰链，借助弹簧的力量使门扇能向内、向外开启并可经常保持关闭。它使用方便，美观大方，广泛用于商店、学校、医院、办公和商业大厦。为避免人流相撞，门扇或门扇上部应镶嵌玻璃（图6-2、图6-3）。

（3）推拉门

推拉门开启时门扇沿轨道向左右滑行。通常为单扇和双扇，也可做成双轨多扇或多轨多扇，开启时门扇可隐藏于墙内或悬于墙外。根据轨道的位置，推拉门可分为上挂式和下滑式。当门扇高度小于4m时，一般采用上挂式推拉门，即在门扇的上部装置滑轮，滑轮吊在门过梁的预埋铁轨（上导轨）上；当门扇高度大于4m时，一般采用下滑式推拉门，即在门扇下部装滑轮，将滑轮置于预埋在地面的

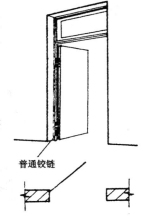

普通铰链

图6-1　平开门

铁轨（下导轨）上。为使门保持垂直状态下稳定运行，导轨必须平直，并有一定刚度，下滑式推拉门的上部应设导向装置，较重型的上挂式推拉门则在门的下部设导向装置。

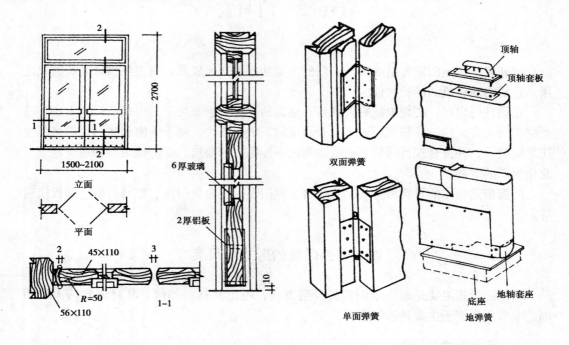

图 6-2　弹簧门　　　　　　　　　　图 6-3　门用弹簧形式

推拉门开启时不占空间，受力合理，不易变形，但在关闭时难以严密，构造亦较复杂，较多用作工业建筑中的仓库和车间大门。在民用建筑中，一般采用轻便推拉门分隔内部空间（图 6-4）。

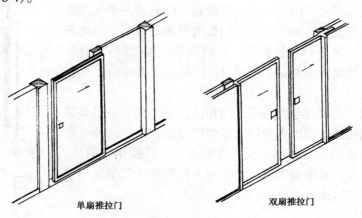

图 6-4　轻便推拉门

（4）折叠门

可分为侧挂式折叠门和推拉式折叠门两种。由多扇门构成，每扇门宽度 500～1 000mm，一般以 600mm 为宜，适用于宽度较大的洞口。侧挂式折叠门与普通平开门相似，只是门扇之间用铰链相连而成。当用普通铰链时，一般只能挂两扇门，不适用于宽大洞口。如侧挂门扇超过两扇时，则需使用特制铰链。

推拉式折叠门与推拉门构造相似，在门顶或门底装滑轮及导向装置，每扇门之间连以铰链，开启时门扇通过滑轮沿着导向装置移动（图6-5）。

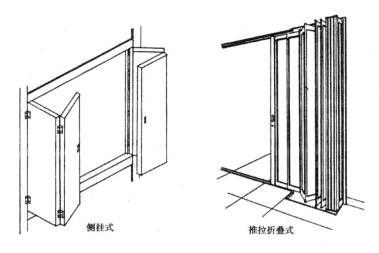

侧挂式　　　　　　　　推拉折叠式

图 6-5　折叠门

折叠门开启时占空间少，但构造较复杂，一般用作商业建筑的门，或公共建筑中作灵活分隔空间用。

（5）转门

是由两个固定的弧形门套和垂直旋转的门扇构成。门扇可分为三扇或四扇，绕竖轴旋转（图10-6）。转门对隔绝室外气流有一定作用，可作为寒冷地区公共建筑的外门，但不能作为疏散门。当设置在疏散口时，需在转门两旁另设疏散用门。

转门构造复杂，造价高，不宜大量采用。

（二）门的尺度

门的尺度通常是指门洞的高度尺寸。门作为交通疏散通道，其尺度取决于人的通行要求，家具器械的搬运及与建筑物的比例关系等，并要符合现行《建筑模数协调统一标准》的规定。

一般民用建筑门的高度不宜小于 2 100mm。如门设有亮子时，亮子高度一般为 300 ~ 600mm，则门洞高度为门扇高加亮子高，再加门框及门框与墙间的缝隙尺寸，即门洞高度一般为 2 400 ~ 3 000mm。公共建筑大门高度可视需要适当提高。

侧墙间直径
开口宽度
转轴
侧墙长度

图 6-6　转门

门的宽度：单扇门为 700 ~ 1 000mm，双扇门为 1 200 ~ 1 800mm。宽度在 2 100mm 以上时，则做成三扇、四扇门或双扇带固定扇的门，因为门窗过宽易产生翘曲变形，同时也不利于开启。辅助房间（如浴厕、贮藏室等）门的宽度可窄些，一般为 700 ~ 800mm。

为了使用方便，一般民用建筑门（木门、铝合金门、钢门）均编制成标准图，在图上注明类型及有关尺寸，设计时可按需要直接选用。

**二、窗的形式与尺度**

（一）窗的形式

窗的形式一般按开启方式定。而窗的开启方式主要取决于窗扇铰链安装的位置和转动方式。通常窗的开启方式有以下几种：

（1）平开窗

铰链安装在窗扇一侧与窗框相连，向外或向内水平开启。有单扇、双扇、多扇及向内开与向外开之分。平开窗构造简单，开启灵活，制作维修均方便，是民用建筑中使用最广泛的窗（图6-7）。

（2）固定窗

无窗扇、不能开启的窗为固定窗。固定窗的玻璃直接嵌固在窗框上，可供采光和眺望之用，不能通风。固定窗构造简单，密闭性好，多与门亮子和开启窗配合使用（图6-8）。

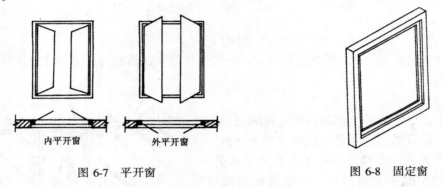

内平开窗　　　外平开窗

图 6-7　平开窗　　　　　　　　　　　图 6-8　固定窗

（3）悬窗

根据铰链和转轴位置的不同，可分为上悬窗、中悬窗和下悬窗（图6-9）。

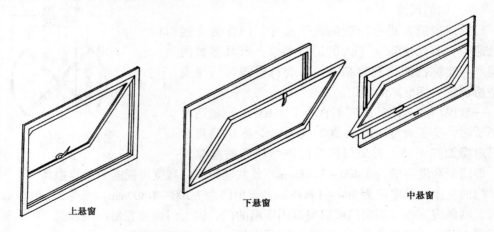

上悬窗　　　　　　下悬窗　　　　　　中悬窗

图 6-9　悬窗

上悬窗铰链安装在窗扇的上边，一般向外开，防雨好，多用作外门和窗上的亮子。

下悬窗铰链安在窗扇的下边，一般向内开，通风较好，不防雨，不能用作外窗，一般用于内门上的亮子。

中悬窗是在窗扇两边中部装水平转轴，窗扇绕水平轴旋转，开启时窗扇上部向内，下部向外，对挡雨、通风有利，并且开启易于机械化，故常用作大空间建筑的高侧窗。

上下悬窗联运，也可用于外窗或用于靠外廊的窗。

此外还有立转窗、推拉窗等。

（二）窗的尺度

窗的尺度主要取决于房间的采光、通风、构造做法和建筑造型等要求，并要符合现行《建筑模数协调统一标准》的规定。为使窗坚固耐久，一般平开木窗的窗扇高度为800~1 200mm，宽度不宜大于500mm，上下悬窗的窗扇高度为300~600mm，中悬窗窗扇高不宜大于1 200mm，宽度不宜大于1 000mm；推拉窗高宽均不宜大于1 500mm。对一般民用建筑用窗，各地均有通用图，各类窗的高度与宽度尺寸通常采用扩大模数3M数列作为洞口的标志尺寸，需要时只要按所需类型及尺度大小直接选用。

## 第二节　木门窗构造

### 一、平开门的构造

（一）平开门的组成

门一般由门框、门扇、亮子、五金零件及其附件组成（图6-10）。

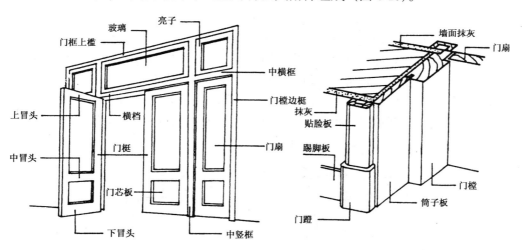

图 6-10　木门的组成

门扇按其构造方式不同，有镶板门、夹板门、拼板门、玻璃门和纱门等类型。亮子又称腰头窗，在门上方，为辅助采光和通风之用，有平开、固定及上、中、下悬几种。

门框是门扇、亮子与墙的联系构件。

五金零件一般有铰链、插销、门锁、拉手、门碰头等。

附件有贴脸板、筒子板等。

（二）门框

门框又称门樘，一般由两根竖直的边框和上框组成。当门带有亮子时，还有中横框。多扇门则还有中竖框（图6-10）。

门框的断面形式与门的类型、层数有关，同时应利于门的安装，并应具有一定的密闭性，见图6-11。门框的断面尺寸主要考虑接榫牢固与门的类型，还要考虑制作时刨光损耗。故门框的毛料尺寸：双裁口的木门（门框上安装两层门扇时）：厚度×宽度为（60～70）mm×（130～150）mm，单裁口的木门（只安装一层门扇时）为（50～70）mm×（100～120）mm。

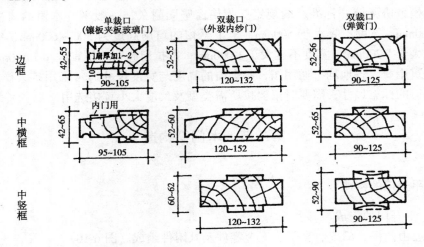

图6-11 门框的断面形式与尺寸

为便于门扇密闭，门框上要有裁口（或铲口）。根据门扇数与开启方式的不同，裁口的形式可分为单裁口与双裁口两种。单裁口用于单层门，双裁口用于双层门或弹簧门。裁口宽度要比门扇宽度大1～2mm，以利于安装和门扇开启。裁口深度一般8～10mm。

由于门框靠墙一面易受潮变形，故常在该面开1～2道背槽，以免产生翘曲变形，同时也利于门框的嵌固。背槽的形状可为矩形或三角形，深度约8～10mm，宽约12～20mm。

门框的安装根据施工方式分后塞口和先立口两种（图6-12）。

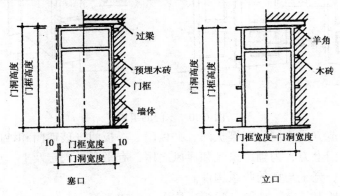

图6-12 门框的安装方式

塞口（又称塞樘子），是在墙砌好后再安装门框。采用此法，洞口的宽度应比门框大 20～30mm，高度比门框大 10～20mm。门洞两侧砖墙上每隔 500～600mm 预埋木砖或预留缺口，以便用圆钉或水泥砂浆将门框固定。框与墙间的缝隙需用沥青麻丝嵌填（图6-13）。

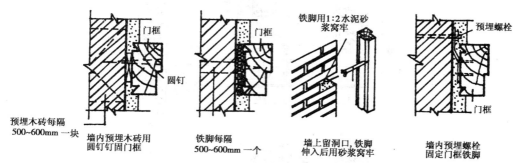

图 6-13　塞口门框在墙上的安装

立口（又称立樘子），是在砌墙前即用支撑先立门框然后砌墙。框与墙结合紧密，但是立樘与砌墙工序交叉，施工不便。

门框在墙中的位置，可在墙的中间或与墙的一边平（图 10－14）。一般多与开启方向一侧平齐，尽可能使门扇开启时贴近墙面。门框四周的抹灰极易开裂脱落，因此在门框与墙结合处应做贴脸板和木压条盖缝，贴脸板一般为 15～20mm 厚、30～75mm 宽。木压条厚与宽约为 10～15mm，装修标准高的建筑，还可在门洞两侧和上方设筒子板（图 6-14a）。

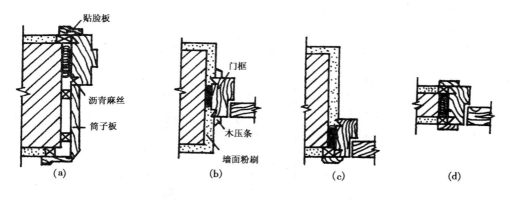

图 6-14　门框位置、门贴脸板及筒子板
（a）外平；（b）立中；（c）内平；（d）内外平

（三）门扇

常用的木门门扇有镶板门（包括玻璃门、纱门）和夹板门。

（1）镶板门

是广泛使用的一种门，门扇由边梃、上冒头、中冒头（可作数根）和下冒头组成骨架，内装门芯板而构成（图 6-15）。构造简单，加工制作方便，适于一般民用建筑作内门和外门。

门扇的边梃与上、中冒头的断面尺寸一般相同；厚度为 40～45mm，宽度为 100～120mm。为了减少门扇的变形，下冒头的宽度一般加大至 160～250mm，并与边梃采用双榫结合。

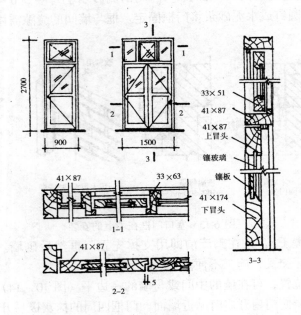

图 6-15　镶门板的构造

门芯板一般采用 10～12mm 厚的木板拼成，也可采用胶合板、硬质纤维板、塑料板、玻璃和塑料纱等。当采用玻璃时，即为玻璃门，可以是半玻门或全玻门。若门芯板换成塑料纱（或铁纱），即为纱门。

（2）夹板门

是用断面较小的方木做成骨架，两面粘贴面板而成（图6-16）。门扇面板可用胶合

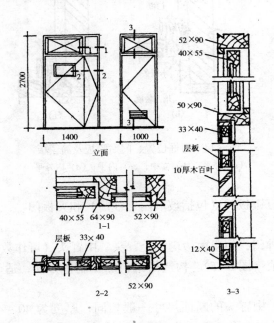

图 6-16　夹板门构造

板、塑料面板和硬质纤维板。面板不再是骨架的负担，而是和骨架形成一个整体，共同抵抗变形。夹板门的形式可以是全夹板门、带玻璃或带百叶夹板门。

夹板门的骨架一般用厚约 30mm、宽 30 ~ 60mm 的木料做边框，中间的肋条用厚约 30mm，宽 10 ~ 25mm 的木条，可以是单向排列、双向排列或密肋形式，间距一般为 200 ~ 400mm，安门锁处需另加上锁木。为使门扇内通风干燥，避免因内外温湿度差产生变形，在骨架上需设通气孔。为节约木材，也有用蜂窝形浸塑纸来代替肋条的。

由于夹板门构造简单，可利用小料、短料，自重轻，外形简洁，便于工业化生产，故在一般民用建筑中广泛用作建筑的内门。

### 二、平开窗的构造

窗是由窗框、窗扇（玻璃扇、纱扇）、五金（铰链、风钩、插销）及附件（窗帘盒、窗台板、贴脸板）等组成（图 6-17）。

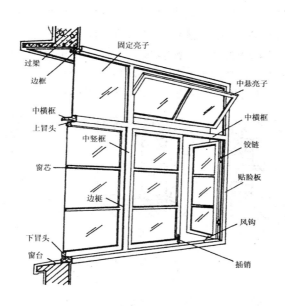

图 6-17　窗的组成

（一）窗框

最简单的窗框是由边框及上下框所组成。当窗尺度较大时，应增加中横框或中竖框；通常在垂直方向有二个以上窗扇时应增加中横框，在水平方向有三个以上的窗扇时，应增加中竖框。窗框与门框一样，在构造上应有裁口及背槽处理。裁口亦有单裁口与双裁口之分（图 6-18）。

窗框断面尺寸应考虑接榫牢固，一般单层窗的窗框断面厚 40 ~ 60mm，宽 70 ~ 95mm（净尺寸），中横框和中竖框因两面有裁口，并且横框常有披水，断面尺寸应相应增大。双层窗窗框的断面宽度应比单层窗宽 20 ~ 30mm。

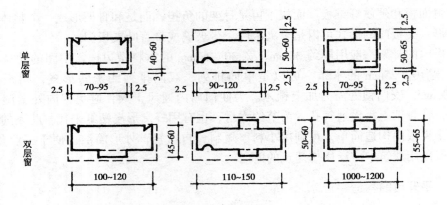

图 6-18　窗框的断面形式与尺寸

　　窗框的安装与门框一样，分后塞口与先立口两种。塞口时洞口的高、宽尺寸应比窗框尺寸大 10 ~ 20mm。

　　窗框在墙上的位置，一般是与墙内表面平，安装时窗框突出砖面 20mm，以便墙面粉刷后与抹灰面平。框与抹灰面交接处，应用贴脸板搭盖，以阻止由于抹灰干缩形成缝隙后风透入室内，同时可增加美观。贴脸板的形状及尺寸与门的贴脸板相同。

　　当窗框立于墙中时，应内设窗台板，外设窗台。窗框外平时，靠室内一面设窗台板。窗台板可用木板，亦可用预制水磨石板（图 6-19）。

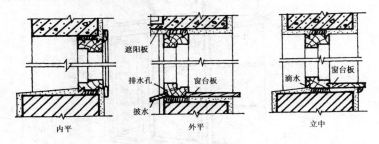

图 6-19　窗框在墙中的位置

　　（二）窗扇

　　常见的木窗扇有玻璃扇和纱窗扇。窗扇是由上、下冒头和边梃榫接而成，有的还用窗芯（又叫窗棂）分格（图 6-20）。

　　（1）断面形状与尺寸

　　窗扇的上下冒头、边梃和窗芯均设有裁口，以便安装玻璃或窗纱。裁口深度约 10mm，一般设在外侧。用于玻璃窗的边梃及上冒头，断面厚×宽约（35 ~ 42）mm ×（50 ~ 60）mm，下冒头由于要承受窗扇重量，可适当加大（图 6-20）。

　　（2）玻璃的选择与安装

　　建筑用玻璃按其性能有：普通平板玻璃、磨砂玻璃、压花玻璃（装饰玻璃）、吸热玻璃、反射玻璃、中空玻璃、钢化玻璃、夹层玻璃等。平板玻璃制作工艺简单，价格最便宜，在大量民用建筑中用得最广。为了遮挡视线的需要，也选用磨砂玻璃或压花玻璃。对其它几种玻璃，则多用于有特殊要求的建筑中。

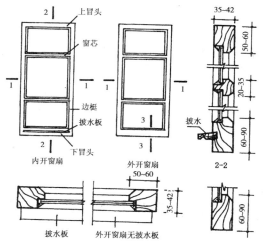

图 6-20　玻璃窗扇构造

　　玻璃的安装一般用油灰（桐油灰）或木压条嵌固。为使玻璃牢固地装于窗扇上，应先用小钉将玻璃卡住，再用油灰嵌固。对于不会受雨水侵蚀的窗扇玻璃嵌固，也可用小木压条镶嵌（图 6-21）。

图 6-21　窗扇玻璃镶嵌

（三）常用平开窗

（1）外开窗

　　窗扇向室外开启，窗框裁口在外侧，窗扇开启时不占空间，不影响室内活动，利于家具布置，防水性较好。但擦窗及维修不便，开启扇常受日光、雨雪侵蚀，容易腐烂，同时玻璃破碎时有伤人的危险。外开窗的窗扇与窗框关系如图 6-22 所示。为了利于防水，中横框常加做披水。

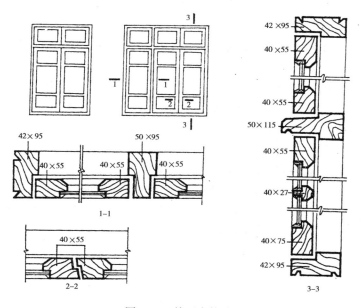

图 6-22　外开窗构造

· 117 ·

（2）内开窗

窗框裁口在内侧，窗扇向室内开启。擦窗安全、方便，窗扇受气候影响小。但开启时占据室内空间，影响家具布置和使用，同时内开窗防水性差，因此需在窗扇的下冒头上作披水、窗框的下框设排水孔等特殊处理（图6-23）。

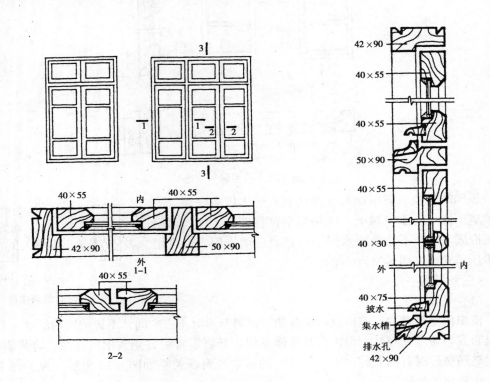

图 6-23　内开窗构造

（3）双层窗

为适应保温、隔声、洁净等要求，双层窗广泛用于各类建筑中，常用的双层窗有内外开窗、双层内开窗等。

①内外开窗：内外开窗是在一个窗框上做双裁口，一扇向内开，一扇向外开，裁口宽取决于窗扇厚度，窗扇可以是两层玻璃，也可以是一玻（外扇）一纱（内扇），如图6-24（b），这种窗的内开和外开窗扇基本相同，构造简单。当为两层玻璃时，常将里面的一扇玻璃做成易于拆换的活动扇，以便夏季换成纱窗。

②双层内开窗：双层内开窗通常有两种做法：一种是子母窗扇，由一个窗框装合在一起的两个窗扇，一般向内开，这种窗较内外开双层窗省料，透光面大，如图6-24（a）。另一种是窗扇向室内开启，便于擦窗，通常是分开窗框，窗框断面可较小，两窗框间间距可调整（图6-24（c））。窗扇向室内开启，便于擦窗，但开启时占据室内空间。

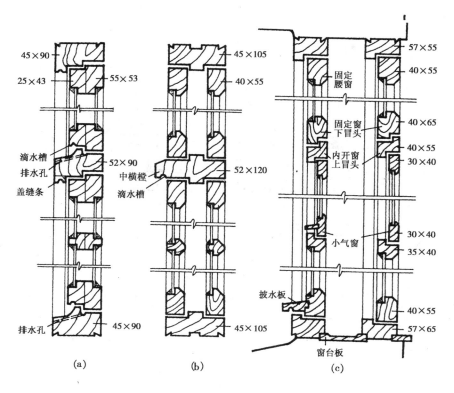

图 6-24 双层窗断面形式

(a) 内开子母窗扇；(b) 内外开窗扇；(c) 双层内开窗

## 第三节 钢彩门窗构造

### 彩板门窗

彩板钢门窗是以彩色镀锌钢板经机械加工而成的门窗。它具有质量轻、硬度高、采光面积大、防尘、隔声、保温密封性好、造型美观、色彩绚丽、耐腐蚀等特点。

彩板门窗断面形式复杂，种类较多，通常在出厂前就已将玻璃装好，在施工现场进行成品安装。

彩板门窗目前有两种类型，即带副框和不带副框的两种。当外墙面为花岗石、大理石等贴面材料时，常采用带副框的门窗。安装时，先用自攻螺钉将连接件固定在副框上，并用密封胶将洞口与副框及副框与窗樘之间的缝隙进行密封（图 6-25）。当外墙装修为普通粉刷时，常用不带副框的做法，即直接用膨胀螺钉将门窗樘子固定在墙上（图6-26）。

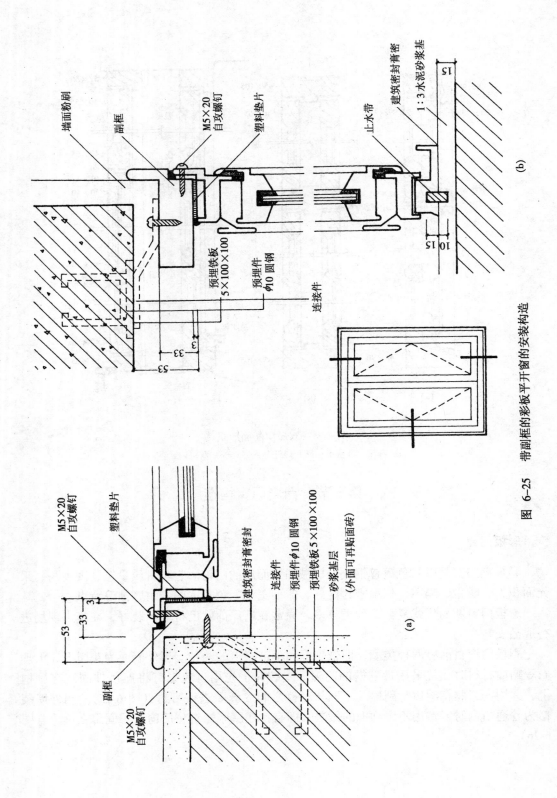

墙面粉刷
副框
M5×20 自攻螺钉
塑料垫片
预埋铁板 5×100×100
预埋件 φ10 圆钢
连接件

53
33
3

建筑密封膏密
止水带
1：3 水泥砂浆基
15
10 15

(b)

M5×20 自攻螺钉
塑料垫片
建筑密封膏密封
连接件
预埋件 φ10 圆钢
预埋铁板 5×100×100
砂浆基层
（外面可再贴面砖）

53
33
3

副框
M5×20 自攻螺钉

(a)

图 6-25　带副框的彩板平开窗的安装构造

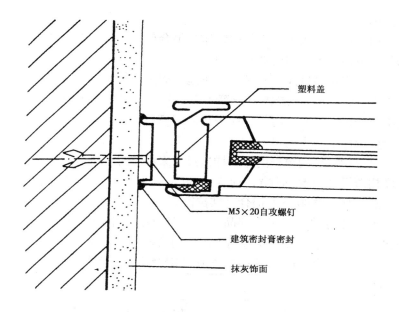

图 6-26 不带副框彩板门窗

## 第四节　铝合金及塑料门窗

随着建筑的发展。木门窗、钢门窗已不能满足现代建筑对门窗的越来越高的要求，铝合金门窗、塑料门窗以其用料省、质量轻、密闭性好、耐腐蚀、坚固耐用、色泽美观、维修费用低而得到广泛的应用。

### 一、铝合金门窗

（1）铝合金门窗的特点

①质量轻。铝合金门窗用料省、质量轻，每 $1m^2$ 耗用铝材平均只有 $80 \sim 120N$（钢门窗为 $170 \sim 200N$），较钢门窗轻 $50\%$ 左右。

②性能好。密封性好，气密性、水密性、隔声性、隔热性都较钢、木门窗有显著的提高。因此，在装设空调设备的建筑中，对防火、隔声、保温、隔热有特殊要求的建筑中，以及多台风、多暴雨、多风沙地区的建筑中更适合用铝合金门窗。

③耐腐蚀、坚固耐用。铝合金门窗不需要涂涂料，氧化层不褪色、不脱落，表面不需要维修。铝合金门窗强度高，刚性好，坚固耐用，开闭轻便灵活，无噪声，安装速度快。

④色泽美观。铝合金门窗框料型材表面经过氧化着色处理后，既可保持铝材的银白色，又可以制成各种柔和的颜色或带色的花纹，如古铜色、暗红色、黑色等。还可以在铝材表面涂刷一层聚丙烯酸树脂保护装饰膜，制成的铝合金门窗造型新颖大方，表面光洁，外形美观、色泽牢固，增加了建筑立面和内部的美观。

（2）铝合金门窗的设计要求

①应根据使用和安全要求确定铝合金门窗的风压强度性能、雨水渗漏性能、空气渗

透性能综合指标。

②组合门窗设计宜采用定型产品门窗作为组合单元。非定型产品的设计应考虑洞口最大尺寸和开启扇最大尺寸的选择和控制。

③外墙门窗的安装高度应有限制。广东地区规定，外墙铝合金门窗安装高度小于等于 60m（不包括玻璃幕墙），层数小于等于 20 层；若高度大于 60m 或层数大于 20 层，则应进行更细致的设计。必要时，还应进行风洞模型试验。

（3）铝合金门窗框料系列

系列名称是以铝合金门窗框的厚度构造尺寸来区别各种铝合金门窗的称谓，如：平开门门框厚度构造尺寸为 50mm 宽，即称为 50 系列铝合金平开门，推拉窗窗框厚度构造尺寸 90mm 宽，即称为 90 系列铝合金推拉窗等。

铝合金门窗设计通常采用定型产品，选用时应根据不同地区、不同气候、不同环境、不同建筑物的不同使用要求，选用不同的门窗框系列（表 6-1、表 6-2）。

**表 6-1　我国各地铝合金门型材系列对照参考表**

| 系列\门型\地区 | 铝　合　金　门 | | | |
|---|---|---|---|---|
| | 平开门 | 推拉门 | 有框地弹簧门 | 无框地弹簧门 |
| 北京 | 50、55、70 | 70、90 | 70、100 | 70、100 |
| 上海、华东 | 45、53、38 | 90、100 | 50、55、100 | 70、100 |
| 广州 广东 | 38、45、46、100 | 70、108、73、90 | 46、70、100 | 70、100 |
| | 40、45、50、55、60、80 | | | |
| 深圳 | 40、45、50 | 70、80、90 | 45、55、70 | 70、100 |
| | 55、60、70、80 | | 80、100 | |

**表 6-2　我国各地铝合金窗型材系列对照参考表**

| 系列\窗型\地区 | 铝　合　金　窗 | | | | |
|---|---|---|---|---|---|
| | 固定窗 | 平开、滑轴 | 推拉窗 | 立轴、上悬 | 百叶 |
| 北京 | 40、45、50 | 40、50、70 | 50、60、45 | 40、50、70 | 70、80 |
| | 55、70 | | 70、90、90-1 | | |
| 上海 | 38、45、50 | 38、45、50 | 60、70、75 | 50、70 | 70、80 |
| 华东 | 53、90 | | 90 | | |
| 广州 | 38、40、70 | 38、40、46 | 70、70B | 50、70 | 70、80 |
| | | | 73、90 | | |
| 深圳 | 38、55 | 40、45、50 | 40、55、60 | 50、60 | 70、80 |
| | 60、70、90 | 55、60、65、70 | 70、80、90 | | |

（4）铝合金门窗安装

铝合金门窗是表面处理过的铝材经下料、打孔、铣槽、攻丝等加工，制作成门窗框料的构件，然后与连接件、密封件、开闭五金件一起组合装配成门窗（图6-27）。

门窗安装时，将门、窗框在抹灰前立于门窗洞处，与墙内预埋件对正，然后用木楔将三边固定。经检验确定门、窗框水平、垂直、无翘曲后，用连接件将铝合金框固定在墙（柱、梁）上，连接件固定可采用焊接、膨胀螺栓或射钉等方法。

门窗框固定好后与门窗洞四周的缝隙，一般采用软质保温材料填塞，如泡沫塑料条、泡沫聚氨酯条、矿棉毡条和玻璃丝毡条等，分层填实，外表留 5～8mm 深的槽用密封膏密封。这种做法主要是为了防止门、窗框四周形成冷热交换区产生结露，影响防寒、防风的正常功能和墙体的寿命，也影响了建筑物的隔声、保温等功能。同时，避免了门窗框直接与混凝土、水泥砂浆接触，消除了碱对门、窗框的腐蚀。

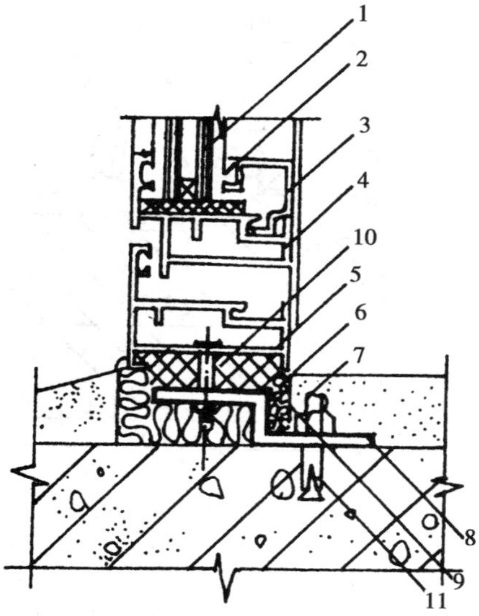

图 6-27　铝合金门窗安装节点
1—玻璃；2—橡胶条；3—压条；
4—内扇；5—外框；6—密封膏；
7—砂浆；8—地脚；9—软填料；
10—塑料垫；11—膨胀螺栓

铝合金门窗装入洞口应横平竖直，外框与洞口应弹性连接牢固，不得将门、窗外框直接埋入墙体，防止碱对门窗框的腐蚀。

门窗框与墙体等的连接固定点，每边不得少于二点，且间距不得大于 0.7m。在基本风压大于等于 0.7kPa 的地区，不得大于 0.5m；边框端部的第一固定点距端部的距离不得大于 0.2m。

（5）常用铝合金门窗构造

①平开窗：铝合金平开窗分为平开窗（或称合页平开窗）、滑轴平开窗。

平开窗合页装于窗侧面，平开窗玻璃镶嵌可采用干式装配、湿式装配或混合装配。混合装配又分为从外侧安装玻璃和从内侧安装玻璃两种。所谓干式装配是采用密封条嵌入玻璃与槽壁的空隙将玻璃固定。湿式装配是在玻璃与槽壁的空腔内注入密封胶填缝，密封胶固化后将玻璃固定，并将缝隙密封起来。混合装配是一侧空腔嵌密封条，另一侧空腔注入密封胶填缝密封固定。从内侧安装玻璃时，外侧先固定密封条，玻璃定位后，对内侧空腔注入密封胶填缝固定。湿式装配的水密、气密性能优于干式装配，而且当使用的密封胶为硅酮密封胶时，其寿命远较密封条为长。平开窗开启后，应用撑挡固定。撑挡有外开启上撑挡，内开启下撑挡。平开窗关闭后应用执手固定。

滑轴平开窗是在窗上下装有滑轴（撑），沿边框开启。滑轴平开窗仅开启撑挡不同于合页平开窗。

隐框平开窗玻璃不用镶嵌夹持而用密封胶固定在扇梃的外表面。由于所有框梃全部在玻璃后面，外表只看到玻璃，从而达到隐框的要求。

寒冷地区或有特殊要求的房间还采用双层窗，双层窗有不同的开启方式，常用的有内层窗内开、外层窗外开（图6-28（a））和双层均外开（图6-28（b））。

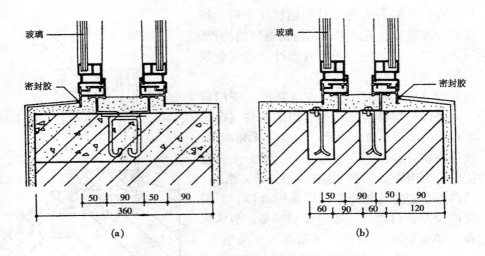

图 6-28　双层窗

②推拉窗：铝合金推拉窗有沿水平方向左右推拉和沿垂直方向上下推拉两种形式。沿垂直方向推拉的窗用得较少。铝合金推拉窗外形美观、采光面积大、开启不占空间、防水及隔声效果均佳，并具有很好的气密性和水密性，广泛用于宾馆、住宅、办公、医疗建筑等。推拉窗可用拼樘料（杆件）组合其它形式的窗或门连窗。推拉窗可装配各种形式的内外纱窗，纱窗可拆卸，也可固定（外装）。推拉窗在下框或中横框两端铣切100mm，或在中间开设其它形式的排水孔，使雨水及时排除。

推拉窗常用的有 90 系列、70 系列、60 系列、55 系列等。其中 90 系列是目前广泛采用的品种，其特点是框四周外露部分均等，造型较好，边框内设内套，断面呈"已"型。

70 带纱系列，其主要构造与 90 系列相仿，不过将框厚由 90mm 改为 70mm，并加上纱扇滑轨（图 6-29）。

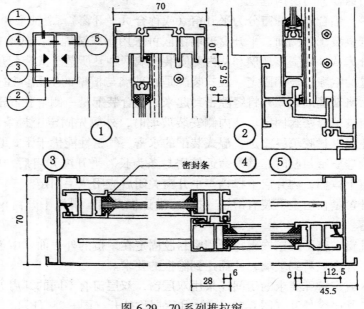

图 6-29　70 系列推拉窗

55 系列属半压式半推拉窗(单滑轨),它又分为Ⅰ型、Ⅱ型。Ⅰ型下滑道为单壁,Ⅱ型下滑道的双层壁中间空腔为集水腔(图 6-30),由于滑道中的水下泄到集水腔内,滑道内无积水。

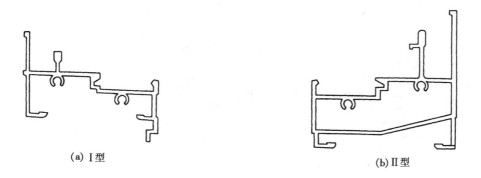

(a) Ⅰ型                                    (b) Ⅱ型

图 6-30  55 系列推拉窗型材

③地弹簧门:地弹簧门为使用地弹簧作开关装置的平开门,门可以向内或向外开启。铝合金地弹簧门分为有框地弹簧门(图 6-31)和无框地弹簧门。

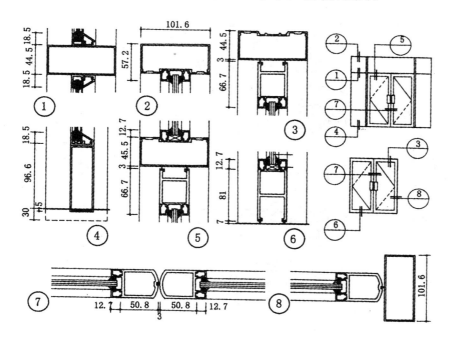

图 6-31  100 系列有框地弹簧门

地弹簧门向内或向外开启不到 90°时,能使门扇自动关闭;当门扇开启到 90°时,门扇可固定不动。门扇玻璃应采用 6mm 或 6mm 以上钢化玻璃或夹层玻璃。

地弹簧门通常采用 70 系列和 100 系列。

**二、塑料门窗**

塑料门窗是以聚氯乙烯、改性聚氯乙烯或其它树脂为主要原料,轻质碳酸钙为填

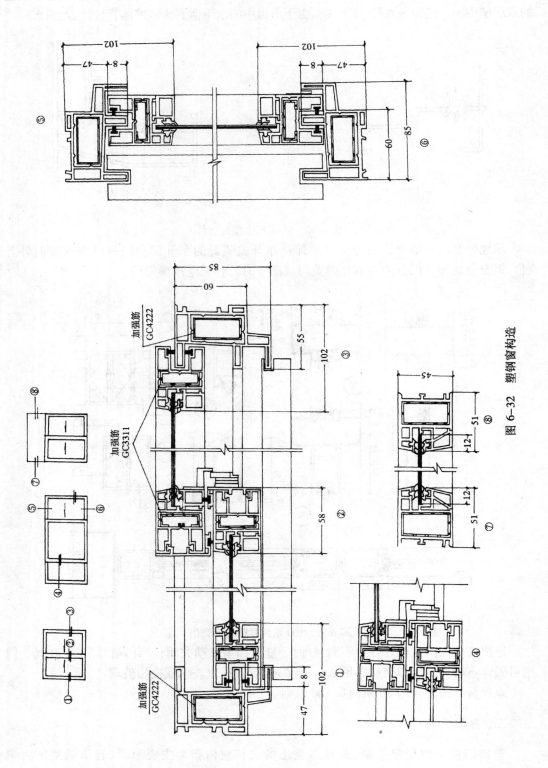

图 6-32 塑钢窗构造

料,添加适量助剂和改性剂,经挤压机挤成各种截面的空腹门窗异型材,再根据不同的品种规格选用不同截面异型材料组装而成。由于塑料的变形大、刚度差,一般在型材内腔加入钢或铝等,以增加抗弯能力,即所谓的塑钢门窗,较之全塑门窗刚度更好,质量更轻(图6-32)。

塑料门窗线条清晰、挺拔,造型美观,表面光洁细腻,不但具有良好的装饰性,而且有良好的隔热性和密封性。其气密性为木窗的3倍,铝窗的1.5倍;热损耗为金属窗的1/1 000;隔声效果比铝窗高30dB以上。同时,塑料本身具有耐腐蚀等功能,不用涂涂料,可节约施工时间及费用。因此,在国外发展很快,在建筑上得到大量应用。

## 第五节　特殊门窗

普通窗扇的玻璃厚度小、缝隙多、密闭性差,在不能满足室内保温、隔热、隔声等要求时,在构造设计中应进行特殊处理,即增大热阻或隔声量,则应减少或堵塞传热或传声的缝隙。

### 一、保温门

保温门扇采用双面钉木拼板,内充玻璃棉毡,在玻璃棉毡和木板之间铺一层200号油纸,以防潮气进入棉毡影响保温效果。在门扇下部,下冒头的底面安装像皮条或设门槛密封。故可减小室外气候的影响,保持室内恒温 (图6-33)。

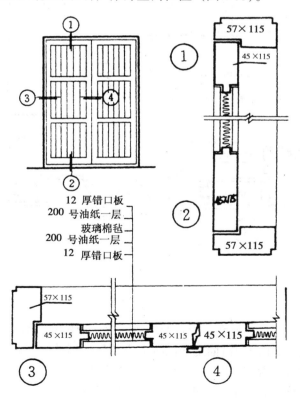

图6-33　保温门的构造

## 二、隔声门

隔声门窗常用于室内噪声允许级较低的房间中。隔声效果取决于隔声材料、门框与门扇间的密闭程度等，材料容重越大，愈密实，接缝密闭愈严，则隔声能力愈强。如采用玻璃间距为 80mm～100mm 的不同厚度的双层玻璃窗隔声，有一定的隔声效果。

## 三、防火门

按防火规范的规定设置，要求具有一定的耐火极限，关闭紧密，开启方便。常见的方法是在钢板或木板门扇和门框外包 5mm 厚的石棉板或 26 号镀锌铁皮。门扇铁皮及石棉板门扇的两侧设泄气孔，泄气孔用低熔点焊料焊牢，以防止火灾时木材碳化释放大量的气体使门扇胀破而失去防火作用（见图 6-34）。

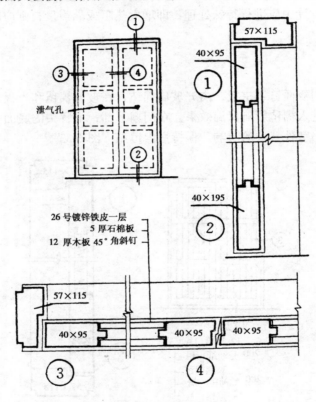

图 6-34 防火门的构造

## 四、推拉门

推拉门由门框、门扇、导轨、滑轮及地槽组成。门扇开关时沿轨道左右滑行，当门扇高度小于 4m 时，采用门扇沿固定在门洞上方的导轨移动的上挂式；门扇高度大于 4m 时，重量较大，采用下滑式，即门洞上下方均设导轨，门扇沿上下导轨移动，下导轨支承门扇的重量。推拉门变形小，少占空间（见图 6-35）。

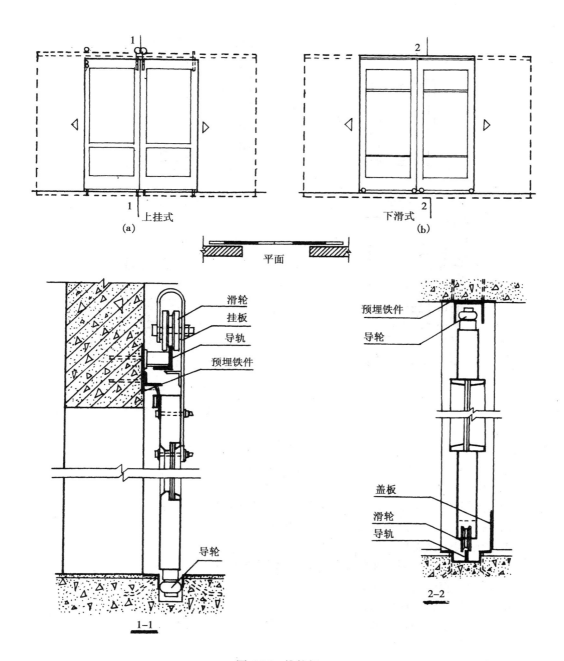

图 6-35　推拉门

### 五、立转窗

可采用木材、钢材、玻璃钢、钢丝网水泥等材料制作。窗扇绕竖轴水平方向旋转，窗扇尺寸宽度不大于 1 000mm，高度不大于 3 000mm。开启方便，开启角度为 45°、90°和 135°，导风性能好，通风量大，但防风雨和密闭性较差，构造较为复杂（见图 6-36）

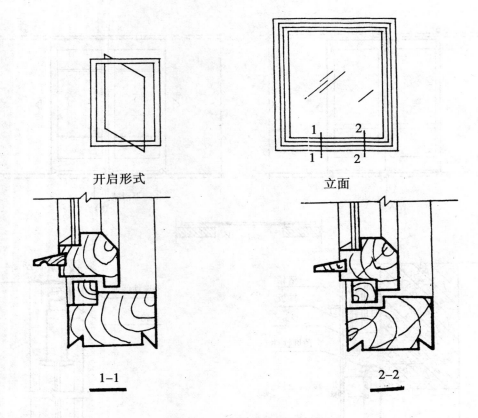

开启形式　　　　　　　　　立面

1-1　　　　　　　　　　　2-2

图 6-36　立转窗暗裁口构造

## 复习思考题

1. 简述窗框安装方法。并画图说明窗框与墙的缝隙构造方法。

2. 内开窗与外开窗的构造方法有哪些不同？

3. 画图表示钢窗框与墙的连接构造。

4. 平开木门的门扇常用哪几种？画图说明镶板门的构造。

5. 识读空腹钢窗构造图。

6. 看懂你所在地区的木窗通用图。

7. 识读铝合金门窗构造图。

# 第七章 屋 顶

屋顶是房屋上面的构造部分。屋顶由屋面、屋顶承重结构、保温隔热层和顶棚组成。

## 第一节 屋顶的类型与组成

### 一、屋顶的类型

由于不同的屋面材料和不同的承重结构形式，形成了多种屋顶类型，一般可归纳为四大类：即为平屋顶、坡屋顶、曲面屋顶和多波式折板屋顶。

（一）平屋顶 承重结构为现浇或预制的钢筋混凝土板，屋面上做防水、保温或隔热处理。平屋顶的坡度很小，一般采用 3% 以下，上人屋顶坡度在 2% 左右。

（二）坡屋顶 坡度较陡，一般在 10% 以上，用屋架作为承重结构，上放檩条及屋面基层。坡屋顶有单坡、双坡、四坡、歇山等多种形式。

（三）曲面屋顶 由各种薄壳结构或悬索结构作为屋顶的承重结构，如双曲拱屋顶、球形网壳屋顶等。在拱形屋架上铺设屋面板也可形成单曲面的屋顶。这类屋顶结屋内力分布合理，能充分发挥材料的力学性能，但施工复杂，一般用于大跨度的大型建筑。

屋顶的形式见图 7-1。

### 二、屋顶的组成

屋顶的形式与类型虽然很多，但通常是由以下四个部分组成（图 7-2）。

（一）屋面

屋面是屋顶的面层，它直接承受大自然的长期侵袭，并应承受施工和检修过程中加在上面的荷载，因此屋面材料应具有一定的强度和很好的防水性能。还应考虑屋面能尽快排除雨水，就要有一定的坡度。坡度的大小与材料有关，不同的材料有不同的坡度，如图 7-3。

（二）屋顶承重结构

不同的屋面材料要有相应的承重结构。承重结构的类型很多，按材料分有木结构、钢筋混凝土结构、钢结构等。承重结构应承受屋面所受的活荷载、自重和其他加于屋顶的荷载，并将这些荷载传到支承它的承重墙或柱上。

（三）保温层、隔热层

组成屋顶前两部分的材料，即屋面材料和承重结构材料，保温和隔热性能都很差，在寒冷的北方必须加保温层，在炎热的南方则必须加设隔热层。保温层或隔热层的材料大都是由一些轻质、多孔的材料做成的，通常设置在屋顶的承重结构层与面层之间，常用的材料有膨胀珍珠岩、沥青珍珠岩、加气混凝土块等。

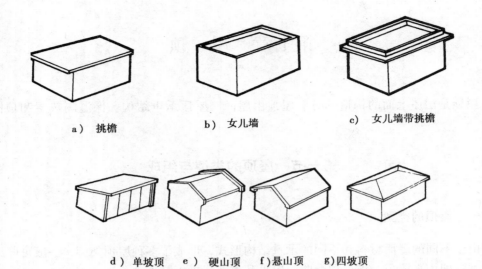

a）挑檐　　　　　b）女儿墙　　　　　c）女儿墙带挑檐

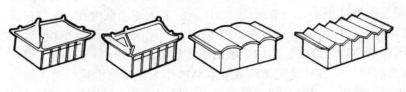

d）单坡顶　　e）硬山顶　　f)悬山顶　　g)四坡顶

h）庑殿顶　　i）歇山顶　　j）筒壳顶　　k）折板顶

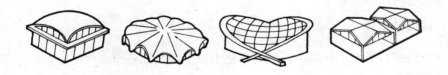

l）扁壳顶　　m）抛物面壳顶　　n）鞍形悬索顶　　o）扭壳顶

图 7-1

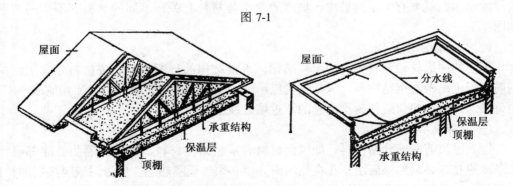

图 7-2　屋顶的组成

（四）顶棚

对于每个房间来说，顶棚就是房间的顶面，对于平房或楼房的顶层房间来说，顶棚也就是屋顶的底面，当屋顶结构的底面不符合使用要求时，就需要另做顶棚。顶棚结构一般吊挂在屋顶承重结构上，称为吊顶。顶棚结构也可单独设置在墙上、柱上，和屋顶不发生关系。

坡屋顶顶棚上的空间叫闷顶，如利用这个空间作为使用房间时，叫做阁楼，在南方可利用阁楼通风降温。

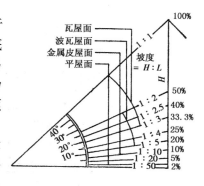

图 7-3　不同屋面材料适应的坡度

### 三、屋顶的构造要求

屋顶是房屋最上层的外围护部件，构造设计应重点解决屋顶的防水以及防火、保温、隔热等问题。对于屋顶防水，按国家屋面技术工程规范规定：屋面工程应根据建筑物的性质、重要程度、使用功能要求及防水层耐用年限等，要求将屋面防水分等级设防，见表7-1。

表 7-1　屋面防水等级和设防要求

| 项目 | 屋面防水等级 | | | |
| --- | --- | --- | --- | --- |
| | Ⅰ | Ⅱ | Ⅲ | Ⅳ |
| 建筑物类　别 | 特别重要的民用建筑和对防水有特殊要求的工业建筑 | 重要的工业与民用建筑、高层建筑 | 一般的工业与民用建筑 | 非永久性的建筑 |
| 防水层耐用年限 | 25 年 | 15 年 | 10 年 | 5 年 |
| 防水层选用材料 | 宜选用合成高分子防水卷材、高聚物改性沥青防水卷材、合成高分子防水涂料、细石防水混凝土等材料 | 宜选用高聚物改性沥青防水卷材、合成高分子防水卷材、合成高分子防水涂料、高聚物改性沥青防水涂料、细石防水混凝土、平瓦等材料 | 应选用三毡四油沥青防水卷材、高聚物改性沥青防水卷材、合成高分子防水卷材、高聚物改性沥青防水涂料、合成高分子防水涂料、沥青基防水涂料、刚性防水层、平瓦、油毡瓦等材料 | 可选用二毡三油沥青防水卷材、高聚物改性沥青防水涂料、沥青基防水涂料、波形瓦等材料 |
| 设防要求 | 三道或三道以上防水设防，其中应有一道合成高分子防水卷材，且只能有一道厚度不小于2mm 的合成高分子防水涂膜 | 二道防水设防，其中应有一道卷材。也可采用压型钢板进行一道设防 | 一道防水设防，或两种防水材料复合使用 | 一道防水设防 |

## 第二节 坡屋顶

### 一、传统坡屋顶的形式与排水坡度

坡屋顶一般有双坡、单坡和四坡屋顶等形式，分别由屋面和承重结构等两部分组成，必要时屋面还要设置顶棚、保温层、隔热层等其他功能层。

传统坡屋顶的承重结构　包括屋架、檩条、缘子等。

屋面　包括屋面板、防水卷材、顺水条、挂瓦条和瓦等构件。

瓦屋面的排水坡度，应结合屋架形式、屋面基层类别、防水构造形式、材料性能以及当地气候条件等因素，作一综合技术经济比较后再予确定，见表 7-2。

**表 7-2　瓦屋面的排水坡度**

| 材料种类 | 屋面排水坡度（%） |
|---|---|
| 平　瓦 | 20 ~ 50 |
| 波 形 瓦 | 10 ~ 50 |
| 油 毡 瓦 | ≥20 |
| 压型钢板 | 10 ~ 35 |

平瓦屋面适用于防水等级 Ⅱ、Ⅲ、Ⅳ 级，压型钢板瓦屋面适用防水等级 Ⅱ 级；波形瓦屋面适用防水等级为 Ⅳ 级。

### 二、传统坡屋顶细部构造设计

坡屋顶的细部构造主要分承重结构和屋面两大部分。

1. 坡屋顶承重结构的形式与构造

坡屋顶的承重结构体系具体分为檩式屋顶结构和椽式屋顶结构。

（1）檩式屋顶结构

以檩条支承屋顶结构的一种结构形式。檩条的材料有木材、钢材或钢筋混凝土等几种。檩条的间距，有椽子时 1 000 ~ 1 500mm；无椽子时 700 ~ 900mm。檩条的断面，用圆木时直径 100 ~ 120mm；方木宽度 75 ~ 100mm，高度 200 ~ 250mm。檩条的搁置方式常见的可分为墙承式、屋架支承式和我国传统的梁架支承式（也称立帖式）三种（图 7-4，图 7-5，图 7-6，图 7-7）。

（2）椽式屋顶结构

椽式屋顶结构主要以布置小间距人字形的椽架（400 ~ 800mm）支承屋顶结构形式，也称缘架式屋顶。椽架用料小，重量轻，平面布置比较灵活（图 7-8）。

2. 坡屋顶细部构造

以平瓦屋面为主的坡屋顶细部构造层次，分别由屋面板、防水卷材、顺水条、挂瓦条、平瓦等材料所组成。

（1）屋面板

屋面板厚 15 ~ 20mm，板的长度应搭过三根檩条或椽子，直接钉在檩条或椽子上。

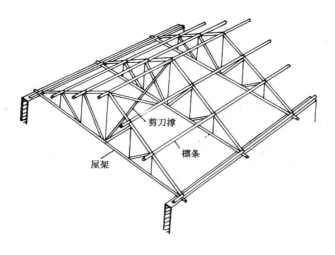

图 7-4　屋架支承檩条的屋顶

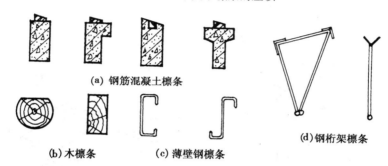

**(a) 钢筋混凝土檩条**

**(b) 木檩条**　　　**(c) 薄壁钢檩条**　　　**(d) 钢桁架檩条**

图 7-5　檩条的类型

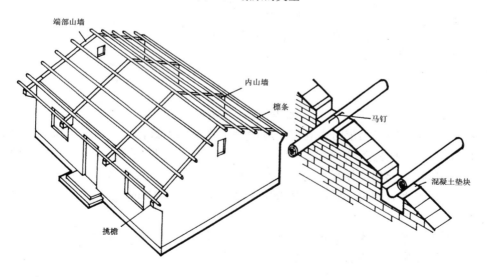

（a）山墙支檩屋顶　　　　　　　（b）檩条在山墙上的搁置形式

图 7-6　山墙支承檩条屋面及檩条形式

（2）防水卷材

采用干铺油毡一层，一般自下而上平行于屋脊方向铺贴，上下层油毡搭接不小于100mm。

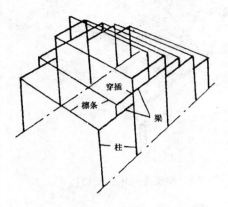

图 7-7　梁架承檩式屋架

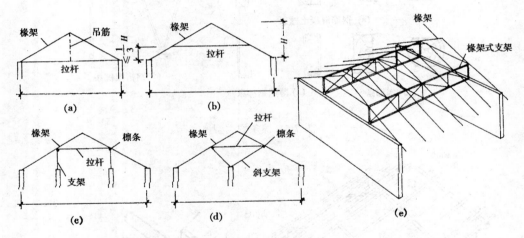

图 7-8　椽架式屋顶

（3）顺水条：用以固定防水卷材，应沿顺水流方向布置，材料一般采用灰板条。

（4）挂瓦条：挂瓦条断面尺寸 25mm×30mm，挂瓦条间距为 280～310mm，视瓦的长度而定。挂瓦条起到挂住瓦片防止瓦片下滑，一般均平行于屋脊方向布置。

（5）平瓦：平瓦基本尺寸长为 380～420mm，宽约 240mm，厚为 50mm（净厚约20mm）。

有关坡屋顶檐口、天沟、烟囱泛水及现浇坡屋顶上铺彩色水泥平瓦等部位具体构造作法，可参照国家和地方有关规范资料（图7-9，图7-10）。

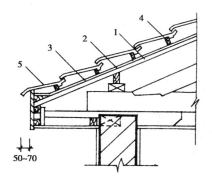 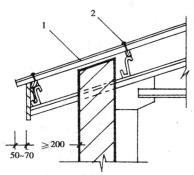

图 7-9　平瓦檐口

1—木基层；2—干铺油毡；3—顺水条；

4—挂瓦条；5—平瓦

图 7-10　波形瓦檐口（单位：mm）

1—波形瓦；2—镀锌螺钉；3—檩条

### 三、钢筋混凝土坡屋顶

由于建筑技术的进步，传统坡屋顶已很少在城市建筑中采用。但因坡屋顶具有其特有的造型特征，因此近年来民用建筑中多采用钢筋混凝土坡屋顶。

（一）屋面构造

目前流行的坡屋顶屋面构造主要有砂浆卧瓦、挂瓦条挂瓦和块瓦形钢板彩瓦等三种，其中挂瓦条挂瓦又分为钢挂瓦条挂瓦和木挂瓦条挂瓦二种，如图 7-11、7-12、7-13所示。

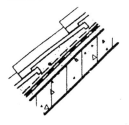

①块瓦

②1:3 水泥砂浆卧瓦层最薄处 20mm（配 $\phi6@500 \times 500$ 钢筋网）

③高聚物改性沥青防水卷材 3mm

④1:3 水泥砂浆找平层 15mm

⑤钢筋混凝土屋面板

图 7-11　砂浆卧瓦块瓦屋面构造（无保温隔热层）

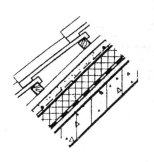

①块瓦

②挂瓦条 30 × 25（h），中距按瓦材规格

③顺水条 30 × 25（h），中距 500

④C15 细石混凝土找平层 35mm（配 $\phi6@500 \times 500$ 钢筋网）

⑤保温或隔热层

⑥高聚物改性沥青防水卷材 3mm

⑦1:3 水泥砂浆找平层 15mm

⑧钢筋混凝土屋面板

图 7-12　木挂瓦条块瓦屋面构造（有保温隔热层）

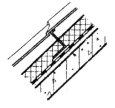

①块瓦形钢板彩瓦

②冷弯型钢挂瓦条，中距按瓦材规格

③保温或隔热层 8mm

④高聚物改性沥青防水卷材 3（合成高分子防水涂膜 ≥2）用于 (W_zv)

⑤1:3 水泥砂浆找平层 15 ~ 20mm

⑥钢筋混凝土屋面板

图 7-13　块瓦形钢板彩瓦屋面构造（有保温隔热层）

（二）檐部构造

外墙与屋顶交接处为檐部（檐口），挑出檐口要保持与屋面相一致的坡度。檐口距地面较高时应做檐沟，檐沟可使屋面雨水有组织的排向地面。在北方，冬春交替季节还可以防止檐部形成冰溜落下伤人，如图7-14、7-15所示。

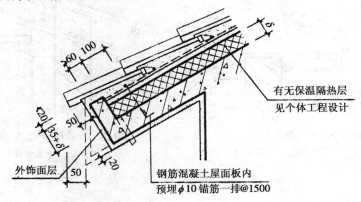

图 7-14 屋面檐口构造

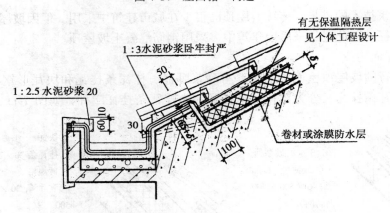

图 7-15 屋面檐沟构造

（三）天窗和老虎窗

天窗的采光量约为普通窗采光量的3倍。随着建筑技术的提高，已逐渐解决了除雪、防雹、清洗等难题，虽因造价一直居高不下使其应用受到一定限制。但天窗已开始在民用建筑中得到采用。

老虎窗具有独特的造型功能，并能抬高局部的室内高度，提高面积利用率，因此在民用建筑中常有采用，但施工比较复杂。老虎窗构造实例见图7-16。

（四）天沟、屋脊、管道泛水

天沟、屋脊、管道泛水都是坡屋顶构造中较难处理的地方，需注意局部加强，见图7-17、7-18。

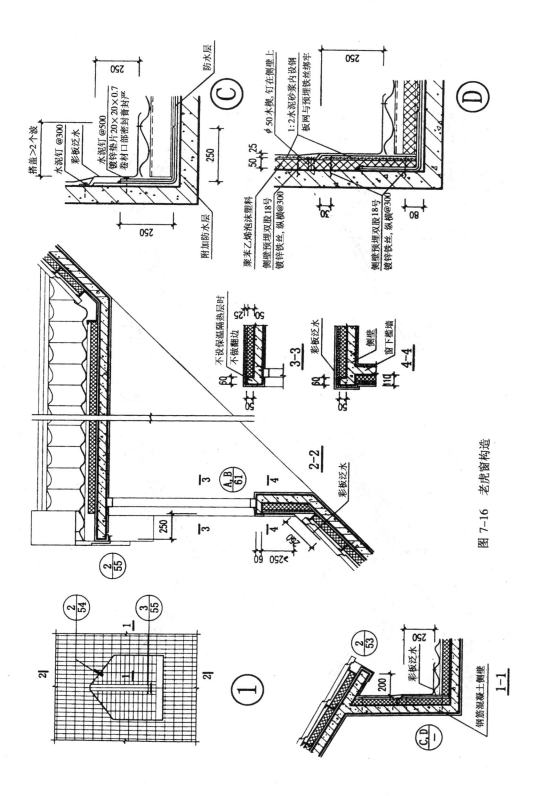

图 7-16 老虎窗构造

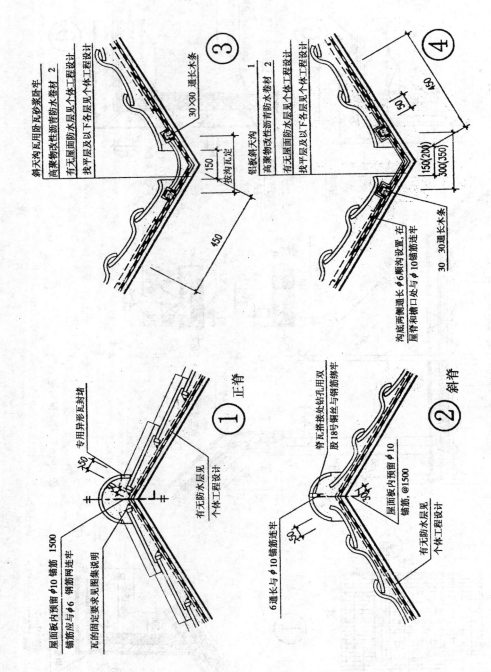

图 7-17 屋脊、天沟构造

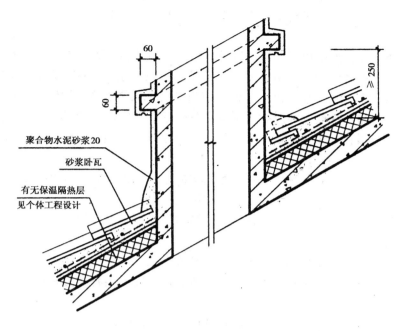

图 7-18　管道泛水构造

## 第三节　平屋顶构造

**一、平屋顶的排水坡度**

平屋顶一般为现浇或预制钢筋混凝土结构，为保证平屋顶的防水质量，现已大多采用现浇屋面板形式。屋面坡度的形式有两种，一是直接将屋面板根据屋面排水坡度铺设成倾斜，称结构找坡；二是在平铺的屋面板上用轻质材料垫出屋面所需的排水坡度，称材料找坡。在屋顶上设置保温层的，也可直接利用轻质保温材料做出排水坡度。

平屋顶屋面的最小排水坡度：结构找坡宜为3%；材料找坡宜为2%。当屋面跨度大于18m时，应采用结构找坡，以满足排水坡度的要求同时节约用料。

平屋顶的天沟、檐沟纵向坡度不应小于1%，沟底水落差不得超过200mm，并不得流经变形缝和防火墙。

**二、平屋顶的防水构造**

平屋顶由于屋面坡度比较平缓，做好屋面防水构造显得格外重要。

平屋顶的防水构造涉及到屋面防水材料，不同的屋面防水材料有着不同的构造要求与作法。目前国内常用的平屋顶防水材料主要分卷材防水、涂膜防水和刚性材料防水等几种。

（一）卷材防水屋面构造

（1）卷材材料与适用范围

用于屋面的防水卷材有合成高分子防水卷材、高聚物改性沥青防水卷材及沥青油毡等，这些防水卷材均适用于防水等级为Ⅰ~Ⅳ级的屋面防水。

（2）保护层

为防止防水卷材产生龟裂和流淌现象，用以屋面的卷材防水层上应设置保护层，可采用与防水层材料性能相容、粘结力强、耐风化的浅色涂料，或粘贴铝箔作为保护层。也可采用20mm厚水泥砂浆（每1m² 设分格缝）、30mm厚的细石混凝土（宜掺微膨胀剂）或预制块材做保护层，并应按规定留出分格缝。采用热玛瑞脂粘结的沥青防水卷材保护层，一般选用直径3~5mm浅色绿豆砂。绿豆砂应预热至100℃左右，随刮涂热玛瑞脂，随铺撒热绿豆砂。

当设计为上人屋面时，选用块材或细石混凝土为保护层时，应根据使用功能要求确定其保护层厚度，并在防水层之间应作一层隔离层。

在架空隔热层屋面或倒置式屋面的卷材防水层上可不另作保护层。

（3）卷材防水层

卷材防水层在与突出屋面结构的连接处如女儿墙、变形缝、烟囱等，以及在屋面基层的转角处，如落水口、天沟、檐沟、屋脊等，应根据卷材种类分别做出圆弧，见表7-3

表 7-3  转角处防水卷材圆弧半径

| 卷材种类 | 圆弧半径（mm） |
|---|---|
| 沥青防水卷材 | 100~150 |
| 高聚物改性沥青防水卷材 | 50 |
| 合成高分子防水卷材 | 20 |

卷材铺设方向：当屋面坡度小于3%时，卷材宜平行屋脊铺贴；当屋面坡度在3%~15%之间时，卷材可平行或垂直屋脊铺贴。当屋面坡度大于15%或屋面受振动时，沥青防水卷材应垂直屋脊铺贴；而高聚物改性沥青防水卷材和合成高分子防水卷材可平行或垂直铺贴。

使用卷材屋面的坡度不宜超过25%，当不能满足坡度要求时，应采取防止卷材下滑的措施。

上下层卷材不得相互垂直铺贴。同时，为保证卷材屋面防水质量，卷材之间应有一定的搭接宽度，并在卷材搭接处用材料性能相容的密封材料封严实，见表7-4。

表 7-4  卷材搭接宽度

| 搭接方向 | | 短边搭接宽度（mm） | | 长边搭接宽度（mm） | |
|---|---|---|---|---|---|
| 卷材种类 | 铺贴方法 | 满贴法 | 空铺法 点粘法 条粘法 | 满贴法 | 空铺法 点铺法 条铺法 |
| 沥青防水卷材 | | 100 | 150 | 70 | 100 |
| 高聚物改性沥青防水卷材 | | 80 | 100 | 80 | 100 |
| 合成高分子 防水卷材 | 粘结法 | 80 | 100 | 80 | 100 |
| | 焊接法 | 50 | | | |

当屋面防水等级为Ⅰ级或Ⅱ级多道防水时，可采用多道卷材，亦可与卷材、涂膜、刚性防水复合使用。

屋面防水等级与防水卷材厚度的有关规定：当屋面防水等级为Ⅰ级时，合成高分子防水卷材厚度不小于1.5mm；高聚物改性沥青防水卷材厚度不小于3mm。当屋面防水等级为Ⅱ级时，合成高分子防水卷材厚度不小于1.2mm；高聚物改性沥青防水卷材厚度不小于3mm。屋面防水等级为Ⅲ级时，合成高分子防水卷材厚度不小于1.2mm，复合使用时厚度不应小于1mm；高聚物改性沥青防水卷材厚度不宜小于4mm；复合使用时厚度不小于2mm。

（4）找平层

采用铺贴卷材方式的找平层可采用水泥砂浆、细石混凝土或沥青砂浆；水泥砂浆找平层宜掺微膨胀剂。

作为屋面找平层，表面应压实平整，并留出分格缝，缝宽20mm，内填塞密封材料。当分格缝兼作排气屋面的排气道时，可适当加宽，并应与保温层连通。分格缝应设在板端接缝处，纵横分格缝的最大间距为：当找平层采用水泥砂浆或细石混凝土时，每边不宜大于6m；采用沥青砂浆找平层时，每边不宜大于4m。

用于防水卷材之下的屋面（板）找平层厚度和技术要求应符合规范规定，见表7-5。

表 7-5　找平层厚度和技术要求

| 类别 | 基层种类 | 厚度（mm） | 技术要求 |
|---|---|---|---|
| 水泥砂浆找平层 | 整体混凝土 | 15～20 | 1:2.5～1:3（水泥:砂）体积比，水泥标号不低于325号 |
| | 整体或板状材料保温层 | 20～25 | |
| | 装配式混凝土板、松散材料保温层 | 20～30 | |
| 细石混凝土找平层 | 松散材料保温层 | 30～35 | 混凝土强度等级C15 |
| 沥青砂浆找平层 | 整体混凝土 | 15～20 | 质量比为1:8（沥青:砂） |
| | 装配式混凝土板、整体或板状材料保温层 | 20～25 | |

（5）屋面基层（屋面板）

当屋面板为预制板时，板缝应用C20细石混凝土（内掺微膨胀剂）灌缝。当屋面板板缝宽度大于40mm时，缝内应设置构造钢筋。

（6）卷材防水屋顶细部构造

平屋顶的天沟、檐沟在防水处理时应增铺附加层。如采用沥青防水卷材时，应在上述部位增铺一层卷材；当采用高聚物改性沥青防水卷材或合成高分子防水卷材时，宜采用防水涂膜作为增强层。

铺设在天沟和檐沟处的卷材收头须固定密封；天沟、檐沟与屋面交接处铺设的附加层宜空铺，空铺宽度200mm（图7-19，图7-20，图7-21）。

屋面选用的雨水管内径不应小于75mm，设计应优先采用硬聚氯乙烯雨水管（排水管），以利保护环境、节约能耗。一根雨水管的屋面最大汇水面积宜小于 200m²。雨水管的直径分 100mm，150mm 和 200mm 几种。雨水管之间的最大距离：当屋面外排水有外檐天沟时为 24m；无外檐天沟的为 15m；内排水明装雨水管和暗装雨水管的间距为 15m。

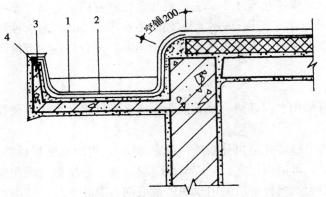

图 7-19　檐沟（单位：mm）
1—防水层；2—附加层；
3—水泥钉；4—密封材料

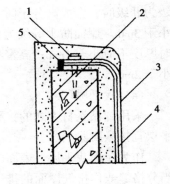

图 7-20　檐沟卷材收头
1—钢压条；2—水泥钉；3—防水层；
4—附加层；5—密封材料

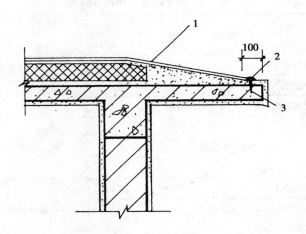

图 7-21　无组织排水檐口
1—防水层；2—密封材料；3—水泥钉

屋顶泛水处构造，要求将铺贴在泛水处卷材采取满粘法，泛水收头应根据泛水高度和泛水部位的墙体材料来确定卷材收头的密封形式。当女儿墙为砖墙时，卷材收头可直接铺压在女儿墙压顶之下，并在压顶处做好防水处理；也可直接在砖墙上留凹槽，将卷材收头再压入凹槽内用防水材料固定密封；当女儿墙为混凝土时，卷材的收头可采用金属压条钉压，并用密封材料封密实。现浇或预制混凝土女儿墙的压顶可采用金属制品或合成高分子卷材封顶（图 7-22，图 7-23，图 7-24）。

遇有屋面变形缝，要求缝内填充泡沫塑料或沥青麻丝，缝口上部填放衬垫材料，并用卷材封盖，顶部加扣混凝土盖板或金属盖板。高低跨内排水天沟与垂直墙体交接处应采取能适应变形的密封处理（图 7-25，图 7-26）。屋面有垂直上人孔的防水层收头应压在混凝土压顶之下；有上人屋面水平出入口的防水层收头应压在混凝土踏步之下，防水层的泛水部位要用立砖砌筑保护墙（图 7-27）。

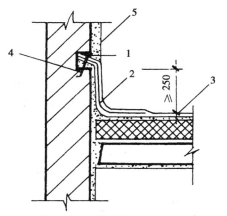

图 7-22　砖墙卷材泛水收头
1—密封材料；2—附加层；3—防水层；
4—水泥钉；5—防水处理

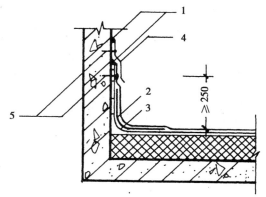

图 7-23　混凝土墙卷材泛水收头（单位：mm）
1—密封材料；2—附加层；3—防水层；
4—金属、合成高分子盖板；5—水泥钉

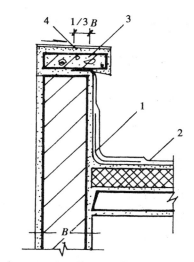

图 7-24　卷材防水女儿墙泛水构造
1—附加层；2—防水层；
3—压顶；4—防水处理

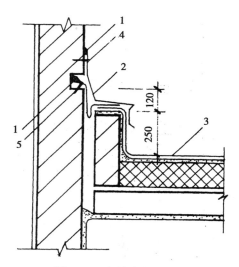

图 7-25　高低跨度变形缝（单位：mm）
1—密封材料；2—金属或高分子盖板；
3—防水层；4—金属压条钉子固定；
5—水泥钉

当屋面出现反梁时，应按排水坡度留出高度不小于 150mm，宽度不小于 250mm 的过水孔；如采用预埋管做过水孔时，管径不得小于 75mm。在过水孔部位可采用防水涂料或密封材料防水。

对伸出屋面各类管道周围的找平层应做出圆锥台，管道与找平层之间留出凹槽，并填塞密封材料，在防水材料收头处还应用金属箍箍紧，并用密封材料封严实（图 7-28，图 7-29，图 7-30）。

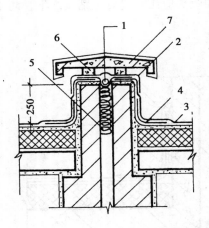
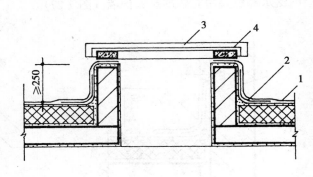

图 7-26　变形缝防水构造（单位：mm）

1—衬垫材料；2—卷材封盖；3—防水层；

4—附加层；5—沥青麻丝；6—水泥砂浆；

7—混凝土盖板

图 7-27　垂直出入口防水构造

1—防水层；2—附加层；3—入孔盖；4—混凝土压顶圈

## （二）涂料防水屋面构造

### （1）涂料防水屋面适用范围

屋面防水涂料主要有合成高分子防水涂料、高聚物改性沥青防水涂料和沥青基防水涂料等。

防水涂料和防水卷材在屋面上的铺设位置及对基层、找平层的做法与要求基本相同，但施工方法和防水等级有所不同。

涂料防水屋面主要适用于防水等级为Ⅲ级、Ⅳ级的屋面防水，亦可用作Ⅰ、Ⅱ级屋面多道防水设防中的一道防水层。

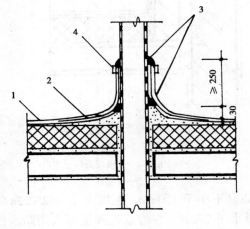
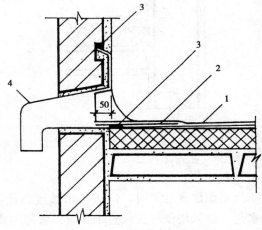

图 7-28　伸出屋面管道防水构造（单位：mm）

1—防水层；2—附加层；

3—密封材料；4—金属箍

图 7-29　横式水落口（单位：mm）

1—防水层；2—附加层；

3—密封材料；4—水落口

### （2）防水涂料的厚度及涂刷要求

沥青基防水涂料在Ⅲ级防水屋面上单独使用时，涂膜厚度不应小于 8mm；在Ⅳ级防水屋面上或复合使用时，涂膜厚度不宜小于 1.5mm；合成高分子防水涂料不应小于 2mm，在Ⅲ级防水屋面上复合使用时，不宜小于 1mm。

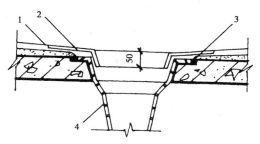

图 7-30  直式水落口（单位：mm）
1—防水层；2—附加层；3—密封材料；4—水落口杯

防水涂料应分层、分遍涂布，先涂的涂层要等到干燥成膜后方可涂布后一遍涂料，以确保涂膜防水屋面的质量。

选择屋面防水涂料应根据屋面防水等级和设防要求。对易开裂、渗水的部位，构造处理时应留出凹槽嵌填密封材料，并应根据设计要求增设一层或一层以上带有胎体增强材料的附加层。一般有聚脂无纺布、化纤无纺布和玻璃网布等几种。

（3）保护层

在屋面防水涂料的表面要设置保护层。保护层材料可采用细砂、云母、蛭石、浅色涂料、水泥砂浆或预制块材等。用水泥砂浆作保护层，厚度不小于 20mm，且应设分仓缝并在防水涂料与保护层之间设置隔离层。

（4）屋面细部构造

位于天沟、檐沟与屋面交接处的防水附加层宜空铺，空铺的宽度宜为 200~300mm。当屋面设置保温层时，天沟与檐沟处宜铺设保温层，檐口处涂膜防水材料的收头，应用防水涂料多遍涂刷或用密封材料封严实。位于女儿墙泛水处的涂膜防水层应直接涂刷至女儿墙的压顶下；收头处理也应用防水涂料涂刷多遍并封严实，同样女儿墙的压顶本身也要做好防水处理（图 7-31，图 7-32，图 7-33，图 7-34）。

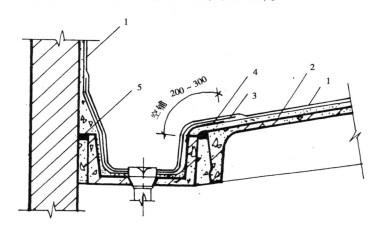

图 7-31  涂膜防水天沟、檐沟构造（单位：mm）
1—涂膜防水层；2—找平层；3—有胎体增强材料的附加层；4—空铺附加层；5—密封材料

（三）刚性防水屋面

（1）刚性防水屋面适用范围

刚性防水屋面主要适用于防水等级为Ⅲ级的屋面防水，也可用作Ⅰ级、Ⅱ级屋面多道防水设防中的一道防水层；但不适用于设有松散材料保温层的屋面以及受较大振动或冲击的建筑物屋面。选择刚性防水设计方案时，应根据屋面防水设防要求、地区条件和建筑结构特点等因素，进行综合技术经济比较确定。

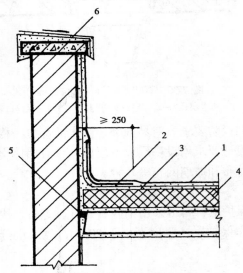

图 7-32 涂膜防水女儿墙泛水构造（单位：mm）

1—涂膜防水层；2—有胎体增强材料的附加层；

3—找平层；4—保温层；

5—密封材料；6—防水处理

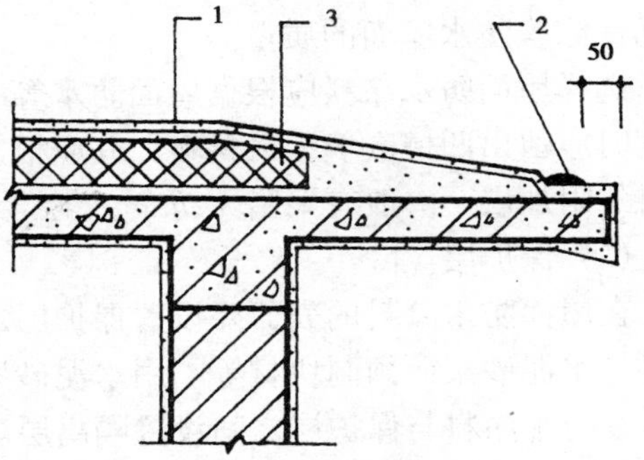

图 7-33 涂膜防水檐口构造（单位：mm）

1—涂膜防水层；2—密封材料；

3—保温层

刚性防水屋面对结构的变形较为敏感，因此较适用于基层为现浇钢筋混凝土屋面板。如采用预制板铺设时，板缝应选用不小于 C20 的细石混凝土灌缝（内掺微膨胀剂）。

刚性防水屋面的坡度宜为 2%～3%，并应采用结构找坡，利于节约材料，经济合理。有保温层的屋面，也可利用保温层或在保温层之下设置找坡层。

（2）刚性防水层材料

刚性防水层的材料主要为细石混凝土，一般采用普通硅酸盐水泥或硅酸盐水泥，水泥标号不宜低于 425 号，并不得使用火山灰质水泥。细石混凝土厚度不小于 40mm，其强度等级不低于 C20，并应配置直径为 φ4～φ6mm，间距为 100～200mm 的双向钢筋网片，保护层厚度不小于 10mm。刚性防水层纵横间距每 6m 处应设置分格缝，分格缝宽度 20～40mm（上宽下窄），缝内嵌填密封材料，缝口上部铺贴防水卷材（图 7-35）。作为防水层的分格缝，应设在屋面板的支承端、屋面转折处、防水层与突出屋面结构的交接处，并应与板缝对齐。每个分隔板块的细石混凝土应一次浇筑完成，不得留施工缝。

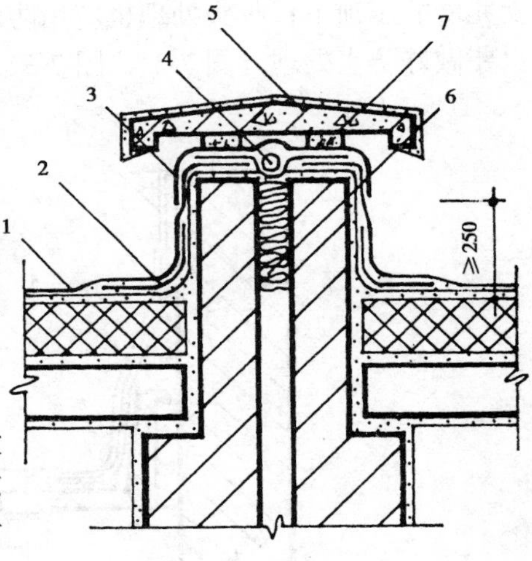

图 7-34 涂膜防水变形缝构造（单位：mm）

1—涂膜防水层；2—有胎体增强材料的附加层；3—卷材封盖；4—衬垫材料；5—混凝土盖板；6—沥青麻丝；7—水泥砂浆

在细石混凝土防水层内不得埋设管线。

用于屋面的细石混凝土一般宜内掺微膨胀剂、减水剂或防水剂等外加剂，设计应根据不同外加剂的适用范围和技术要求进行选用。

刚性防水层浇筑12～24h后进行养护，养护时间不少于14d，其间不得上人。

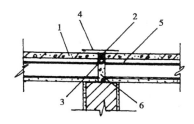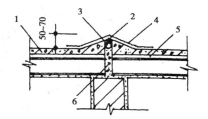

图 7-35　刚性防水屋面分格缝构造（单位：mm）

1—刚性防水层；2—密封材料；3—背衬材料；

4—防水卷材；5—隔离层；6—细石混凝土

（3）刚性防水层细部构造

刚性防水层与山墙、女儿墙垂直相交处应留出30mm宽的缝隙，用密封材料嵌填，并在该部位加铺防水卷材或涂刷防水涂料，其高度、宽度均大于250mm（图7-36）。与天沟、檐沟的交接处也应留出凹槽，并填塞密封材料（图7-37）。

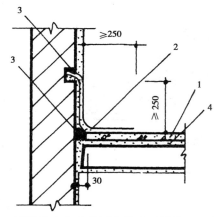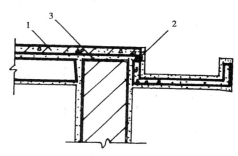

图 7-36　刚性防水女儿墙泛水构造（单位：mm）

1—刚性防水层；2—防水卷材或涂膜；

3—密封材料；4—隔离层

图 7-37　刚性防水檐沟滴水

1—刚性防水层；2—密封材料；

3—隔离层

天沟、檐沟应用水泥砂浆找坡，找坡厚度大于20mm时，为防止开裂、起壳，宜用细石混凝土。

细石混凝土防水层与基层之间宜设置隔离层（也称浮筑层），其目的使上下分离以适应各自的变形，从而减少由于上下层变化不同而相互制约。隔离层材料有纸筋灰、麻刀灰、低强度等级砂浆、干铺卷材等，一般做在屋面结构找平层之上。

刚性防水层与变形缝两侧墙体交接处也应留出30mm宽的缝隙，用密封材料嵌填；泛水处同样也要另铺防水卷材或涂刷防水涂料。变形缝中填塞泡沫塑料或沥青麻丝，其上填放衬垫材料，并用卷材封盖，顶部加盖板。伸出屋面的管道与刚性防水层交接处也应留出 30mm 宽的缝隙，其构造作法同上（图 7-38，图 7-39，图 7-40）。

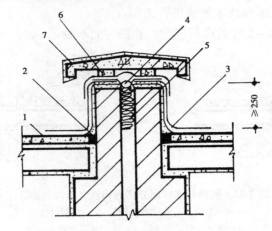

图 7-38　刚性防水变形缝构造（单位：mm）
1—刚性防水层；2—密封材料；3—防水卷材；4—衬垫材料；
5—沥青麻丝；6—水泥砂浆；7—混凝土盖板

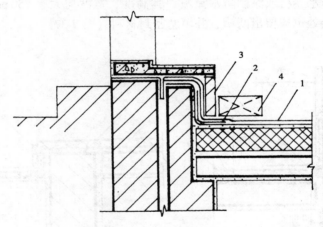

图 7-39　水平出入口防水构造
1—防水层；2—附加层；3—护墙；4—踏步

当采用块体刚性防水层时一般用 1:3 水泥砂浆铺砌；块体之间的缝宽 12 ~ 15mm，座浆厚度不小于 25mm；面层用 1:2 水泥砂浆（内掺防水剂），厚度不小于 12mm。块体刚性防水屋面养护时间不少于 7d。

（四）屋面接缝密封防水

钢筋混凝土平屋顶中的各种接缝是屋面渗漏水的主要通道，密封处理质量的好坏，直接影响屋面防水工程的连续性和整体性。

采用密封防水主要针对屋面构件与构件或配件之间的接缝，以及各种防水材料的接缝和收头的密封防水处理，与卷材、涂料、刚性防水屋面以及保温隔热等屋面配套使用，但如作密封防水则不能作为屋面单一防水材料使用。

屋面密封防水的接缝宽度不大于 40mm，且不小于 10mm，接缝深度一般取缝宽的

$1/2 \sim 7/10$。

用密封防水材料处理连接部位的基层应先涂刷基层处理剂。基层处理剂应选用与密封材料化学结构及极性相近的材料。

构件接缝处填塞密封材料的底部应设置背衬材料，以控制填缝密封材料的深度。背衬材料要求选用与密封材料不粘或粘结力弱的材料，常用泡沫棒、油毡条等。

防水密封材料有合成高分子类防水密封材料、改性沥青防水密封材料等，为避免产生高温流淌、低温龟裂情况，设计选用时应根据当地气候条件、屋面构造特点和使用要求，选择耐热度和柔性相适应的材料。

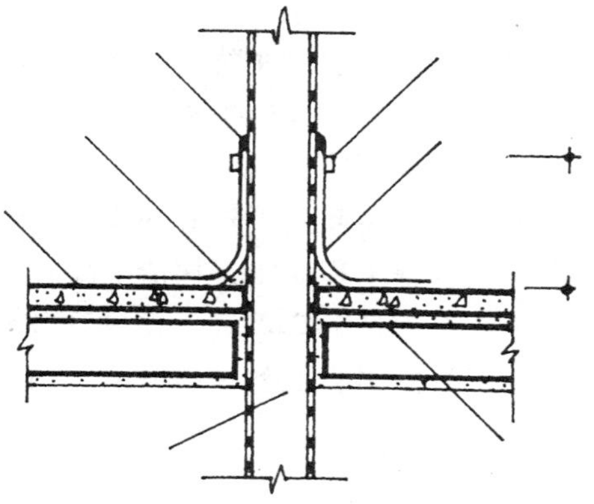

图 7-40　伸出屋面管道防水构造
1—刚性防水层；2—密封材料；
3—卷材（涂膜）防水层；4—隔离层；
5—金属箍；6—管道

### 三、平屋顶的保温与隔热

（一）保温屋面的材料

作为保温材料必须是空隙多、容重轻、导热系数小的材料，一般分散料、板块料和现场浇筑的混合料等三大类。

（1）散料保温层　主要有膨胀蛭石（粒径 3 ~ 15mm），膨胀珍珠岩（粒径宜大于0.15mm）；

（2）板块料保温层　如泡沫塑料、泡沫玻璃加气混凝土、水泥膨胀蛭石板、水泥珍珠岩板等；

（3）现浇轻质混凝土保温层　一般为轻骨料混凝土如陶粒混凝土、水泥膨胀蛭石、水泥膨胀珍珠岩、泡沫混凝土等。

其中以板块料保温层应用较多，分干铺和粘贴板块保温材料两种作法。干铺的板块保温材料，要求紧贴在需保温的基层表面上，并应铺平垫稳；分层铺设的板块上下层接缝应错缝，板块间隙用同类材料填密实。粘贴的板块保温材料应贴严、铺平；采用配套胶水刮缝粘贴。

在现场浇筑的混合料保温作法中，水泥膨胀蛭石和水泥膨胀珍珠岩不宜用于整体现浇封闭式保温层中，以后将逐渐淘汰。因为施工中用水量较大，含水率常达 100% 以上，且未及蒸发即做找平层，以致影响保温效果。当需要采用时，必须采用排汽屋面，使保温层内的水分排出，从而降低保温层的含水量，以保证保温屋面工程的质量。

（二）保温屋面构造

设计保温屋面，对选用何种性能的保温材料及确定保温层的厚度，应根据当地气候条件，并通过热工计算确定。

保温层一般设在屋面防水层之下，其构造作法：先在屋面找平层上做一层隔汽层，隔汽层材料可以用防水涂料或沥青粘贴油毡，然后铺设保温材料，上做细石混凝土找平层，最后做防水层及保护层。构造上要求找平层均设分格缝；保温屋面要设排汽道，并做到纵横贯通；同时按屋面面积每 $36m^2$ 左右设置一个排汽孔，排汽孔顶部做好防水处理（图 7-41）。

也有将保温层设在防水层之上，称倒置式保温屋顶。其构造层次由下往上依次为结构层、找平层、柔性或拒水粉防水层、保温层、保护层等，保护层可以是钢筋混凝土预制薄板或铺地面砖，也可铺设 50mm 厚砾石层，砾石直径 15～30mm。倒置式屋面对延缓、保护防水层起到了较好的作用，绝热效能好；而且对保证屋面质量和使用年限也较有利。为保证工程质量，构造上除找平层须设置分格缝外，保温材料的性能应选用憎水性好、吸水率低、容重轻、导热系数小的块状保温材料，以防止季节转换因保温材料吸水而使保温效果降低和冻坏屋面（图 7-42，图 7-43）。

根据建筑节能要求，屋面保温材料铺设力求"深入到位"，如天沟、檐沟部位与屋面交接处保温层的铺设应延伸到不小于墙厚的 1/2 处，以此避免墙体与屋面交接处产生冷桥、降低热工效能。当屋面坡度较大时，屋面保温材料的铺设要采取防滑措施。

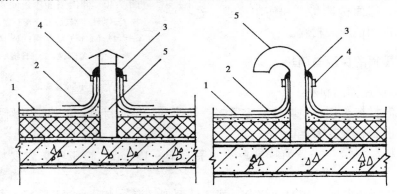

图 7-41　保温屋面排气出口构造
1—防水层；2—附加防水层；3—密封材料；4—金属箍；5—排气管

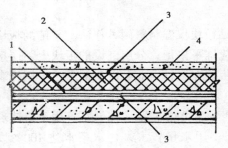

图 7-42　倒置屋面板材保护层
1—防水层；2—保温层；
3—砂浆找平层

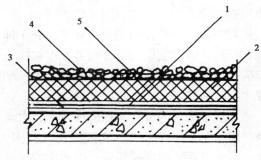

图 7-43　倒置屋面卵石保护层
1—防水层；2—保温层；3—砂浆找平层；
4—卵石保护层；5—纤维织物

（三）屋面隔热层构造

在炎热地区，为防止夏季室外热量通过屋面传室内，使室内温度过高，屋面构造设计一般在防水层上面采用架空、蓄水和无土种植等隔热屋面形式。在不同地区、不同条件的建筑物，其屋面的隔热形式是有区别的，设计应根据所在地的环境条件，建筑物的使用要求及屋面结构形式等进行选用。

（1）架空隔热层构造

在平屋顶上一般采用预制薄板用架空方式搁在屋面防水层之上，它对屋顶的结构层和防水层起有保护作用。架空隔热层的高度应根据屋面宽度和坡度大小来决定。采用架空隔热屋面的坡度不宜大于5%。当屋面较宽时，风道中阻力增加，宜采用较高的架空层；当屋面宽度大于10m时，还应设置通风屋脊；而当屋面坡度较小时，进出风口之间的温差相对较小，为使风道空气流通，也应采用较高的架空层，反之可采用较低的架空层。按规范规定：架空隔热屋面的架空隔热层高度宜为100~300mm；架空板与女儿墙的距离不宜小于250mm，间距过宽将降低架空隔热的作用。同时，在架空层中为达到散热效果，不能有堵塞现象。架空隔热层的进风口宜设置在当地夏季主导风向的正压区；出风口设在负压区。北方严寒地区不宜采用（图7-44）。

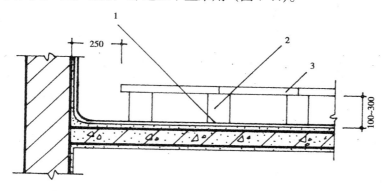

图 7-44　架空隔垫屋面构造（单位：mm）
1—防水层；2—支座；3—架空板

（2）蓄水隔热屋面构造

蓄水屋面主要在我国南方地区使用，它对太阳辐射有一定反射作用，热稳定性和蒸发散热效果也较好。但不宜在地震区和震动较大的建筑物上使用，否则一旦屋面产生裂缝会造成渗漏。

蓄水屋面的蓄水深度一般为150~200mm，其屋面坡度不宜大于0.5%。当屋面较大时，蓄水屋面应划分成若干蓄水区，每边的边长不宜大于10m；遇有变形缝处，应在变形缝的两侧分成两个互不连通的蓄水区；当长度超过40m的蓄水屋面，还应在横向设置一道伸缩缝。为便于检修，在蓄水屋面上还应考虑设置人行通道。在蓄水屋面上要求将防水层高度高出溢水口100mm；对各种排水管、溢水口设计均应预留孔洞；管道穿越处应做好密封防水。每个蓄水区的防水混凝土必须一次浇筑完成，并经养护后方可

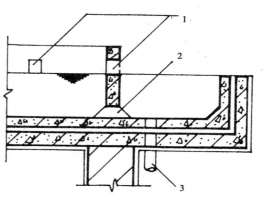

图 7-45　蓄水屋面排水管，过水孔构造
1—溢水口；2—过水孔；3—排水管

蓄水。在使用过程中不可断水，并防止排水系统堵塞，造成干涸之后极易造成刚性防水层产生裂缝、渗漏（图7-45，图7-46）。

（3）种植隔热屋面构造

种植屋面也是隔热屋面的一种形式。种植屋面的构造可根据不同的种植介质确定。种植介质分有土种植（包括炉渣与土的混合）和无土种植（蛭石、珍珠岩、锯末）等两类。种植屋面覆盖土层的厚度、重量要符合设计要求。用于种植屋面的坡度不宜大于3%。

种植屋面四周应设置砖砌挡墙，挡墙下部设泄水孔和天沟。当种植屋面为柔性防水层时，上部还应设置一层刚性保护层，种植屋面泛水的防水层高度应高出溢水口

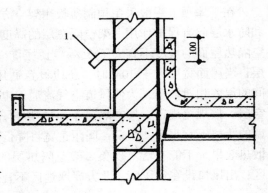

图 7-46　蓄水屋面溢水口构造（单位：mm）
1—溢水管

100mm。为方便维修，设计还应考虑设置人行通道。在种植屋面覆土前，为确保屋面防水质量应进行一次蓄水试验，其静置时间不小于 24h，当确认无渗漏时方可覆土（图 7-47）。

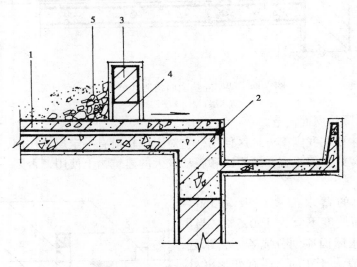

图 7-47　种植屋面构造
1—细石混凝土防水层；2—密封材料；3—砖砌挡墙；4—泄水孔；5—种植介质

### 复习思考题

1. 屋顶由哪几部分组成？它们的主要功能是什么？

2. 屋顶设计应满足哪些要求？

3. 影响屋顶坡度的因素有哪些？如何形成屋顶的排水坡度？简述各种方法的优缺点。

4. 屋顶排水方式有哪几种？简述各自的优缺点和适用范围。

5. 屋顶排水组织设计主要包含哪些内容？分别有哪些具体要求？

6. 何谓刚性防水屋面？其基本构造层次有哪些？各层如何做法？

7. 刚性防水屋面设置分格缝的目的是什么？通常在哪些部位设置分格缝？其构造要点有哪些？注意识记典型构造图。

8. 刚性防水屋面的泛水、檐口、雨水口细部构造要点是什么？注意识记典型构造图。

9. 何谓柔性防水屋面？其基本构造层次有哪些？各层次的作用是什么？分别可采用哪些材料做法？

10. 柔性防水屋面的细部构造主要包括哪些内容？各自的构造要点是什么？注意识记典型构造图。

# 第八章 楼梯、电梯

两层以上的房屋就需要有上、下的垂直交通设施。楼梯和电梯是联系房屋上下各层的垂直交通设施。有些建筑，如医院、疗养院、幼儿园等，由于特殊需要（如医院在没有电梯的情况下，疗养人员、幼儿行走楼梯不方便等），常设置坡道联系上下各层，所以坡道是楼梯的一种特殊形式。在房屋中同一层地面有高差或室内外地面有高差时，要设置台阶联系同一层中不同标高的地面，因此台阶也是楼梯的一种特殊形式。

高层建筑上下各层的联系主要靠电梯，在人流较大的公共建筑中可设置自动扶梯。设有电梯或自动扶梯的建筑，也必须同时设置楼梯。

## 第一节 楼梯的组成及形式

### 一、楼梯的组成

楼梯一般由楼梯段、楼梯平台、楼梯栏杆（板）及扶手等部分组成（图 8-1）。

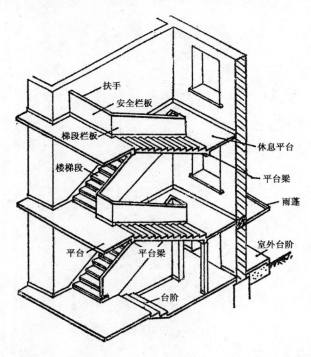

图 8-1 楼梯的组成

### （一）楼梯段

楼梯段由踏步和斜梁组成。斜梁支承踏步荷载，传至平台梁及楼面梁上，它是楼梯

· 156 ·

的主要承重构件。踏步的水平面叫踏面，垂直面叫踢面。每一个楼梯段的踏步数量一般不应超过 18 级，由于人行走的习惯，楼梯段踏步数也不宜少于 3 级。

（二）楼梯平台

楼梯平台位于两个楼梯段之间，主要用来缓解疲劳，使人们在上楼过程中得到暂时的休息。楼梯平台也起着楼梯段之间的联系作用。

（三）栏杆与栏板

栏杆在楼梯段和平台的临空边缘设置，保证人们在楼梯上行走的安全。

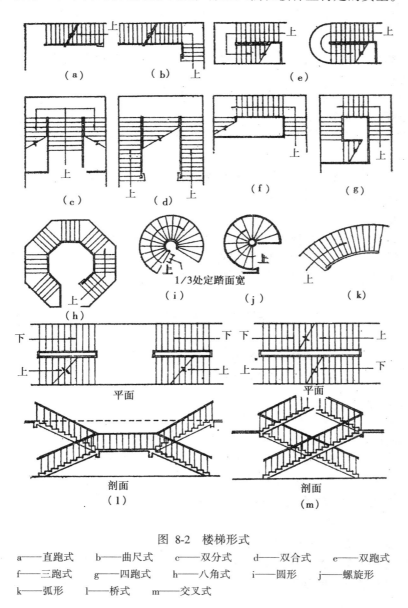

图 8-2 楼梯形式

a——直跑式　　 b——曲尺式　　 c——双分式　　 d——双合式　　 e——双跑式

f——三跑式　　 g——四跑式　　 h——八角式　　 i——圆形　　 j——螺旋形

k——弧形　　 l——桥式　　 m——交叉式

（四）扶手

· 157 ·

在栏杆或栏板上的上端安设扶手，做上下楼梯时依扶之用，同时也增加楼梯的美观。

## 二、楼梯的形式

楼梯的形式很多，主要是根据使用要求确定的。由于楼梯段形式与平台的相对位置的不同，形成了不同的楼梯形式，如图 8-2 所示。

当楼层层高较小时，常采用单跑楼梯，即从楼下第一个踏步起一个方向直达楼上，它只有一个楼梯段，中间没有休息平台，因此踏步不宜过多。楼梯所占楼梯间的宽度较小，长度较大，不适用于层高较大的房屋。

双跑楼梯是一般建筑物中普遍采用的一种形式。它是双梯段并列式楼梯，又称双折式楼梯。由于第二跑楼梯折回，所以占用楼梯间的长度较小，与一般房间的进深大体一致，便于进行房屋平面布置。

双分式和双合式楼梯相当于两个双跑式楼梯并在一起，一般用于公共建筑。

曲尺式楼梯常用于住宅户内，适于布置在房间的一角，楼梯下的空间可以充分利用。

三跑式、四跑式楼梯，一般用于楼梯间接近正方形的公共建筑。这种楼梯形式构成了较大的楼梯井，所以不能用于住宅、小学校等儿童经常上下楼梯的建筑，否则应有可靠的安全措施。

弧线形、圆形、螺旋形等曲线形楼梯采用较少，一般公共建筑可根据需要选用。

桥式楼梯相当于两个双跑式楼梯对接，多用于公共建筑。交叉式楼梯相当于两个单跑式楼梯交叉设置，个别居住建筑有时采用这种楼梯形式。

## 第二节　楼梯设计

楼梯设计必须符合一系列的有关规范的规定，例如与建筑物性质、等级、防火有关的规范等等。在进行设计前必须熟悉规范的要求。

### 一、楼梯的主要尺寸

（一）楼梯坡度和踏步尺寸

楼梯的坡度是指梯段中各级踏步前缘的假定连线与水平面形成的夹角。楼梯的坡度大小应适中，坡度过大，行走易疲劳；坡度过小，楼梯占用的面积增加，不经济。楼梯的坡度范围在 23°～45°之间，最适宜的坡度为 30°左右。坡度较小时（小于 10°）可将楼梯改坡道。坡度大于 45°为爬梯。楼梯、爬梯、坡道等的坡度范围见图 8-3。

楼梯坡度应根据使用要求和行走舒适性等方面来确定。公共建筑的楼梯，一般人流较多，坡度应较平缓，常在 26°34′左右。住宅中的公用楼梯通常人流较少，坡度可稍陡些，多用 33°42′左右。楼梯坡度一般不宜超过 38°，供少量人流通行的内部交通楼梯，坡度可适当加大。

用角度表示楼梯的坡度虽然准确、形象，但不宜在实际工程中操作，因此我们经常用踏步的尺寸来表述楼梯的坡度。

踏步是由踏面（$b$）和踢面（$h$）组成（图8-4a），踏面（踏步宽度）与成人男子的平均脚长相适应，一般不宜小于 250mm，常用 260～320mm。为了适应人们上下楼时脚的活动情况，踏面宜适当宽一些。在不改变梯段长度的情况下，为加宽踏面，可将踏步的前缘挑挑出，形成突缘，突缘挑出长度一般为 20～30mm，也可将踢面做成倾斜（图8-4b、c）。踏步高度一般宜在 140～175mm 之间，各级踏步高度均应相同。在通常情况下可根据经验公式来取值，常用公式为：

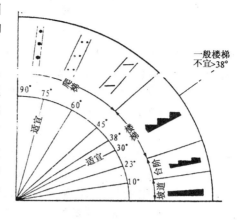

图 8-3　楼梯、爬梯及坡道的坡度范围

$$b + 2h = 600mm$$

式中　$b$——踏步宽度（踏面）；

　　　$h$——踏步高度（踢面）；

600mm——女子的平均步距。

$b$ 与 $h$ 也可以从表 8-1 中找到较为适合的数据。

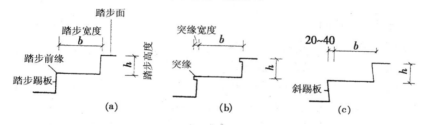

图 8-4　踏步形式和尺寸

（a）无突缘；（b）有突缘（直踢板）；（c）有突缘（斜踢板）

表 8-1　常用适宜踏步尺寸

| 名称 | 住宅 | 学校、办公楼 | 剧院、会堂 | 医院（病人用） | 幼儿园 |
|---|---|---|---|---|---|
| 踏步高 $h$（mm） | 150～175 | 140～160 | 120～150 | 150 | 120～150 |
| 踏步宽 $b$（mm） | 250～300 | 280～340 | 300～350 | 300 | 260～300 |

对于诸如弧形楼梯这样踏步两端宽度不一，特别是内径较小的楼梯来说，为了行走的安全，往往需要将梯段的宽度加大。即当梯段的宽度≤1 100mm 时，以梯段的中线为衡量标准，当梯段的宽度>1 100mm 时，以距其内侧 500～550mm 处为衡量标准来作为踏面的有效宽度。

（二）梯段和平台的尺寸

梯段的宽度取决于同时通过的人流股数及是否有家具、设备经常通过。有关的规范一般限定其下限，对具体情况需作具体分析，其中舒适程度以及楼梯在整个空间中尺度、比例合适与否都是经常考虑的因素。表 8-2 提供了梯段宽度的设计依据。

为方便施工，在钢筋混凝土现浇楼梯的两梯段之间应有一定的距离，这个宽度叫梯井，其尺寸一般为 150～200mm。

梯段的长度取决于该段的踏步数及其踏面宽。平面上用线来反映高差，因此如果某梯段有 $n$ 步台阶的话，该梯段的长度为 $b×（n-1）$。在一般情况下，特别是公共建筑的楼梯，一个梯段不应少于 3 步（易被忽视），也不应多于 18 步（行走疲劳）。

平台的深度应不小于梯段的宽度。另外在下列情况下应适当加大平台深度，以防碰撞。

（1）梯段较窄而楼梯的通行人流较多时。

（2）楼梯平台通向多个出入口或有门向平台方向开启时。

（3）有突出的结构构件影响到平台的实际深度时（图 8-5）。

**表 8-2　楼梯梯段宽度　　　　mm**

计算依据：每股人流宽度为 550 +（0～150）

| 类别 | 梯段度 | 备　注 |
| --- | --- | --- |
| 单人通过 | >900 | 满足单人携物通过 |
| 双人通过 | 1 100～1 400 | |
| 三人通过 | 1 650～2 100 | |

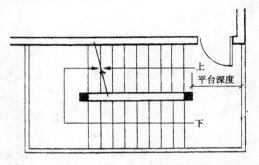

图 8-5　结构对平台深度的影响

**（三）楼梯栏杆扶手的尺寸**

楼梯栏杆扶手的高度是指从踏步前缘至扶手上表面的垂直距离。一般室内楼梯栏杆扶手的高度不宜小于 900mm（通常取 900mm）。室外楼梯栏杆扶手高度（特别是消防楼梯）应不小于 1 100mm。在幼儿建筑中，需要在 600mm 左右高度再增设一道扶手，以适应儿童的身高（图 8-6）。另外，与楼梯有关的水平扩身栏杆应不低于 1 050mm。当楼梯段的宽度大于 1 650mm 时，应增设靠墙扶手。楼梯段宽度超过 2 200mm 时，还应增设中间扶手。

**（四）楼梯下部净高的控制**

楼梯下部净高的控制不但关系到行走安全，而且在很多情况下涉及到楼梯下面空间的利用以及通行的可能性，它是楼梯设计中的重点也是难点。楼梯下的净高包括梯段部位和平台部位，其中梯段部位净高不应小于 2 200mm，若楼梯平台下做通道时，平台中部位下净高应不小于 2 000mm（图 8-7a、b）。为使平台下净高满足要求，可以采用以下几种处理方法：

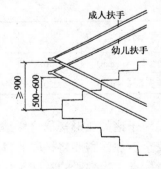

图 8-6　栏杆扶手高度

（1）降低平台下地坪标高

充分利用室内外高差，将部分室外台阶移至室内，为防止雨水流入室内，应使室内最低点的标高高出室外地面标高不小于 0.1m。

（2）采用不等级数

增加底层楼梯第一个梯段的踏步数量，使底层楼梯的两个梯段形成长短跑，以此抬高底层休息平台的标高。当楼梯间进深不够布置加长后的梯段时，可以将休息平台外挑

（图 8-8）。

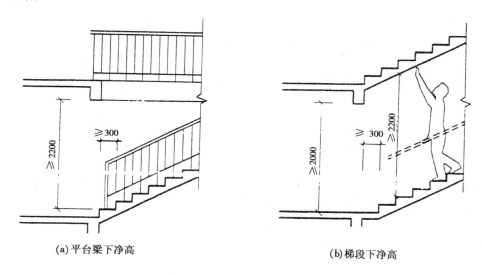

(a)平台梁下净高          (b)梯段下净高

图 8-7　楼梯下面净空高度控制

　　在实际工程中，经常将以上两种方法结合起来统筹考虑，解决楼梯下部通道的高度问题。

（3）底层采用直跑楼梯

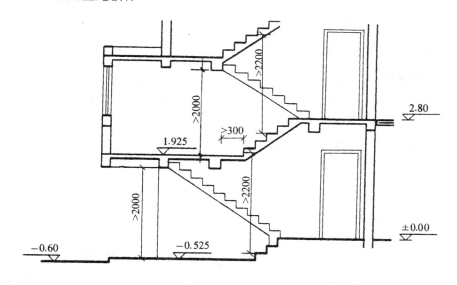

图 8-8　采用不等梯级数的梯段

　　当底层层高较低（不大于 3 000mm）时可将底层楼梯由双跑改为直跑，二层以上恢复双跑。这样做可将平台下的高度问题较好地解决，但应注意其可行性（图 8-9）。

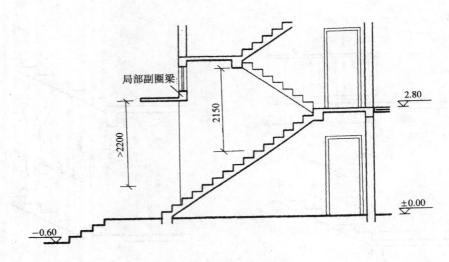

图 8-9　采用直跑楼梯

## 第三节　钢筋混凝土楼梯

钢筋混凝土楼梯具有较好的结构刚度和耐久、耐火性能，并且在施工、造型和造价等方面也有较多优点，故应用最为普遍。

钢筋混凝土楼梯按施工方法不同，主要有现浇整体式和预制装配式两类。

### 一、现浇整体式钢筋混凝土楼梯

现浇钢筋混凝土楼梯的整体性好，刚度大，有利于抗震，但模板耗费大，施工期较长。一般适用于抗震要求高、楼梯形式和尺寸特殊或施工吊装有困难的建筑。

现浇钢筋混凝土楼梯按梯段的结构形式不同，有板式楼梯和梁式楼梯两种。

（一）板式楼梯

整个梯段是一块斜放的板，称为梯段板。板式楼梯通常由梯段板、平台梁和平台板组成。梯段板承受梯段的全部荷载，通过平台梁将荷载传给墙体（图 8-10a）。必要时，也可取消梯段板一端或两端的平台梁，使梯段板与平台板连成一体，形成折线形的板直接支承于墙上（图 8-10b）。

板式楼梯的梯段底面平整，外形简洁，便于支模施工。但是，当梯段跨度较大时，梯段板较厚，自重较大，钢材和混凝土用量较多，不经济。当梯段跨度不大时（一般不超过 3m），常采用板式楼梯。

（二）梁式楼梯

楼梯梯段是由踏步板和梯段斜梁（简称梯梁）组成。梯段的荷载由踏步板传递给梯梁，再通过平台梁将荷载传给墙体。

梯梁通常设两根，分别布置在踏步板的两端。梯梁与踏步板在竖向的相对位置有两种：一种是梯梁在踏步板之下，踏步外露，称为明步（图 8-11a）；另一种是梯梁在踏步板之上，形成反梁，踏步包在里面，称为暗步（图 8-11b）。

梯梁也可只设一根，通常有两种形式：一种是踏步板的一端设梯梁，另一端搁置在墙上，省去一根梯梁，可节省用料和模板，但施工不便；另一种是用单梁悬挑踏步板，即梯梁布置在踏步板中部或一端，踏步板悬挑，这种形式的楼梯结构受力较复杂，但外形独特，一般适用于通行量小、梯段宽度和荷载不大的楼梯。

梁式楼梯比板式楼梯的钢材和混凝土用量少、自重轻，但支模和施工较复杂。当荷载或梯段跨度较大时，采用梁式楼梯比较经济。

### 二、预制装配式钢筋混凝土楼梯

预制装配式钢筋混凝土楼梯现场湿作业少，施工速度较快，故应用较广。为适应不同的生产、运输和吊装能力，预制装配式钢筋混凝土楼梯有小型、中型和大型预制构件之分。

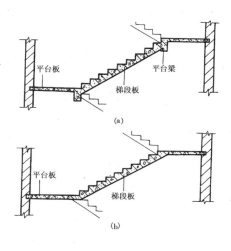

图 8-10　现浇钢筋混凝土板式楼梯

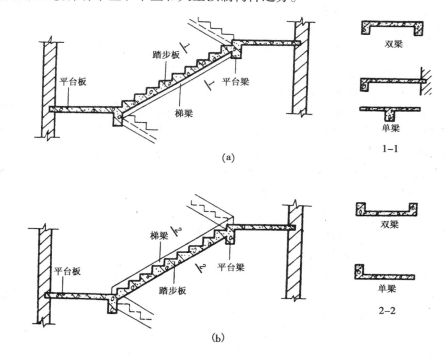

图 8-11　现浇钢筋混凝土梁式楼梯
（a）明步楼梯；（b）暗步楼梯

### （一）小型构件装配式楼梯

小型构件装配式楼梯，是将楼梯的梯段和平台划分成若干部分，分别预制成小构件装配而成。由于各构件的尺寸小、重量轻，制作、运输和安装简便，造价较低，但构件数量多，施工速度较慢，适用于施工吊装能力较差的情况。

小型构件装配式楼梯的主要预制构件是踏步和平台板。

1. 预制踏步

钢筋混凝土预制踏步的断面形式有三角形、L形和一字形三种（图8-12）。

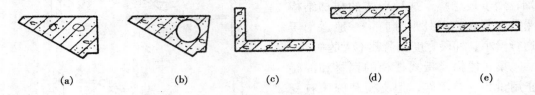

图 8-12　预制踏步的形式
(a) 实心三角形踏步；(b) 空心三角形踏步；(c) 正置 L 形踏步；
(d) 倒置 L 形踏步；(e) 一字形踏步

三角形踏步拼装后底面平整。实心三角形踏步自重较大，为减轻自重，可将踏步内抽孔，形成空心三角形踏步。

L形踏步自重较轻、用料较省，但拼装后底面形成折板形，容易积灰。L形踏步的搁置方式有两种：一种是正置，即踢板朝上搁置；另一种是倒置，即踢板朝下搁置。

一字形踏步只有踏板没有踢板，制作简单，拼装后漏空、轻巧，但容易落灰。必要时，可用砖补砌踢板。

预制踏步的支承方式主要有梁承式、墙承式和悬挑式三种。

(1) 梁承式楼梯：是指预制踏步支承在梯梁上，形成梁式梯段，梯梁支承在平台梁上。任何一种形式的预制踏步都可采用这种支承方式。

梯梁的形式，视踏步形式而定。三角形踏步一般采用矩形梯梁，楼梯为暗步时，可采用L形梯梁。L形和一字形踏步应采用锯齿形梯梁。预制踏步在安装时，踏步之间以及踏步与梯梁之间应用水泥砂浆坐浆。L形和一字形踏步预留孔洞，与锯齿形梯梁上预埋的插铁套接，孔内用水泥砂浆填实。

平台梁一般为L形断面，将梯梁搁置在L形平台梁的翼缘上，或在矩形断面平台梁的两端局部做成L形断面，形成缺口，将梯梁插入缺口内。这样，不会由于梯梁的搁置，导致平台梁底面标高降低而影响平台净高。梯梁与平台梁的连接，一般采用预埋铁件焊接，或预留孔洞和插铁套接。

预制踏步梁承式楼梯构造见图8-13。

(2) 墙承式楼梯：是将预制踏步的两端支承在墙上，将荷载直接传递给两侧的墙体。预制踏步一般采用L形，或加砌立砖做踢板的一字形。

墙承式楼梯不需要设梯梁和平台梁，故构造简单，制作、安装简便，节约材料，造价低。这种支承方式，主要适用于直跑楼梯。若为双跑平行楼梯，则需要在楼梯间中部设墙，以支承踏步，但造成楼梯间的空间狭窄，视线受阻，给人流通行和家具设备搬运带来不便。为减少视线遮挡，避免碰撞，可在墙上适当部位开设观察孔（图8-14）。

(3) 悬挑式楼梯：是将踏步的一端固定在墙上，另一端悬挑，利用悬挑的踏步承受梯段全部荷载，并直接传递给墙体。预制踏步采用L形或一字形。从结构方面考虑，楼梯间两侧的墙体厚度不应小于240mm，踏步悬挑长度即梯段宽度一般不超过1 500mm。

悬挑式楼梯不设梯梁和平台梁，构造简单，造价低，且外形轻巧。预制踏步安装

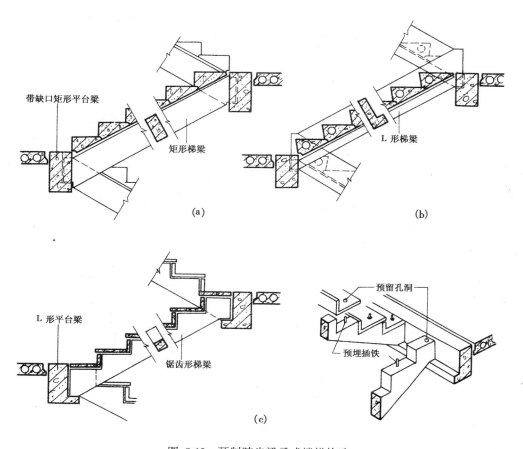

图 8-13 预制踏步梁承式楼梯构造

(a) 三角形踏步与矩形梯梁组合（明步楼梯）；(b) 三角形踏步与 L 形梯梁组合（暗步楼梯）；

(c) L 形（或一字形）踏步与锯齿形梯梁组合

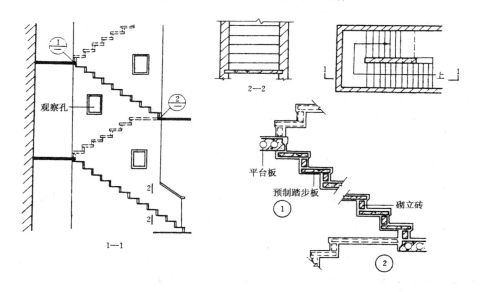

图 8-14 预制踏步墙承式楼梯构造

时，须在踏步临空一端设临时支撑，以防倾覆，故施工较麻烦。另外，受结构方面的限制较大，抗震性能较差，地震区不宜采用，通常适用于非地震区、梯段宽度不大的楼梯。

预制踏步悬挑式楼梯构造见图8-15。

2. 平台板

平台板通常采用预制钢筋混凝土空心板或槽形板，两端直接支承在楼梯间的横墙上（图8-16a）。对于梁承式楼梯，平台板也可采用小型预制平板，支承在平台梁和楼梯间的纵墙上（图8-16b）。

（二）中型构件装配式楼梯

中型构件装配式楼梯，是把楼梯梯段和平台各预制成一个构件装配而成。与小型构件装配式楼梯相比，构件的种类和数量少，可以简化施工，减轻劳动强度，加快施工速度，但要求有一定的施工吊装能力。

1. 预制梯段

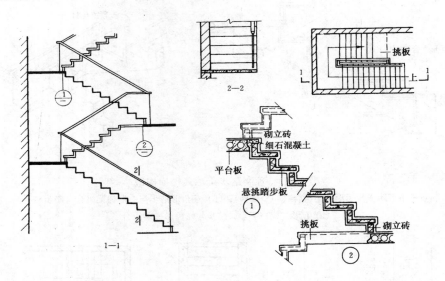

图 8-15 预制踏步悬挑式楼梯构造

是将整个梯段预制成一个构件。按其结构形式不同，有板式梯段和梁式梯段两种。

（1）板式梯段：梯段为预制成整体的梯段板，两端搁置在平台梁出挑的翼缘上，将梯段荷载直接传递给平台梁。

板式梯段按构造方式不同，有实心和空心两种类型。实心梯段板自重较大（图8-17a），在吊装能力不足时，可沿梯段宽度方向分块预制，安装时拼接成整体。为减轻梯段自重，可将板内抽孔，形成空心梯段板（图8-17b）。空心梯段板有横向抽孔和纵向抽孔两种，横向抽孔制作方便，应用较广，梯段板厚度较大时，可以纵向抽孔。

（2）梁式梯段：是将由踏步板和梯梁组成的梯段预制成一个构件，一般采用暗步，即梯梁上翻包住踏步，形成槽板式梯段。通常将踏步根部的踏步面与踢板相交处做成平行于踏步板底面的斜面，这样，在踏步连接处的厚度不变的情况下，可使整个梯段底面上升，从而减少混凝土用量，减轻梯段自重。梯段形式有实心、空心和折板形三种。空

· 166 ·

心梁式梯段只能横向抽孔。折板形梁式梯段是用料最省、自重最轻的一种形式，但梯段底面不平整，容易积灰，且制作工艺复杂（图8-18）。

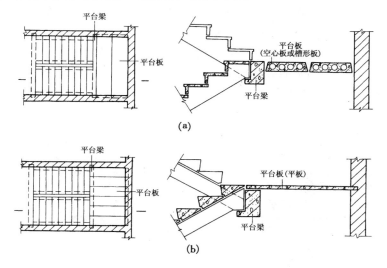

图 8-16　平台板的布置

## 2. 平台板

通常将平台板和平台梁组合在一起预制成一个构件，形成带梁的平台板。这种平台板一般采用槽形板，将与梯段连接一侧的板肋做成L形梁即可，如图8-17（a）所示。

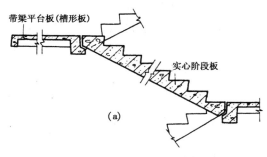

在生产、吊装能力不足时，可将平台板和平台梁分开预制，平台梁采用L形断面，平台板可用普通的预制钢筋混凝土楼板，两端支承在楼梯间横墙上，如图8-17（b）所示。

## 3. 梯段的搁置

梯段两端搁置在平台梁上，平台梁的断面形式通常为L形，L形平台梁出挑的翼缘

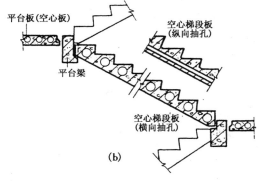

图 8-17　预制板式梯段与平台

（a）实心梯段板与带梁平台板（槽形板）；

（b）空心梯段板与平台梁、平台板（空心板）

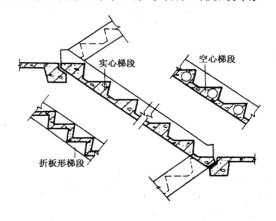

图 8-18　预制梁式梯段

167

顶面有平面和斜面两种。平顶面翼缘使梯段搁置处的构造较复杂（图 8-19a），而斜顶面翼缘简化了梯段搁置构造，便于制作安装，使用较多（图 8-19b）。

梯段搁置处，除有可靠的支承面外，还应将梯段与平台梁连接在一起，以加强整体性。通常在梯段安装前铺设水泥砂浆坐浆，使构件间的接触面贴紧，受力均匀。安装后用预埋铁件焊接的方式将梯段和平台梁连接在一起，或安装时将梯段预留孔套接在平台梁的预埋插铁上，孔内用水泥砂浆填实，如图 8-19 （a）、（b）所示。

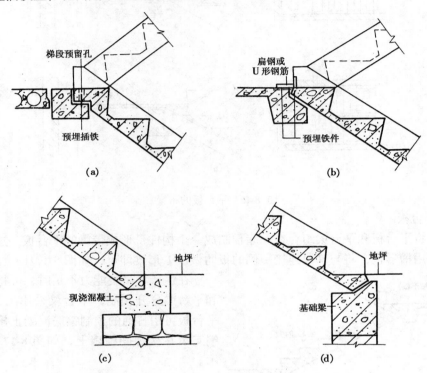

图 8-19　梯段的搁置与连接构造

（a）梯段与平台梁的连接（套接）；（b）梯段与平台梁的连接（焊接）；
（c）梯段与基础的连接；（d）梯段与基础梁的连接

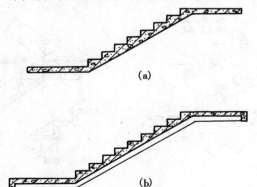

图 8-20　大型构件装配式楼梯形式

（a）板式楼梯；（b）梁式楼梯

底层第一跑楼梯段的下端应设基础或基础梁，以支承梯段，如混凝土基础、毛石基础、砖基础或钢筋混凝土基础梁等（图8-19c、d）。

（三）大型构件装配式楼梯

大型构件装配式楼梯，是把整个梯段和平台预制成一个构件。按结构形式不同，有板式楼梯和梁式楼梯两种（图8-20）。

这种楼梯的构件数量少，装配化程度高，施工速度快，但施工时需要大型的起重运输设备，主要用于大型装配式建筑中。

<h2>第四节　楼梯细部构造</h2>

### 一、踏步面层及防滑构造

楼梯踏步面层应便于行走、耐磨、防滑并易于清洁。踏步面层的材料，视装修要求而定，一般与门厅或走道的楼地面材料一致，常用的有水泥砂浆、水磨石、大理石和缸砖等（图8-21）。

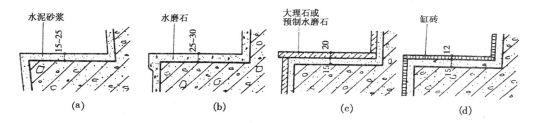

图 8-21　踏步面层构造

（a）水泥砂浆面层；（b）水磨石面层；（c）天然石或人造石面层；（d）缸砖面层

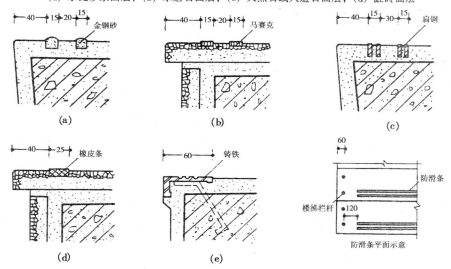

图 8-22　踏步防滑构造

（a）金钢砂防滑条；（b）马赛克防滑条；（c）扁钢防滑条；（d）橡皮条防滑条；（e）铸铁防滑包口

为防止行人使用楼梯时滑跌，踏步表面应有防滑措施，特别是人流量大或踏步表面光滑的楼梯，必须对踏步表面进行防滑处理。通常在踏步近踏口处设防滑条，防滑条的材料有金刚砂、马赛克、橡皮条和金属材料等。也可用带槽的金属材料等包踏口，既防滑又起保护作用。在踏步两端近栏杆（或墙）处，一般不设防滑条（图8-22）。

## 二、栏杆和扶手

栏杆扶手是楼梯边沿处的围护构件，具有防护和依扶功能，并兼起装饰作用。栏杆扶手通常只在楼梯梯段和平台临空一侧设置。梯段宽度达三股人流时，应在靠墙一侧增设扶手，即靠墙扶手；梯段宽度达四股人流时，须在中间增设栏杆扶手。栏杆扶手的设计，应考虑坚固安全、适用、美观等。

（一）栏杆

楼梯栏杆有空花栏杆、栏板式栏杆和组合式栏杆三种。

1. 空花栏杆

空花栏杆一般采用圆钢、方钢、扁钢和钢管等金属材料做成。常用的栏杆断面尺寸为圆钢 φ16～φ25mm，方钢 15mm×15mm～25mm×25mm，扁钢 （30～50）mm×（3～6）mm，钢管 φ20～φ50mm。

有儿童活动的场所，如幼儿园、住宅等建筑，为防止儿童穿过栏杆空挡发生危险，栏杆垂直杆件间的净距不应大于110mm，且不应采用易于攀登的花饰。

空花栏杆形式见图8-23。

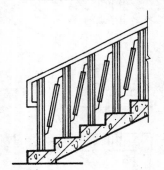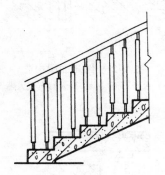

图 8-23　空花栏杆形式示例

栏杆与梯段应有可靠的连接，连接方法主要有以下几种：

（1）预埋铁件焊接：将栏杆的立杆与梯段中预埋的钢板或套管焊接在一起（图8-24a）。

（2）预留孔洞插接：将端部做成开脚或倒刺的栏杆插入梯段预留的孔洞内，用水泥砂浆或细石混凝土填实（图8-24b）。

（3）螺栓连接：用螺栓将栏杆固定在梯段上，固定方式有若干种，如用板底螺帽栓紧贯穿踏板的栏杆等（图8-24c）。

2. 栏板式栏杆

栏板通常采用现浇或预制的钢筋混凝土板、钢丝网水泥板或砖砌栏板，也可采用具有较好装饰性的有机玻璃、钢化玻璃等作栏板。

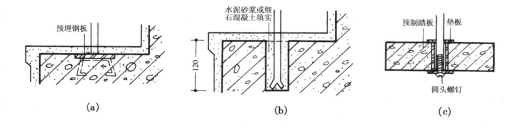

图 8-24 栏杆与梯段的连接

（a）预埋铁件焊接；（b）预留孔洞插接；（c）螺栓连接

钢丝网水泥栏板是在钢筋骨架的侧面先铺钢丝网，后抹水泥砂浆而成（图 8-25a）。

砖砌栏板是用砖侧砌成 1/4 砖厚，为增加其整体性和稳定性，通常在栏板中加设钢筋网，并用现浇的钢筋混凝土扶手连成整体（图 8-25b）。

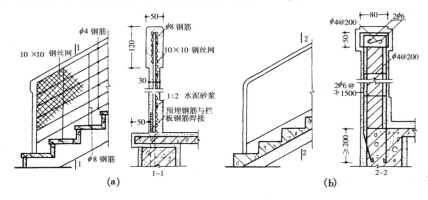

图 8-25 栏板式栏杆

（a）钢丝网水泥栏板；（b）砖砌栏板（60mm 厚）

### 3. 组合式栏杆

组合式栏杆是将空花栏杆与栏板组合而成的一种栏杆形式。空花栏杆多用金属材料制作，栏板可用钢筋混凝土板或砖砌栏杆，也可用有机玻璃、钢化玻璃和塑料板等（图 8-26）。

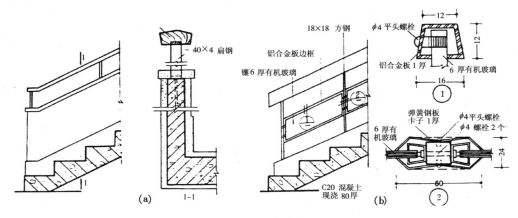

图 8-26 组合式栏杆

（a）金属栏杆与钢筋混凝土栏板组合；（b）金属栏杆与有机玻璃板组合

（二）扶手

扶手位于栏杆顶部。空花栏杆顶部的扶手一般采用硬木、塑料和金属材料制作，其中硬木扶手应用最普遍。当装修标准较高时，可用金属扶手，如钢管扶手、铝合金扶手等。扶手的断面形式和尺寸应便于手握抓牢，扶手顶面宽度一般 40～90mm（图 8-27a、b、c）。栏板顶部的扶手可用水泥砂浆或水磨石抹面而成，也可用大理石板、预制水磨石板或木板贴面而成（图 8-27d、e、f）。

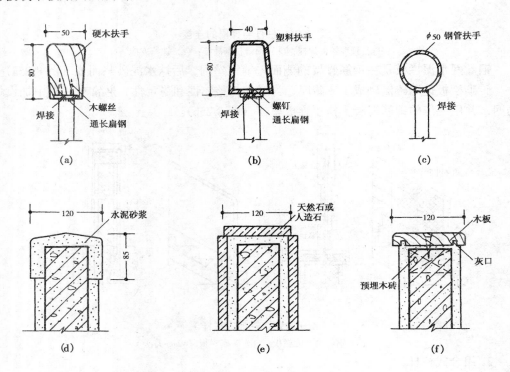

图 8-27 扶手的形式

(a) 硬木扶手；(b) 塑料扶手；(c) 金属扶手；(d) 水泥砂浆（水磨石）扶手；

(e) 天然石（或人造石）扶手；(f) 木板扶手

扶手与栏杆应有可靠的连接，连接方法视扶手材料而定。硬木扶手与金属栏杆的连接，通常是在金属栏杆的顶端先焊接一根通长扁钢，然后用木螺丝将扁钢与扶手连接在一起。塑料扶手与金属栏杆的连接方法和硬木扶手类似。金属扶手与金属栏杆多用焊接。扶手与栏杆的连接构造如图 9-24 所示。

靠墙扶手是通过连接件固定于墙上。连接件通常直接埋入墙上的预留孔内，也可用预埋螺栓连接。连接件与扶手的连接构造同栏杆与扶手的连接（图 8-28）。

楼梯顶层的楼层平台临空一侧，应设置水平栏杆扶手，扶手端部与墙应固定在一起。一般在墙上预留孔洞，将连接扶手和栏杆的扁钢插入洞内，用水泥砂浆或细石混凝土填实。也可将扁钢用木螺丝固定于墙内预埋的防腐木砖上。若为钢筋混凝土墙或柱，则可预埋铁件焊接（图 8-29）。

（三）栏杆扶手的转弯处理

在平行楼梯的平台转弯处，当上下行梯段的第一个踏步口相平齐时，为保持上下行

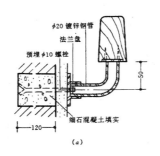
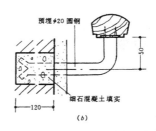

图 8-28 靠墙扶手

(a) 预埋螺栓；(b) 预埋连接件

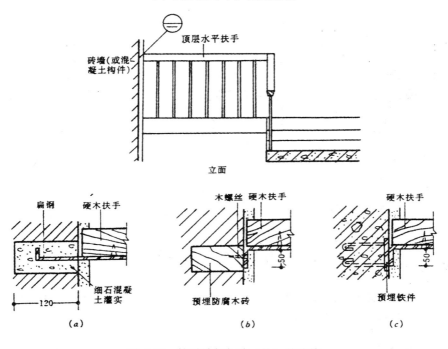

图 8-29 扶手端部与墙（柱）的连接

(a) 预留孔洞插接；(b) 预埋防腐木砖木螺丝连接；(c) 预埋铁件焊接

梯段的扶手高度一致，常用的处理方法是将平台处的栏杆扶手设置在平台边缘以内半个踏步宽的位置上（图 8-30a）。这一位置，上下行梯段的扶手顶面标高刚好相同。这种处理方法，扶手连接简单，使用方便，弯头易于制作，省工省料。但由于栏杆扶手伸入平台半个踏步宽，使平台的通行宽度减小，在平台深度不大时，会给人流通行和家具设备搬运带来不便。

若不改变平台的通行宽度，则应将平台处的栏杆扶手紧靠平台边缘设置。但这一位置，上下行梯段的扶手顶面标高不同，形成高差。处理扶手高差的方法有几种，如采用鹤颈扶手（图 8-30b）。这种方法，扶手弯头制作费工费料，使用不便。也可采用上下扶手斜接或断开的处理方法。

若要平台边缘处上下行梯段的扶手顶面标高相同，可将上下行梯段错开一步（图 8-30c）。这种处理方法，扶手连接简单，使用方便，但增加了楼梯间的进深。

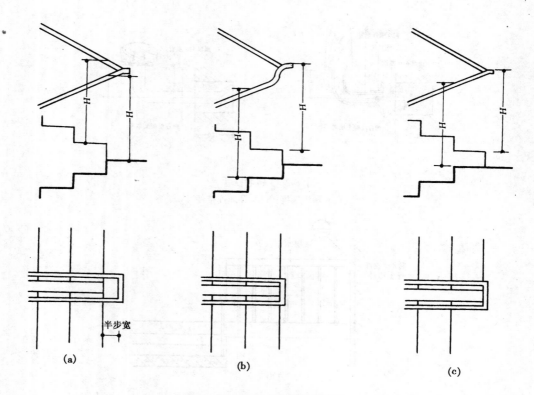

图 8-30 栏杆扶手转弯处理

(a) 栏杆扶手伸入平台半个踏步宽；(b) 鹤颈扶手；(c) 上下行梯段错开一步

## 第五节　台阶与坡道

室外台阶与坡道都是在建筑物人口处连接室内外不同标高地面的构件。其中台阶更为多用，当有车辆通行或室内外高差较小时采用坡道。

### 一、室外台阶

室外台阶一般包括踏步和平台两部分。台阶的坡度应比楼梯小，通常踏步高度为 100～150mm，踏步宽度为 300～400mm。平台设置在出入口与踏步之间，起缓冲过渡作用。平台深度一般不小于 1 000mm，为防止雨水积聚或溢水室内，平台面宜比室内地面低 20～60mm，并向外找坡 1%～4%，以利排水。

室外台阶应坚固耐磨，具有较好的耐久性、抗冻性和抗水性。台阶按材料不同有混凝土台阶、石台阶、钢筋混凝土台阶等。混凝土台阶应用最普遍，它由面层、混凝土结构层和垫层组成。面层可用水泥砂浆或水磨石，也可采用马赛克、天然石材或人造石材等块材面层，垫层可采用灰土（北方干燥地区）、碎石等（图 8-31a）。台阶也可用毛石或条石，其中条石台阶不需另做面层（图 8-31b）。当地基较差或踏步数较多时可采用钢筋混凝土台阶，钢筋混凝土台阶构造同楼梯（图 8-31c）。

为防止台阶与建筑物因沉降差别而出现裂缝，台阶应与建筑物主体之间设置沉降

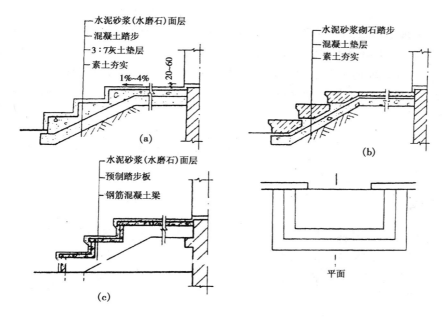

图 8-31　台阶类型及构造

（a）混凝土台阶；（b）石台阶；（c）钢筋混凝土架空台阶

缝，并应在施工时间上滞后主体建筑。在严寒地区，若台阶下面的地基为冻胀土，为保证台阶稳定，减轻冻土影响，可采用换土法，换上保水性差的砂、石类土，或采用钢筋混凝土架空台阶。

## 二、坡道

坡道的坡度与使用要求、面层材料及构造做法有关。坡道的坡度一般为 1:6 ~ 1:12，

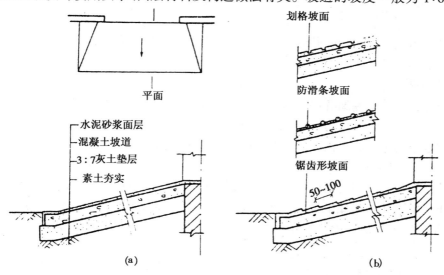

图 8-32　坡道构造

（a）混凝土坡道；（b）混凝土防滑坡道

面层光滑的坡道坡度不宜大于 1:10，粗糙或设有防滑条的坡道，坡度稍大，但也不应大于 1:6，锯齿形坡道的坡度可加大到 1:4。对于残疾人通行的坡道其坡度不大于 1:12，同时还规定与之相匹配的每段坡道的最大高度为 750mm，最大水平长度为 9000mm。

与台阶一样，坡道也应采用耐久、耐磨和抗冻性好的材料，其构造与台阶类似，多采用混凝土材料（图 8-32a）。坡道对防滑要求较高或坡度较大时可设置防滑条或做成锯齿形（图 8-32b）。

## 第六节　电梯与自动扶梯

### 一、电梯

在多层、高层、某些工厂、医院，为了上下运行方便、快速和实际需要，常设有电梯。电梯有载人、载货两大类，除普通乘客电梯外尚有医院专用电梯、消防电梯、观光电梯等。不同厂家提供的设备尺寸、运行速度及对土建的要求都不同，图 8-33 为不同类别电梯的平面示意图。

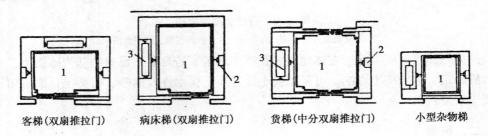

客梯(双扇推拉门)　病床梯(双扇推拉门)　货梯(中分双扇推拉门)　小型杂物梯

图 8-33　电梯分类与井道平面
1—电梯箱；2—导轨及撑架；3—平衡重

（一）电梯井道

电梯井道是电梯运行的通道，其内除电梯及出入口外尚安装有导轨，平衡重及缓冲器等（图 8-34）。

（1）井道的防火

井道是高层建筑穿通各层的垂直通道，火灾事故中火焰及烟气容易从中蔓延。因此井道围护构件应根据有关防火规定进行设计，较多采用钢筋混凝土墙。

高层建筑的电梯井道内，超过两部电梯时应用墙隔开。

（2）井道的隔声

为了减轻机器运行时对建筑物产生振动和噪声，应采取适当的隔振及隔声措施。一般情况下，只在机房机座下设置弹性垫层来达到隔振和隔声的目的（图 8-35a）。电梯运行速度超过 1.5m/s 者，除弹性垫层外，还应在机房与井道间设隔声层，高度为 1.5～1.8m（图 8-35）。

电梯井道外侧应避免作为居室，否则应注意设置隔声措施。最好楼板与井道壁脱开，另作隔声墙；简易者也有只在井道外加砌加气混凝土块衬墙。

（3）井道的通风

井道除设排烟通风口外，还要考虑电梯运行中井道内空气流动问题。一般运行速度在2m/s以上的乘客电梯，在井道的顶部和底坑应有不小于$300mm \times 600mm$的通风孔，上部可以和排烟孔（井道面积的3.5%）结合。层数较高的建筑，中间也可酌情增加通风孔。

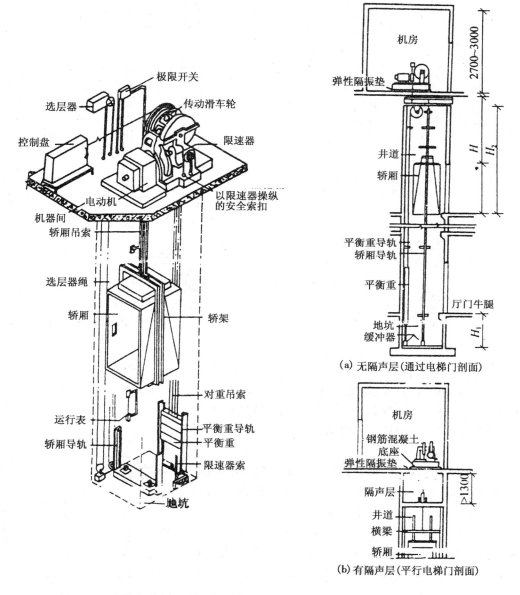

图 8-34 电梯井道内部透视示意图

图 8-35 电梯机房隔振、隔声处理

（4）井道的检修

井道内为了安装、检修和缓冲，井道的上下均须留有必要的空间（图8-34和图8-35），其尺寸与运行速度有关。

井道底坑壁及底均须考虑防水处理。消防电梯的井道底坑还应有排水设施。为便于

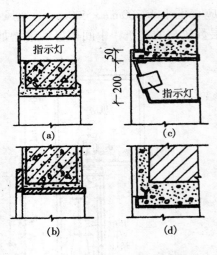

图 11-36 电梯厅门门套构造

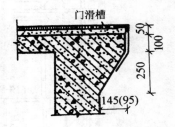

图 8-37 厅门牛腿滑槽构造
（括号内数字为中分式推拉门尺寸

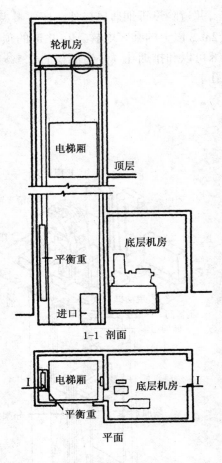

1—1 剖面

平面

图 8-38 底层机房电梯

检修，须考虑坑壁设置爬梯和检修灯槽，坑底位于地下室时，宜从侧面开一检修用小门，坑内预埋件按电梯厂要求确定。

（二）电梯门套

电梯厅电梯间门门套装修构造的做法应与电梯厅的装修统一考虑。可用水泥砂浆抹灰，水磨石或木板装修；高级的还可采用大理石或金属装修（图8-36）。

电梯门一般为双扇推拉门，宽 800～1 500mm，有中央分开推向两边的，和双扇推向同一边的两种。推拉门的滑槽通常安置在门套下楼板边梁如牛腿状挑出部分，构造如图8-37所示。

（三）电梯机房

电梯机房一般设置在电梯井道的顶部（图8-34），少数也有设在底层井道旁边者（图8-38）。机房的平面尺寸须根据机械设备尺寸的安排及管理、维修等需要来决定，一般至少有两个面每边扩出 600mm 以上的宽度（图8-39）。高度多为 2.5～3.5m。

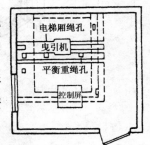

图 8-39 机房平面预留孔示例

机房的围护构件的防火要求应与井道一样。为了便于安装和修理，机房的楼板应按机器设备要求的部位预留孔洞。

## 二、自动扶梯

　　自动扶梯适用于车站、码头、空港、商场等人流量大的场所，是建筑物层间连续运输效率最高的载客设备，一般自动扶梯均可正、逆方向运行，停机时可当作临时楼梯行走。平面布置可单台设置或双台并列（图 8-40）。双台并列时往往采取一上一下的方式，求得垂直交通的连续性。但必须在二者之间留有足够的结构间距（目前有关规定为不小于 380mm），以保证装修的方便及使用者的安全。

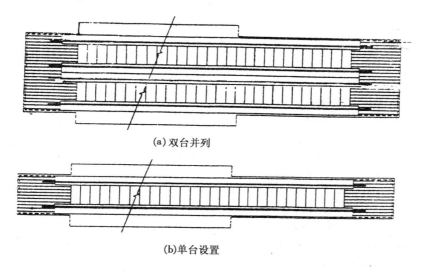

(a)双台并列

(b)单台设置

图 8-40　自动扶梯平面

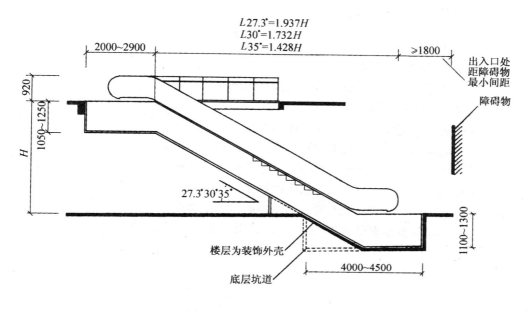

图 8-41　自动扶梯基本尺寸

自动扶梯的机械装置悬在楼板下面，楼层下做装饰外壳处理，底层则做地坑。在其机房上部自动扶梯口处应做活动地板，以利检修（图8-41）。地坑也应作防水处理。

表8-4提供部分生产厂商的自动扶梯规格尺寸，可作参考。

在建筑物中设置自动扶梯时，上下两层面积总和如超过防火分区面积要求时，应按防火要求设防火隔断或复合式防火卷帘封闭自动扶梯井。

表 8-4  自动扶梯主要规格尺寸         mm

| 公司名称 | 中国迅达电梯公司南方公司 | | 上海三菱电梯有限公司 | | 天津奥的斯电梯有限公司 | | 广州市电梯工业公司 | |
|---|---|---|---|---|---|---|---|---|
| 梯型 | 600 | 1 000 | 800 | 1 200 | 600 | 1 000 | 800 | 1 200 |
| 梯级宽 W | 600 | 1 000 | 610 | 1 010 | 600 | 1 000 | 604 | 1 004 |
| 倾斜角 | 27.3°、30°、35° | | | | 30° | 35° | | |
| 运转形式 | 单速上下可逆转 | | | | | | | |
| 运行速度 | 一般为 0.5m/s，0.65m/s | | | | | | | |
| 扶手形式 | 全透明、半透明、不透明 | | | | | | | |
| 最大提升高度（H） | 600（800）型一般为 3 000～11 000（提升高度超过标准产品时，可增加驱动级数）<br>1000（1200）型一般为 3 000～7 000 | | | | | | | |
| 输送能力 | 5 000 人/h（梯级宽 600、速度 0.5m/s）<br>8 000 人/h（梯级宽 1 000、速度 0.5m/s） | | | | | | | |
| 电源 | 动力：380V（50Hz）、功率一般为 7.5～15kW<br>照明：220V（50Hz） | | | | | | | |

注：①自动扶梯一般应布置在建筑物入口处经合理安排的交通流线上。
    ②在乘客经常有手提物品的客流高峰场合，以选用梯级宽 1 000mm 为宜。
    ③各公司自动扶梯尺寸稍有差别，设计时应以自动扶梯产品样本为准。
    ④条件许可时宜优先采用角度为 30°及 27.3°的自动扶梯。
    ⑤本表摘自《建筑设计手册》第二版第一册。

**复习思考题**

1．常见楼梯有哪些形式？

2．楼梯由哪些部分所组成？各组成部分起何作用？

3．楼梯设计的方法与步骤如何？

4．为什么平台宽度不得小于楼梯段的宽度？

5．楼梯坡度如何确定？与楼梯踏步有何关系？

6．楼梯平台下要求作通道又不能满足净高要求时，采取些什么办法予以解决？

7．楼梯为什么要设栏杆？栏杆扶手的高度一般为多少？

8．楼梯的净高一般指什么？要求楼梯净高一般是多少？

9．现浇钢筋混凝土楼梯常见的结构形式是哪几种？各有何特点？

# 第九章　变　形　缝

## 第一节　变形缝的作用、类型及要求

建筑物由于受温度变化、地基不均匀沉降以及地震的影响，结构内将产生附加的变形和应力，如不采取措施或措施不当，会使建筑物产生裂缝，甚至倒塌，影响使用与安全。为避免这种状态的发生，可以采取"阻"或"让"两种不同措施。前者是通过加强建筑物的整体性，使其具有足够的强度与刚度，以阻遏这种破坏；后者是在变形敏感部位将结构断开，预留缝隙，使建筑物各部分能自由变形，不受约束，即以退让的方式避免破坏。后种措施比较经济，常被采用，但在构造上必须对缝隙加以处理，满足使用和美观要求。建筑物中这种预留缝隙称为变形缝。

变形缝按其功能分三种类型，即伸缩缝、沉降缝和防震缝。

### 一、伸缩缝

建筑物处于温度变化之中，在昼夜温度循环和较长的冬夏季节循环作用下，其形状和尺寸因热胀冷缩而发生变化。当建筑物长度超过一定限度时，会因变形大而开裂。为避免这种现象，通常沿建筑物长度方向每隔一定距离预留缝隙，将建筑物断开。这种为适应温度变化而设置的缝隙称为伸缩缝，也称温度缝。

伸缩缝要求将建设物的墙体、楼层、屋顶等地面以上构件全部断开，基础因受温度变化影响较小，不必断开。

伸缩缝的设置间距，即建筑物的容许连续长度与结构所用的材料、结构类型、施工方式、建筑所处位置和环境有关。结构设计规范对砌体建筑和钢筋混凝土结构建筑中伸缩缝最大间距所作的规定见表 9-1 及表 9-2。

表 9-1　砌体房屋伸缩缝的最大间距（m）

| 屋盖或楼盖类别 | | 间　距 |
| --- | --- | --- |
| 整体式或装配整体式钢筋混凝土结构 | 有保温层或隔热层的屋盖、楼盖 | 50 |
| | 无保温层或隔热层的屋盖 | 40 |
| 装配式无檩体系钢筋混凝土结构 | 有保温层或隔热层的屋盖、楼盖 | 60 |
| | 无保温层或隔热层的屋盖 | 50 |
| 装配式有檩体系钢筋混凝土结构 | 有保温层或隔热层的屋盖 | 75 |
| | 无保温层或隔热层的屋盖 | 60 |
| 瓦材屋盖、木屋盖或楼盖、轻钢屋盖 | | 100 |

注：①对烧结普通砖、多孔砖、配筋砌块砌体房屋取表中数值；对石砌体、蒸压灰砂砖、蒸压粉煤灰砖和混凝土砌块房屋取表中数值乘以 0.8 的系数。当有实践经验并采取有效措施时，可不遵守本表规定；

②在钢筋混凝土屋面上挂瓦的屋盖应按钢筋混凝土屋盖采用；

③按本表设置的墙体伸缩缝，一般不能同时防止由于钢筋混凝土屋盖的温度变形和砌体干缩变形引起的墙体局部裂缝；

④层高大于5m的烧结普通砖、多孔砖、配筋砌块砌体结构单层房屋，其伸缩缝间距可按表中数值乘以1.3；

⑤温差较大且变化频繁地区和严寒地区不采暖的房屋及构筑物墙体的伸缩缝的最大间距，应按表中数值予以适当减小；

⑥墙体的伸缩缝应与结构的其他变形缝相重合，在进行立面处理时，必须保证缝隙的伸缩作用。

表 9-2　钢筋混凝土结构伸缩缝最大间距（m）

| 结构类别 | | 室内或土中 | 露天 |
|---|---|---|---|
| 排架结构 | 装配式 | 100 | 70 |
| 框架结构 | 装配式 | 75 | 50 |
| | 现浇式 | 55 | 35 |
| 剪力墙结构 | 装配式 | 65 | 40 |
| | 现浇式 | 45 | 30 |
| 挡土墙、地下室墙壁等类结构 | 装配式 | 40 | 30 |
| | 现浇式 | 30 | 20 |

注：①装配整体式结构房屋的伸缩缝间距宜按表中现浇式的数值取用；

②框架-剪力墙结构或框架-核心筒结构房屋的伸缩缝间距可根据结构的具体布置情况取表中框架结构与剪力墙结构之间的数值；

③当屋面无保温或隔热措施时，框架结构、剪力墙结构的伸缩缝间距宜按表中露天栏的数值取用；

④现浇挑檐、雨罩等外露结构的伸缩缝间距不宜大于12m。

## 二、沉降缝

由于地基的不均匀沉降，结构内将产生附加的应力，使建筑物某些薄弱部位发生竖向错动而开裂。沉降缝就是为了避免这种状态的产生而设置的缝隙。因此，凡属下列情况应考虑设置沉降缝：

1. 同一建筑物两相邻部分的高度相差较大、荷载相差悬殊或结构形式不同时（图9-1a）；

2. 建筑物建造在不同地基上，且难于保证均匀沉降时；

3. 建筑物相邻两部分的基础形式不同、宽度和埋深相差悬殊时；

4. 建筑物体形比较复杂、连接部位又比较薄弱时（图9-1b）；

5. 新建建筑物与原有建筑物相毗连时（图9-1c）。

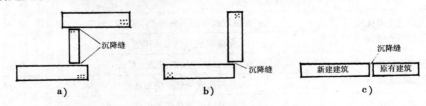

图 9-1　沉降缝设置部位举例

沉降缝与伸缩缝的作用不同，因此在构造上有所区别。沉降缝要求从基础到屋顶所有构件均须设缝分开，使沉降缝两侧建筑物成为独立的单元，各单元在竖向能自由沉降，不受约束。

沉降缝的宽度与地基的性质和建筑物的高度有关。地基越软弱，建筑高度越大，缝宽也就越大。建于软弱地基上的建筑物，由于地基的不均匀沉陷，可能引起沉降缝两侧的结构倾斜，应加大缝宽。不同地基情况下的沉降缝宽度见表 9-3。

沉降缝一般与伸缩缝合并设置，兼起伸缩缝的作用。

表 9-3　沉降缝宽度

| 地基性质 | 建筑物高度（H）或层数 | 缝宽（mm） |
|---|---|---|
| 一般地基 | H < 5m | 30 |
| | H = 5 ~ 10m | 50 |
| | H = 10 ~ 15m | 70 |
| 软弱地基 | 2 ~ 3 层 | 50 ~ 80 |
| | 4 ~ 5 层 | 80 ~ 120 |
| | 6 层以上 | > 120 |
| 湿陷性黄土地基 | | ≥30 ~ 70 |

注：沉降缝两侧结构单元层数不同时，由于高层部门的影响，低层结构的倾斜往往很大。因此，沉降缝的宽度应按高层部分的高度确定。

### 三、防震缝

在地震烈度为 7 ~ 9 度的地区，当建筑物体形比较复杂或建筑物各部分的结构刚度、高度以及重量相差较悬殊时，应在变形敏感部位设缝，将建筑物分割成若干规整的结构单元；每个单元的体形规则、平面规整、结构体系单一，防止在地震波作用下相互挤压、拉伸，造成变形和破坏。这种缝隙称为防震缝。对多层砌体建筑来说，遇下列情况时宜设防震缝：

1. 房屋立面高差在 6m 以上；
2. 房屋有错层，且楼板高差较大；
3. 各部分结构刚度、质量截然不同。

防震缝应沿建筑物全高设置，缝的两侧应布置墙或柱，形成双墙、双柱或一墙一柱，使各部分结构封闭，提高刚度（图 9-2）。防震缝应同伸缩缝、沉降缝尽量结合布置。一般情况下，基础不设缝，如与沉降缝合并设置时，基础也应设缝断开。

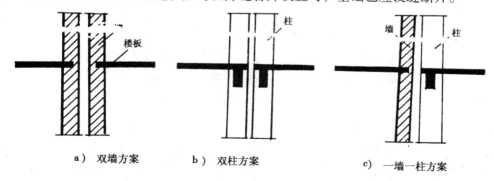

　a）双墙方案　　　b）双柱方案　　　c）一墙一柱方案

图 9-2　防震缝两侧结构布置

防震缝的宽度根据建筑物高度和所在地区的地震烈度来确定。一般多层砌体建筑的缝宽取 50 ~ 100mm。多层钢筋混凝土框架结构建筑，高度在 15m 及 15m 以下时，缝宽为 70mm；当建筑高度超过 15m 时，按烈度增大缝度：

地震烈度 7 度，建筑每增高 4m，缝宽增加 20mm；

地震烈度 8 度，建筑每增高 3m，缝宽增加 20mm；

地震烈度 9 度，建筑每增高 2m，缝宽增加 20mm。

## 第二节  变形缝构造

为防止风、雨、冷热空气、灰砂等侵入室内，影响建筑使用和耐久性，也为了美观，构造上对缝隙须予覆盖和装修。这些覆盖和装修同时必须保证变形缝能充分发挥其功能，使缝隙两侧结构单元的水平或竖向相对位移不受阻碍。

### 一、墙体变形缝

#### （一）伸缩缝

根据墙的厚度，伸缩缝可做成平缝、错口缝和企口缝等形式（图 9-3）。

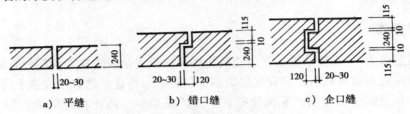

a）平缝　　　b）错口缝　　　c）企口缝

图 9-3  砖墙伸缩缝截面形式

为避免外界自然因素对室内的影响，外墙外侧缝口应填塞或覆盖具有防水、保温和防腐性能的弹性材料，如沥青麻丝、泡沫塑料条、橡胶条、油膏等。当缝口较宽时，还应用镀锌铁皮、铝片等金属调节片覆盖。如墙面作抹灰处理，为防止抹灰脱落，可在金属片上加钉钢丝网后再抹灰。填缝或盖缝材料和构造应保证结构在水平方向的自由伸缩。考虑到缝隙对建筑立面的影响，通常将缝隙布置在外墙转折部位或利用雨水管将缝隙挡住，作隐蔽处理。外墙内侧及内墙缝口通常用具有一定装饰效果的木质盖缝条遮盖，木条固定在缝口的一侧。也可采用金属片盖缝（图 9-4、9-5）。

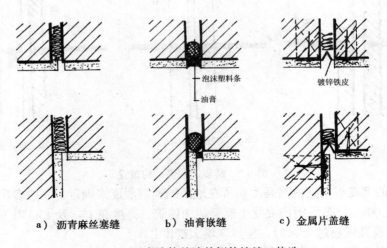

a）沥青麻丝塞缝　　　b）油膏嵌缝　　　c）金属片盖缝

图 9-4  平直墙体外墙外侧伸缩缝口构造

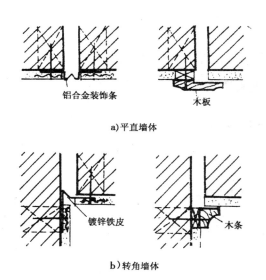

图 9-5  转角墙体外墙内侧、内墙伸缩缝口构造

（二）沉降缝

沉降缝一般兼起伸缩缝的作用。墙体沉降缝构造与伸缩缝构造基本相同，只是调节片或盖缝板在构造上能保证两侧结构在竖向的相对变位不受约束（图 9-6）。

（三）防震缝

墙体防震缝构造与伸缩缝、沉降缝构造基本相同，只是防震缝一般较宽，通常采取覆盖做去口外缝口用镀锌铁皮、铝片或橡胶条覆盖，内缝口常用木质盖板遮缝。寒冷地区的外缝口尚须用具有弹性的软质聚氯乙烯泡沫塑料、聚苯乙烯泡沫塑料等保温材料填实（图 9-7）。

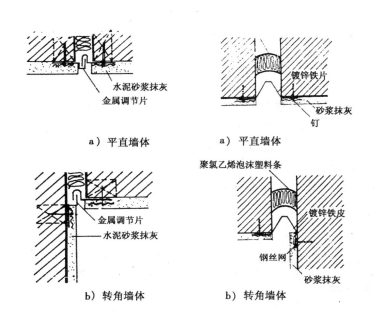

图 9-6  墙体外缝口沉降缝构造          图 9-7  墙体外缝口防震缝构造

## 二、楼地层变形缝

楼地层变形缝的位置与缝宽应与墙体变形缝一致。变形缝内也常以具有弹性的油膏、沥青麻丝、金属或塑料调节片等材料作填缝或盖缝处理，上铺与地面材料相同的活动盖板、铁板或橡胶条等以防灰尘下落。卫生间等有水房间中的变形缝尚应作好防水处理。顶棚的缝隙盖板一般为木质或金属，木盖板一般固定在一侧以保证两侧结构的自由伸缩和沉降（图9-8）。

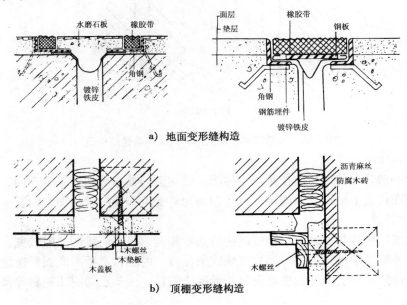

a）地面变形缝构造

b）顶棚变形缝构造

图 9-8　楼地层变形缝构造

## 三、屋顶变形缝

屋顶变形缝的位置与缝宽应与墙体、楼地层的变形缝一致。缝内用沥青麻丝、金属调节片等材料填缝和盖缝。屋顶变形缝一般设于建筑物的高低错落处，也见于两侧屋面处于同一标高处。不上人屋顶通常在缝隙一侧或两侧加砌矮墙，按屋面泛水构造要求将防水材料沿矮墙上卷，顶部缝隙用镀锌铁皮、铝片、混凝土板或瓦片等覆盖，并允许两侧结构自由伸缩或沉降而不致渗漏雨水。寒冷地区在缝隙中应填以岩棉、泡沫塑料或沥青麻丝等具有一定弹性的保温材料。上人屋顶因使用要求一般不设矮墙，此时应切实做好防水，避免雨水渗漏。平屋顶变形缝构造见图9-9、9-10。

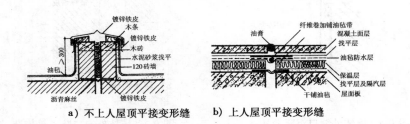

a）不上人屋顶平接变形缝　　b）上人屋顶平接变形缝

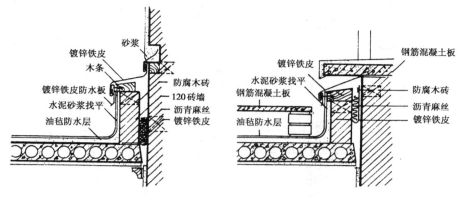

c) 高低错落处屋顶变形缝

图 9-9 卷材防水平屋顶变形缝构造

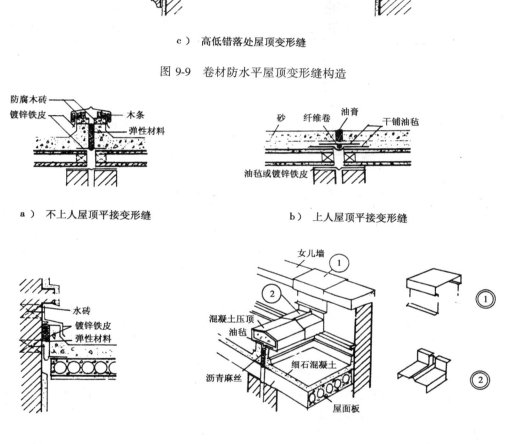

a) 不上人屋顶平接变形缝

b) 上人屋顶平接变形缝

c) 高低错落处屋顶变形缝

d) 变形缝立体图

图 9-10 刚性防水平屋顶变形缝构造

## 四、基础变形缝

基础沉降缝构造通常采取双基础或挑梁基础两种方案（图9-11）。

1. 双基础方案　建筑物沉降缝两侧各设有承重墙，墙下有各自的基础。这样，每个结构单元都有封闭连续的基础和纵横墙，结构整体刚度大，但基础偏心受力，并在沉降时相互影响。

2. 悬挑基础方案　为使缝隙两侧结构单元能自由沉降又互不影响，经常在缝的一侧做成挑梁基础。缝侧如需设置双墙，则在挑梁端部增设横梁，将墙支承其上。当缝隙两侧基础埋深相差较大以及新建筑与原有建筑毗连时，一般多采取挑梁基础方案。

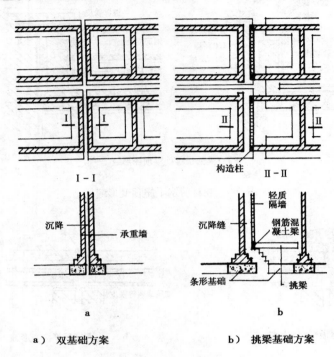

图 9-11　基础沉降缝构造

### 复习思考题

1. 变形缝的作用是什么？它有哪几种基本类型？
2. 什么情况下须设伸缩缝？伸缩缝的宽度一般为多少？
3. 什么情况下须设沉降缝？沉降缝的宽度由什么因素确定？
4. 什么情况下须设防震缝？确定防震缝宽度的主要依据是什么？
5. 伸缩缝、沉降缝、防震缝各有什么特点？它们在构造上有什么异同？
6. 墙体中变形缝的截面形式有哪几种？
7. 用图表示外墙伸缩缝的构造。
8. 用图表示卷材防水平屋顶变形缝的构造。

# 第十章 民用工业化建筑体系

建筑工业化是指用现代工业的生产方式来建造房屋，即将现代工业生产的成熟经验应用于建筑业，像生产其他工业产品那样，用机械化方法来生产建筑定型产品。这是建筑业生产方式的根本改变。长期以来，人们都是由手工劳动来建造房屋，不仅劳动强度大，耗费大量人工，而且建造速度慢，质量也难以保证。建筑工业化就是以现代化的科学技术手段，把这种分散落后的手工业生产方式改变为集中、先进的现代化工业生产方式，从而加快建设速度，降低劳动强度，提高生产效率和施工质量。

建筑工业化的基本特征是设计标准化，生产工厂化，施工机械化，组织管理科学化。设计标准化是建筑工业化的前提。只有设计标准化、定型化的建筑构配件及其房屋等，才能实现工厂化、机械化的大批量生产。生产工厂化是建筑工业化的手段。标准、定型的建筑构配件、组合件等建筑产品的工厂化生产，可以改善劳动条件，提高生产效率，保证产品质量，另外，也促进了产品生产的商业化。施工机械化是建筑工业化的核心。施工的各个环节以机械化代替手工操作，可以降低劳动强度，加快施工速度，提高施工质量。管理科学化是实现建筑工业化的保证。从设计、生产到施工的各个过程，都必须有科学化的管理，避免出现混乱，造成不必要的损失。

工业化建筑体系是一个完整的建筑生产过程，即把房屋作为一种工业产品，根据工业化生产原则，包括设计、生产、施工和组织管理等在内的建造房屋全过程配套的一种方式。工业化建筑体系分为专用体系和通用体系两种。专用体系是以某种房屋进行定型，以这种定型房屋为基础进行房屋的构配件配套的一种建筑体系。专用体系采用标准化设计，房屋的构配件、连接方法等都是定型的，因而规格类型少，有利于大批量生产，且生产效率较高。但专用体系变化很少，各个体系的构配件只能用于某种定型的房屋，不能互换使用，无法满足各类建筑的需要，因此，又产生了通用体系。通用体系是以房屋构配件进行定型，再以定型的构配件为基础进行多样化房屋组合的一种建筑体系。通用体系的房屋定型构配件可以在各类建筑中互换使用，具有较大的灵活性，可以满足多方面的要求，做到建筑多样化。

民用工业化建筑通常是按建筑结构类型和施工工艺的不同来划分体系的。工业化建筑的结构类型主要为剪力墙结构和框架结构。施工工艺的类型主要为预制装配式、工具模板式以及预制与现浇相结合式等。民用建筑工业化体系，主要有以下几种类型：砌块建筑、大板建筑、大模板建筑、滑模建筑、升板建筑、盒子建筑等等。

## 第一节 砌 块 建 筑

砌块建筑是用混凝土或工业废料等为原料预制成块状材料来砌筑墙体的预制装配式建筑。砌块建筑适应性强，生产工艺简单，施工简便，造价较低，可以充分利用工业废料或地方材料，减少对耕地的破坏。由于砌块的尺寸比普通砖大，因而可以加快砌墙速度，减少施工现场的砌筑工作量。但砌块建筑的工业化程度不太高，一般强度较低，通常适合建造 3～5 层的建筑，若提高砌块强度或配置钢筋，层数也可以适当增加。

## 一、砌块的种类及规格

砌块的种类很多，按材料分有普通混凝土砌块和煤矸石混凝土砌块、陶粒混凝土砌块、炉渣混凝土砌块、加气混凝土砌块等；按品种分有实体砌块、空心砌块；按规格分有小型砌块、中型砌块和大型砌块。

小型砌块尺寸小，重量轻（一般在 20kg 以内），适应于人工搬运、砌筑；中型砌块尺寸较大，质量较重（一般在 350kg 以内），适应于中、小型机械起吊和安装；而大型砌块则是向板材过渡的一种形式，尺寸大、质量大（一般达 350kg 以上），故需大型起重设备吊装施工，目前采用较少。我国部分地区所采用的砌块规格见表 10-1。

表 10-1 部分地区砌块常用规格

| | 小型砌块 | 中型 | 砌块 | 大型砌块 |
|---|---|---|---|---|
| 分类 | | | | |
| 用料及配合比 | C15 细石混凝土配合比经计算与实验确定 | C20 细石混凝土配合比经计算与实验确定 | 粉煤灰 530～580kg/m³ 石灰 150～160kg/m³ 磷石膏 35kg/m³ 煤渣 960kg/m³ | 粉煤灰 68%～75% 石灰 21%～23% 石膏 4% 泡沫剂 1%～2% |
| 规格 厚×高×长 （mm） | 90×190×190 190×190×190 190×190×190 | 180×845×630 180×845×830 180×845×1 030 180×845×1 280 180×845×1 480 180×845×1 680 180×845×1 880 180×845×2 130 | 190×380×280 190×380×430 190×380×580 190×380×880 | 厚：200 高：600、700、800、900 长：2700、3000、3300、3600 |
| 最大块质量（kg） | 13 | 295 | 102 | 650 |
| 使用情况 | 广州、陕西等地区，用于住宅建筑和单层厂房等 | 浙江，用于 3～4 层住宅和单层厂房 | 上海，用于 4～5 层宿舍和住宅 | 天津，用于 4 层宿舍、3 层学校、单层厂房 |

## 二、砌块的排列组合

砌块的排列组合是指不同规格的砌块在墙体中的具体安放位置。由于砌块的尺寸比较大，砌筑的灵活性不如砖，因此在设计时，应做出砌块的排列，并绘出砌块排列组合图，施工时按图进料和安装。砌块排列组合图一般有各层平面、内外墙立面分块图，如图 10-1 所示。

在进行砌块的排列组合时，应按墙面尺寸和门窗布置，对墙面进行合理的分块，正确选择砌块的规格尺寸，尽量减少砌块的规格类型，优先采用大规格的砌块做主要砌块，并且尽量提高主要砌块的使用率，减少局部补填砖的数量。砌块的排列应整齐，有规律，上下砌块要错缝搭接，避免通缝，纵横墙交接处应咬砌，保证砌块墙的整体性和稳定性。如采用混凝土空心砌块，其上下砌块的孔宜对齐，使结构受力合理，并且便于孔内配筋灌浆。

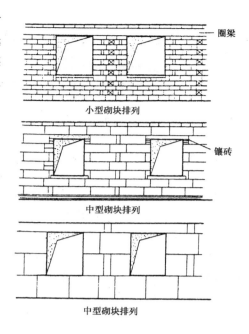

图 10-1　砌块排列示意

### 三、砌块建筑构造

#### （一）砌块墙的按缝处理

由于砌块的尺寸比较大，使砌块墙的接缝内外贯通。因此，砌块墙的接缝不仅是保证砌体坚固性和稳定性的重要环节，而且也影响着砌体的保温、隔声和防水等性能。砌块墙的接缝有水平缝和垂直缝，缝的形式一般有平缝、凹槽缝和高低缝等，见表 10-2。

表 10-2　砌块缝型

| 垂　直　缝 | 水　平　缝 | 缝宽及砂浆标号 |
|---|---|---|
| 平接　　高底<br>单槽　　双槽 | 平接　　双槽 | 1. 小型砌块缝宽 10～15mm<br>　中型砌块缝宽 15～20mm<br>　加气混凝土块缝宽 10～15mm<br>2. 砂浆强度由计算定，空心混凝土砌块砂浆强度应大于 M50 |

平缝构造简单，制作方便，多用于水平缝；凹槽缝和高低缝使砌块连接牢固，且凹槽缝灌浆方便，因此多用于垂直缝。砌块墙一般采用水泥砂浆砌筑，灰缝的宽度主要根据砌块材料的规格大小而定。一般情况下，小型砌块为 10～15mm，中型砌块为 15～20mm。缝中砂浆应饱满，其砂浆强度应由计算而定。

#### （二）砌块墙的拉结

砌块砌体必须分皮错缝搭砌（图 10-2）。中型砌块上下皮搭接长度不少于砌块高度的 1/3 且不小于 150mm；小型空心砌块上下皮搭砌长度不小于 90mm。当搭砌长度不满足这一要求或出现通缝时，应在水平灰缝内设置不小于 2ø4 的钢筋网片，网片每端均应超过该垂直缝，其长应不少于 300mm（图 10-3）。

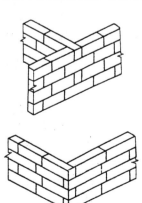

图 10-2　砌块搭接

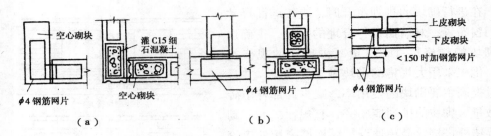

图 10-3　通缝处理
(a) 转角配筋；(b) 丁字墙配筋；(c) 错缝配筋

（三）圈梁

为了保证砌块建筑的整体性，砌块建筑应在适当的位置设置圈梁。通常可将圈梁与过梁合并在一起，以圈梁兼作过梁。空旷的单层砌块建筑，当墙厚小于 240mm 时，其檐口标高为 4～5m，应设置一道圈梁，檐口高度大于 5m 应适当增设。对于住宅、办公楼等多层砌块房屋的外墙、内纵墙的屋盖处应设置圈梁，楼盖处应隔层设置。横墙的屋盖处宜设置圈梁，其水平间距不宜大于 15m。

圈梁的位置、截面尺寸及配筋等其他要求均应符合砖砌体房屋的有关规定。

（四）构造柱

混凝土空心砌块建筑，由于上下砌块之间的砂浆粘结面积较小，因此应采取加固措施，提高房屋的整体性。混凝土中型空心砌块建筑，应在外墙转角处，楼梯间四角的砌体孔洞内设置不少于 1ϕ12 的竖向钢筋，并用 C20 细石混凝土灌实，形成构造柱。竖向钢筋应贯通墙高并锚固于基础和楼盖圈梁内，使建筑物连成一个整体（图 10-4）。混凝土小型空心砌块建筑，应在外墙转角处楼梯间四角，距墙中心线每边不小于 300mm 范围内的孔洞，采用不低于砌块材料强度等级的混凝土灌实，灌实高度应为全部墙身高度。

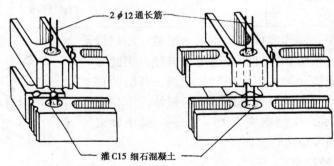

图 10-4　空心混凝土砌块建筑的构造柱

另外，砌块建筑在室内外地坪以下部分的墙体，应做好防潮处理。除了应设防潮层以外，对砌块材料也有一定的要求，通常在选用密实而耐久的材料，不能选用吸水性强的砌块材料，如加气混凝土砌块、粉煤灰砌块等。勒脚处应用水泥砂浆抹面。

# 第二节 大 板 建 筑

大板建筑是由预制的大型墙板、楼板和屋面板等构件装配而成的一种全装配建筑（图10-5）。大型板材通常由工厂预制，然后运到现场进行装配。

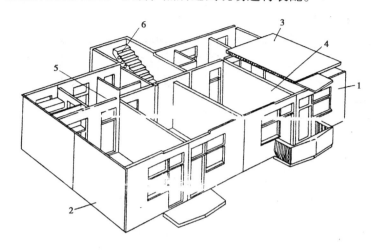

图 10-5 装配式大板建筑示意图
1—外纵墙板；2—外横墙（山墙）板；3—楼板；4—内横墙板；5—内纵墙板；6—楼梯

大板建筑由于采用了大型的预制构件，其施工机械化程度比较高，施工速度快，可以缩短工期，提高劳动生产率，施工受气候条件限制少，可改善劳动条件，板材墙的承载能力比较好，可以减轻结构的重量，提高抗震能力，减小墙体厚度，以扩大建筑使用面积。但由于大板建筑的预制板材的规格类型不宜太多，而且又是剪力墙承重的结构体系，因此，对建筑的造型和布局有较大的制约性；另外，大板建筑的施工需要大型的机械设备，其用钢量较多，房屋的造价比同类砖混结构高。

大板建筑常用于多层和高层住宅、宿舍等小开间的建筑。

## 一、大板建筑的结构体系

大板建筑属于墙承重结构系统，也有采用与框架结构相结合形成内骨架结构形式的。

大板建筑按楼板的搁置不同，主要有横向墙板承重、纵向墙板承重和纵横双向墙板承重等结构体系（图10-6）。

（一）横向墙板承重

楼板搁置在横向墙板上，由横向墙板承受楼板传下来的荷载，纵向外墙板仅起围护作用。这种结构体系的结构刚度大，整体性好，有利于抗震，板的跨度比较经济，但房屋内部的分隔缺少灵活性，适用于房间面积不大的小开间建筑，如住宅、宿舍等。若要扩大开间，改变空间布局，可采用大跨度楼板，形成大开间横向墙板承重体系，内部可设轻质隔墙灵活分隔。横向墙板承重的结构体系采用较多。

（二）纵向墙板承重

楼板搁置在纵向墙板上，由纵向墙板承受楼板传下来的荷载，横向内墙板主要起分隔作用。纵向墙板承重的结构体系，内部分隔灵活，但房屋的横向刚度较差，应间隔一定距离设横向剪力墙拉结。当采用大跨度楼板时，可将楼板直接支承在两侧纵向外墙板上，使内部分隔更灵活。

横墙板承重　　　　　　　纵墙板承重　　　　　　双向墙板承重

图 10-6　大板建筑的结构体系

（三）纵横双向墙板承重

楼板四边搁置在纵横两个方向的墙板上，由纵向和横向墙板共同承受楼板传下来的荷载，楼板一般双向受力，形成双向板。这种结构体系的楼板近于方形，房间的平面尺寸受到限制，房间布置不灵活。

## 二、大板建筑的板材类型

大板建筑是由内墙板、外墙板、楼板、屋面板等主要构件，以及楼梯、阳台板、挑檐板和女儿墙板等辅助构件组成。

（一）内墙板

内墙板按受力情况分有承重内墙板和非承重内墙板，在大板建筑中，大多数采用的是承重内墙板。承重内墙板承受楼板传下来的垂直荷载，并承受水平力。非承重内墙板不承受楼板传下来的垂直荷载，但承受水平力，并与承重内墙板共同作用，以加强建筑物的空间刚度。因此，承重和非承重内墙板通常采用同一类型的墙板，而且都应具有较高的强度和刚度。同时，内墙板也是分隔内部空间的构件，应满足隔声、防火、防潮等要求。在大板建筑中，有时还需设置只起分隔作用的隔墙板。隔墙板应满足隔声、防火、防潮等要求，尽量做到轻、薄。

内墙板一般一间一块，即高度与层高相适应，通常是层高减去楼板厚度，宽度与房间的开间或进深相适应。一间一块的内墙板构造简单。也可以根据生产、运输和吊装能力，采用一间两块或一间三块。

由于内墙板通常不需要保温或隔热，因此，内墙板多采用单一材料墙板。按其构造和结构形式不同，主要有空心墙板和实心墙板，另外，还有密肋板、框壁板等几种形式。

实心墙板常采用混凝土制作，有普通混凝土墙板，还有粉煤灰矿渣混凝土和陶粒混凝土等轻质混凝土墙板。混凝土实心墙板一般可不必配筋，只在边角、洞口等薄弱处配构造钢筋，墙板的厚度一般为 120～140mm。若为高层大板建筑，则应采用钢筋混凝土墙板，墙板厚度有的加大到 160mm。

空心墙板多采用钢筋混凝土制作，孔洞可做成圆形、椭圆形、去角长方形等。为保证楼板的支承长度，墙板厚一般不小于 140mm，一般为 140～180mm。

复合材料的内墙板主要有振动砖墙板，还有夹层内墙板等。振动砖墙板是用振动的方法将小块砖预制成大块墙板，常用空心砖或多孔砖，以减轻自重。一般采用半砖墙，两边有 10～15mm 厚的水泥砂浆，墙板总厚度为 140mm，板内配置构造钢筋。

几种常见的内墙板构造如图 10-7 所示。

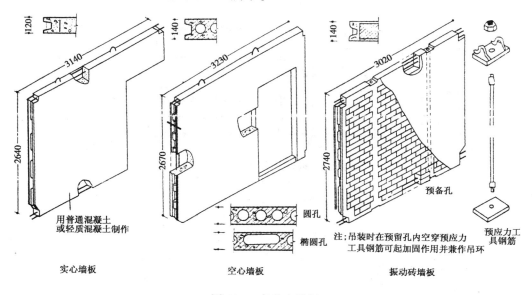

图 10-7　各种内墙板

隔墙板一般常用加气混凝土条板、陶粒混凝土板、石膏多孔板等轻质薄板。

（二）外墙板

外墙板是大板建筑的外围护构件，应满足保温、隔热、抗风雨、隔声和美观等要求。外墙板按受力情况分，也有承重和非承重两种。按墙板的布置方向不同，有纵向外墙板和山墙板之分。在多层建筑中，非承重外墙板通常多为自承重墙；在高层建筑中，非承重外墙板也有做成悬挂墙板或填充墙板的。承重外墙板应具有足够的强度和刚度。

纵向外墙板采用较多的划分形式是一间一块板，即墙板的宽度同房间的开间一致，高度与层高相同。也可以采用横向加长两个或三个开间的两间或三间一块板和竖向加高两个或三个层高的两层或三层一块板，这种横向或纵向大块墙板减少了吊装次数和接缝数量。山墙板由于开洞面积较小，自重大，若吊装有困难，可采用一层一间几块的形式。外墙板的划分形式如图 10-8 所示。

外墙板有单一材料外墙板和复合材料外墙板。

单一材料外墙板主要有实心和空心墙板，另外，也有带框或带肋的外墙板（图 10-9）。

实心板多为平板及框肋板；空心外墙板的孔洞形状一般与内墙板相同。寒冷地区为了避免冷桥而出现结露现象，常做成两排或三排扁孔形式（图 10-9c、d）。外墙板的材料一般选用普通混凝土。为了就地取材，利用当地工业废料，并减轻自重和增加保温能力，此外，尚有各种轻骨料混凝土、加气混凝土等材料。

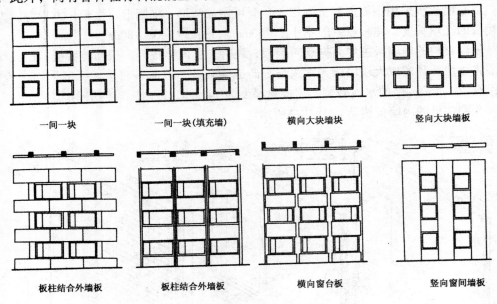

一间一块　　　　一间一块(填充墙)　　　　横向大块墙块　　　　竖向大块墙板

板柱结合外墙板　　板柱结合外墙板　　　　横向窗台板　　　　竖向窗间墙板

图 10-8　外墙板划分形式

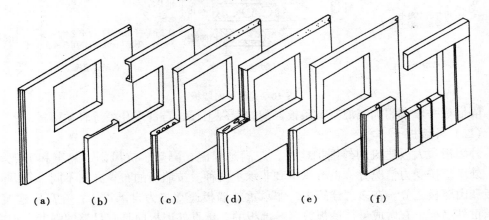

（a）　　（b）　　（c）　　（d）　　（e）　　（f）

图 10-9　单一材料外墙板
（a）实心外墙板；（b）框肋外墙板；（c）空心外墙板；（d）双排孔外墙板
（e）轻骨料混凝土外墙板；（f）加气混凝土组合外墙板

　　复合材料外墙板是用两种或两种以上功能不同的材料结合而成的多层墙板，其主要层次有：结构层、保温层、饰面层、防水层等，各层应根据功能要求组合。结构层通常采用钢筋混凝土。承重外墙板结构层应设在墙板内侧，使结构受力合理，墙板外侧设能防水的外饰面层，中间设保温层；非承重外墙板的结构层设在墙板外侧，与防水层结合在一起，墙板内侧做内饰面层，中间为保温层；保温层还可以夹在内外两层钢筋混凝土之间，形成夹层外墙板（图 10-10）。

　　复合材料外墙板内的保温材料既可以用散状材料，也可以用预制块状材料和现浇材料，常见的有加气混凝土、泡沫混凝土、岩棉板等。

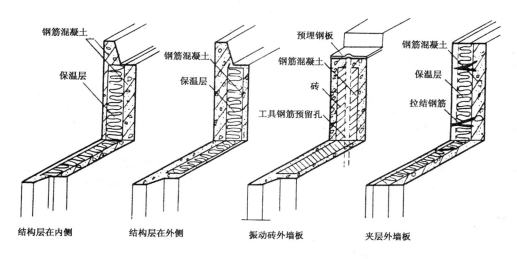

图 10-10　复合材料外墙板

振动砖墙板也是复合材料墙板，两侧是水泥砂浆面层，中间为砖层，通过机械振动成型。既可用作内墙板，也可用作外墙板。

夹层外墙板是在内外两层钢筋混凝土板层之间夹有一层高效保温材料，内外层钢筋混凝土平板常采用特制钢件连接，如拉结钢筋、钢筋网、钢筋桁架等。

外墙板的外饰面，既要防止外界自然因素的侵袭，又要有一定的饰面效果，为了减少现场作业，最好在工厂中一次加工完成。外饰面的做法除了抹灰、贴面和涂料等常见做法以外，还可以利用混凝土的可塑性，做出表面有凹凸纹路的模纹饰面或有立体变化的异型外墙板（图 10-11）。

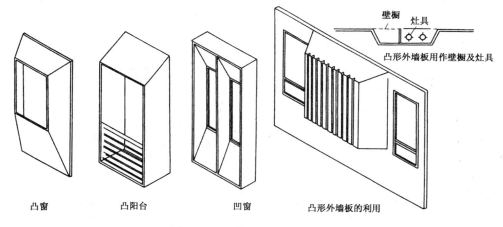

图 10-11　立体板面外墙板形式

（三）楼板和屋面板

楼板起承重和分隔作用，应满足结构和隔声、防火等构造要求。

大板建筑中的大型预制楼板，在生产、运输和吊装能力允许的情况下，尽量采用一间一块式，即板宽、板长分别与房间的开间、进深一致。这种形式的楼板中间没有接缝，板面平整，装配化程度高，结构整体性好。若受吊装能力限制或面积较大的房间，也可采用一间两块或三块板。

楼板的材料一般为钢筋混凝土。板的形式有空心板、实心板、肋形板等（图10-12）。

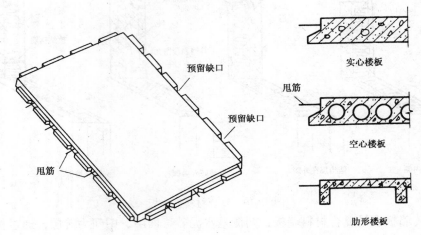

图 10-12　预制楼板形式

实心平板一般为单向受力板，有时也用做双向受力板，通常用于跨度小的地方；空心板用普通的钢筋混凝土板，也是单向受力板；肋形板有单向肋板和双向肋板两种，板肋可以设在下面，也可以设在上面。肋在下面时，结构受力合理，但隔声较差；肋在上面时，可在肋间填散状轻质材料，上面做混凝土面板层或做木地面，这种形式对隔声有利，板底平整，但结构受力不合理，施工复杂。

为了便于板材间的连接，楼板的四边应预留缺口，并甩出连接用的钢筋（图10-12）。

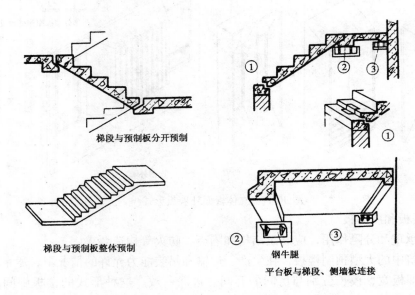

图 10-13　楼梯构造

大板建筑中的屋面板与楼板相同。

（四）辅助构件

1．楼梯

大板建筑中的楼梯，通常采用大、中型钢筋混凝土预制构件。一种是梯段、平台板分开预制，梯段与平台板之间有可靠的连接；另一种是将梯段与平台板连在一起预制成一个构件（图10-13）。

2．阳台板

挑阳台板有两种设置形式：一种是利用大型楼板向外出挑形成阳台板，即阳台板与楼板预制成一个构件。这种形式整体性好，构造简单，装配化程度高，但构件尺寸、重量较大，对运输和吊装要求较高，因而目前较少采用。另一种是阳台板单独预制，通常悬挑在纵向外墙上，阳台板与楼板应进行整体连接，如图10-14所示。

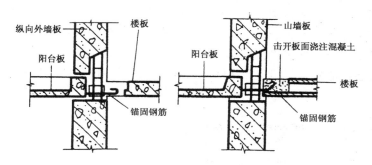

阳台板布置在纵向墙板上　　　阳台板布置在山墙板上

图 10-14　挑阳台

3．挑檐板和女儿墙板

挑檐板通常也为两种形式，如图10-15所示。一种是利用大型屋面板出挑形式，即与屋面板连成一体的挑檐板；另一种是单独预制挑檐板，它可不增加屋面板的规格类型。女儿墙属于非承重构件，女儿墙板与屋面板之间应有可靠连接（图10-15c）。女儿墙板的厚度，为便于连接，一般与下部墙板同厚。

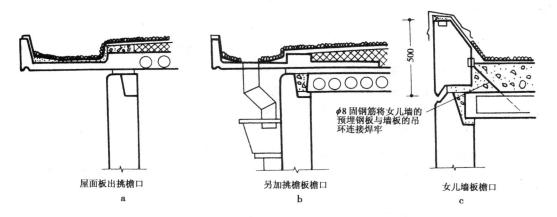

屋面板出挑檐口　　　另加挑檐板檐口　　　女儿墙板檐口

a　　　　　　　　b　　　　　　　　c

图 10-15　挑檐板和女儿墙板

### 三、大板建筑的连接构造

大板建筑的节点连接是设计的关键之一。板材间的连接要满足结构上的要求，采用合理的连接方法，保证板与板之间传力合理，具有足够的强度和刚度，在正常荷载作用下不破坏，同时，还要保证房屋结构的整体性。另外，板间连接还应满足使用功能上的要求，如保温、隔热、抗风、隔声等。

（一）板材连接

板材连接包括墙板之间的连接和楼板与墙板间的连接等。

1. 墙板之间的连接

墙板之间的连接主要包括内、外墙板之间的连接和纵横内墙板之间的连接。墙板之间通常既要对上下两端加以连接，又要考虑墙板之间形成的竖向接缝内的连接。

墙板的弯曲产生的应力主要集中在墙板的上下两端，而且安装时也是主要依靠上下两端的连接来定位，因此，墙板上、下两端应有可靠的连接。常见的连接方法主要有两种：一种是墙板上下端伸出连接钢筋搭接或加筋连接，再现浇混凝土连成整体（图10-16a）；另一种是在墙板上下端预埋铁件，用钢筋或钢板焊接连接（图10-16b）。

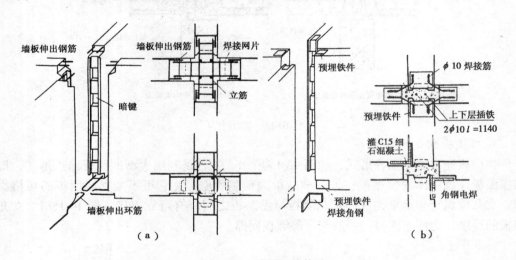

图 10-16　墙板连接构造

（a）伸出钢筋电焊连接；（b）预埋钢板电焊连接

墙板的侧面通常预制成凹槽，使墙板之间的竖向接缝形成凹缝，以消除两板之间出平面变形的可能。为了增加抵抗竖向相对位移的能力，在凹槽中设暗销键。在墙板之间的竖向接缝内通常设竖向插筋，并现浇混凝土灌缝。竖向插筋应伸入楼板顶面以上和楼板底面以下不小于500mm，使上下墙板形成整体。

在地震区，除上述接缝之外，通常在墙板间竖向接缝的中间部位，也应预留锚环和插筋加以连接（图10-17）。

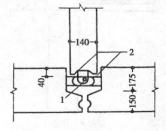

图 10-17　墙板侧边锚环构造

1—插铁；2—锚环

2. 楼板与墙板之间的连接

楼板在承重墙板上的支承长度一般不小于 60mm。楼板的四角通常伸出连接钢筋，焊接或加筋连接，并且上下墙板之间的竖向插筋也应相焊，然后浇注混凝土，使各板材之间连成整体。为加强抗震，楼板的四边适当位置，可留出缺口伸出钢筋焊接，或利用下层墙板的吊环与上层墙板伸出的钢筋或钢环焊接，然后浇注混凝土连成整体（图 10-18）。

（二）外墙板接缝防水构造

外墙板连接主要有水平缝和垂直缝，水平缝是指上下外墙板之间形成的接缝，垂直缝是指左右外墙之间形成的接缝。

外墙板接缝处，由于温度和湿度变化、地基不均匀下沉以及接缝材料本身性能变化带来的不利因素，使其成为墙板防水的薄弱环节，因此应采取相应的防水构造措施，使外墙板接缝处满足防水的需要。

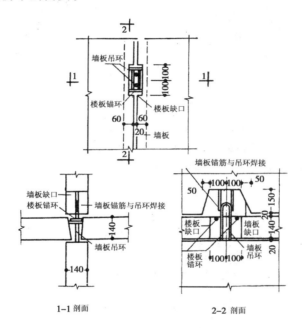

1-1 剖面　　　　2-2 剖面

图 10-18　上下楼层墙板与楼板之间的锚接

进行外墙板接缝防水构造设计的要点：尽量使接缝处少接近雨水，避免形成渗流通道，断绝或减轻小的渗透压力，将渗入接缝处的雨水迅速引导外流。

外墙板接缝防水构造做法通常有两种，即材料防水和构造防水，也可以两种方法结合使用。

1. 材料防水

材料防水是采用有弹性和附着性的嵌缝材料或衬垫材料封闭接缝，以阻止雨水进入缝内。嵌缝材料应具有塑性大、高温不流淌、低温不脆裂、不易老化，并能和混凝土、砂浆等粘结在一起的性能，通常采用防水油膏和胶泥，这种做法的优点是构造简单、施工方便，但对材料质量要求较高，嵌缝材料的耐久性不易保证。为防止嵌缝材料过多的进入缝内，可在板缝内填塞水泥砂浆或沥青麻丝、泡沫橡胶等。为防止嵌缝材料过早老化，可在嵌缝材料外用水泥砂浆勾缝保护。胶泥或防水油膏嵌缝的材料防水构造见图10-19（a）、（b）。

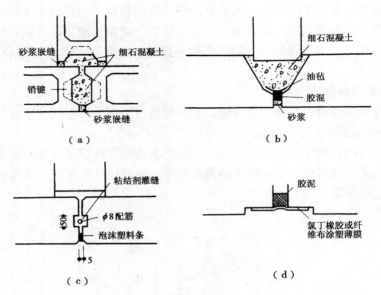

图 10-19　材料防水构造

（a）砂浆嵌缝；（b）胶泥嵌缝；（c）加气混凝土板泡沫塑料条嵌缝；（d）薄膜贴缝

除了采用胶泥和防水油膏嵌缝外，还可以采用弹性型材嵌缝。弹性型材为有弹性和固定形状的嵌缝带或密缝垫等，如氯丁橡胶型材盖缝条、纤维涂塑薄膜等（图10-19c、d）。

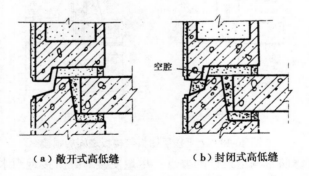

（a）敞开式高低缝　　　　　　（b）封闭式高低缝

图 10-20　水平缝防水构造

2. 构造防水

构造防水是将外墙板四周边缝作成既能防水或排水又便于连接的形式，用以切断雨水的通路，防止雨水因风压和毛细管作用向室内渗透。

（1）水平缝　水平缝的构造防水，一般采用高低缝的形式，即墙板的上边作挡水台阶，下边缘向下作凸边，上下墙板安装时咬合成高低缝，使雨水不能渗入缝内，即使渗入，也能沿槽口引流至墙外。这种做法防水效果好，雨水在重力作用下不易越过挡水台阶，施工简单，应用广泛，但在运输和施工中墙板下边凸出部分易被破坏，应注意保护。

水平缝的外缝可作成敞开式，缝内不嵌材料，因此，既可节约材料，又能简化操作工序。但这种形式容易透风，对接缝处保温不利（图10-20a）。

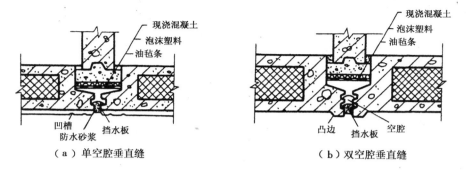

图 10-21　垂直缝构造

为了改善接缝的保温性能，水平缝的外缝还可做成封闭式，用水泥砂浆或油膏嵌缝，使它与内侧灰缝砂浆间形成空腔，但应间隔一定距离布置一排小孔，使空腔内外空气流通，保持内外压力平衡，并可使渗入空腔内的雨水迅速排出。这种构造防水又称压力平衡空腔防水（图10-20b）。

（2）垂直缝　垂直缝的构造防水做法也有敞开式和封闭式两种。垂直缝敞开式构造防水是将墙板的边缘作成凸榫或槽沟，用以防水，但因制作和安装工艺复杂，采用较少。垂直缝的构造防水采用较多的是封闭式空腔防水，有单空腔防水和双空腔防水两种，视防水要求和墙板厚度而定，双空腔的防水效果更好。垂直缝封闭式构造防水的做法是：在缝中分层设挡风板（或挡风层）和挡雨板，中间形成空腔。挡雨板可用金属片或塑料片，靠它本身弹性所产生的横向推力嵌入垂直缝的凹槽内。挡风板可用油毡条或橡胶条贴缝，里面做保温层，用混凝土灌缝（图10-21）。空腔也起沟槽作用，将渗入的雨水导至与水平缝交叉的十字缝处所设置的排水导管内或排水挡板外，排出墙外。这种做法适用于较宽的缝或施工误差较大的缝。

## 第三节　大　模　板　建　筑

大模板建筑是建立在现代化工业生产混凝土基础上的一种现浇建筑。它所用的钢制模板可作为工具，重复使用，所以又称工具式大模板建筑。工具式大模板与操作台常结合在一起，由大模板板面、支架和操作台三部分组成（图10-22）。

### 一、大模板建筑的特点

大模板建筑与砖混结构的房屋相比，其优点是：建筑适应性强，结构整体性好，抗震能力强，用工量省，施工速度快，还可以减薄墙体和减少内外饰面的湿作业，缺点是：现场浇注混凝土工作量大，工地施工组织较为复杂，钢材水泥用量多。一般多用于多层或高层建筑。

通常采用的大模板是根据某一类大量性建造的建筑物的通用设计参数来设计制定的，有一定的专用性。一般要求模板的尺寸、类型、规格要少，拆装方便，便于组织施

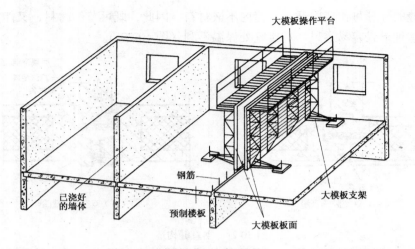

图 10-22 大模板建筑

工流水作业，并希望模板在吊装中不着地或减少落地，即从一个流水段拆模后，直接吊到本幢房屋或就近房屋的下一个流水段去支模。

还有一种是通用性拼装式模板，即按一定模数和补充尺寸做出各种尺寸的中小型模板，根据每个建筑不同尺度要求进行组装。它有一定的灵活性，适用于不同的建筑要求，但每次需要重新组装，比较麻烦。

## 二、大模板建筑的节点构造

大模板建筑的主要承重构件，如内墙、外墙、楼板（包括屋面板）均可采用大模板现浇，而内隔墙多是在建筑主体形成以后，以预制板形式安装，所以可采用轻型板组装，比较简单。大模板建筑的承重内墙在任何情况下都采用大模板现浇方式，而外墙和楼板只能有一项是大模板，另一项多采用预制方式（包括采用砌筑的外墙）。这是因为大模板要在构件浇筑拆模后撤出，所以必须在外墙或楼板预留空位才能实现。因此，大模板建筑根据楼板和外墙的施工方法不同，大致可分为以下几种情况：

（一）现浇内墙与外挂墙板的连接

在"内浇外挂"的大模板建筑中，外墙板是在现浇内墙之前先安装就位，并将预制外墙板的甩出钢筋与内墙钢筋绑扎在一起，在外墙板缝中插入竖向钢筋（图 10-23a）。

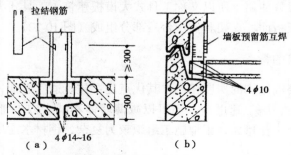

图 10-23 内墙与外挂板连接

(a) 内外墙连接（平面）；(b) 山墙板楼板连接（剖面）

· 204 ·

上下墙板的甩出钢筋也相互搭接焊牢（图 10-23b）。当浇筑内墙混凝土后，这些接头连接钢筋便将内外墙锚固成整体。

（二）现浇内墙与外砌砖墙的连接

在"内浇外砌"的大模板建筑中，砖砌外墙必须与现浇内墙相互拉结才能保证结构的整体性。施工时应先砌砖外墙，在与内墙交接处砖墙砌成凹槽（图 10-24b），并在砖墙中边砌边放入锚拉钢筋（又称甩筋，或胡子筋）。立内墙钢筋时将这些拉筋绑扎在一起，待浇筑内墙混凝土后，砖墙的预留凹槽中便形成一根混凝土构造柱，将内外墙牢固地连接在一起。山墙转角处由于受力较复杂，虽然与现浇内墙无连接关系，仍应在转角处砌体内现浇钢筋混凝土构造柱（图 10-24a）。

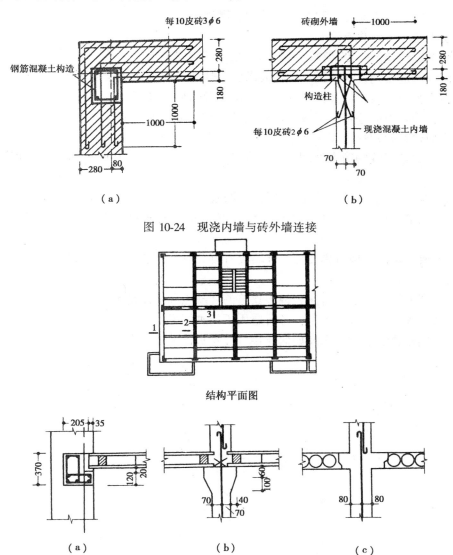

图 10-24　现浇内墙与砖外墙连接

结构平面图

图 10-25　墙与楼板连接

（a）1—1 剖面；（b）2—2 剖面；（c）3—3 剖面

（三）现浇内墙与预制楼板的连接

楼板与墙的整体工作有利于加强房屋的刚度，所以楼板与墙体应有可靠的连接，具体构造见图 10-25。安装楼板时，可将钢筋混凝土楼板伸进现浇墙内 35~45mm，相邻两楼板之间至少有 70~90mm 的空隙作为浇筑混凝土的位置。楼板端头甩出的连接筋与墙体竖向钢筋以及水平附加钢筋相互交搭，浇筑墙体时，在楼板之间形成一条钢筋混凝土现浇带，将楼板与墙体连接成整体。若外墙采用砖砌筑时，应在砖墙内的楼板部位设钢筋混凝土圈梁（图 10-25a）。

## 复习思考题

1. 什么叫建筑工业化？建筑工业化包含哪些内容？

2. 实现建筑工业化有哪几种途径？

3. 何谓砌块建筑？简述砌块建筑的优缺点及适用范围。

4. 砌块墙的排列设计应满足哪些要求？砌块建筑的构造要点是什么？

5. 何谓大板建筑？简述大板建筑的优缺点及适用范围。

6. 大板建筑由哪些构件组成？内外墙板在构造上有何区别？

7. 大板建筑板板材之间如何连接（注意构造图示）？

8. 大板建筑板缝的防水处理有哪几种方法？防水原理上有何不同（注意识读构造图）？

9. 何谓框架轻板建筑？简述框架轻板建筑的优缺点和适用范围。

10. 框架结构可分为哪些类型？装配式钢筋混凝土框架的构件连接分别有哪些方法？

11. 框架建筑外墙板有哪几种？外墙板有哪几种布置方式？注意识读外墙板与框架连接的节点。

12. 何谓大模板建筑？简述大模板建筑的优缺点和适用范围。

13. 大模板建筑有哪些类型？各自适用于何种情况？

14. 大模板建筑的构件之间如何连接（注意识读节点构造图）？

# 第二篇　工业建筑构造

## 第十一章　工业建筑的基本概念

工业建筑是指从事各类工业生产及直接为生产服务的房屋，是工业建设必不可少的物质基础。从事工业生产的房屋主要包括生产厂房、辅助生产用房以及为生产提供动力的房屋，这些房屋往往称为"厂房"或"车间"。直接为生产服务的房屋是指为工业生产存储原料、半成品和成品的仓库，存储与修理车辆的用房，这些房屋均属工业建筑的范畴。

工业建筑既为生产服务，也要满足广大工人的生活要求。随着科学技术及生产力的发展，工业建筑的类型越来越多，生产工艺对工业建筑提出的一些技术要求更加复杂，为此，对工业建筑的设计要符合安全适用、技术先进、经济合理的原则。为了便于掌握工业建筑的设计原理，首先介绍有关工业建筑的知识。

### 第一节　工业建筑的类型

#### 一、按建筑层数分类

1. 单层厂房（图 11-1）指层数为一层的厂房，它主要用于重型机械制造工业、冶金工业等重工业。这类厂房的特点是设备体积大、重量重，厂房内以水平运输为主。

　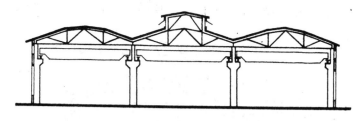

（a）单跨厂房　　　　　　　　　　　（b）多跨厂房

图 11-1　单层厂房剖面图

2. 多层厂房（图 11-2）指层数为二层以上的厂房。常见的层数为 2 ~ 6 层。其中双层厂房广泛应用于化纤工业、机械制造工业等。多层厂房多应用于电子工业、食品工业等轻工业。这类厂房的特点是设备较轻、体积较小、工厂的大型机床一般放在底层，小型设备放在楼层上，厂房内部的垂直运输以电梯为主，水平运输以电瓶车为主。建在城市中的多层厂房，能满足城市规划布局的要求，可丰富城市景观，节约用地面积，在厂

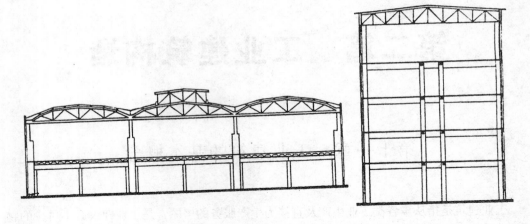

（a）双层厂房剖面图　　　　　　　　　　　（b）5 层厂房剖面图

图 11-2　多层厂房剖面图

房面积相同的情况下，四层的厂房造价为最
经济（见图 11-3）所示。

3. 层次混合的厂房（图 11-4）厂房由
单层跨和多层跨组合而成，多用于热电厂、
化工厂等。高大的生产设备位于中间的单跨
内，边跨为多层。

## 二、按用途分类

1. 主要生产厂房　在这类厂房中进行
生产工艺流程的全部生产活动，一般包括从
备料、加工到装配的全部过程。所谓生产工
艺流程是指产品从原材料——半成品——成品的全过程，例如钢铁厂的烧结、焦化、炼
铁、炼钢车间。

2. 辅助生产厂房　为主要生产厂房服务的厂房，例如机械修理、工具等车间。

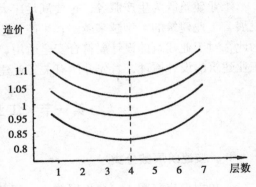

图 11-3　多层厂房经济图

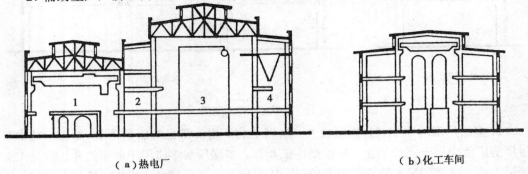

（a）热电厂　　　　　　　　　　　　　（b）化工车间

图 11-4　层次混合厂房

1—汽机间；　　2—除氧间；3—锅炉间；4—煤斗间

3. 动力用厂房　为主要生产厂房提供能源的场所，例如发电站、锅炉房、煤气站等。

4. 储存用房屋　为生产提供存储原料、半成品、成品的仓库，例如炉料、砂料、油料、半成品、成品库房等。

5. 运输用房屋　为生产或管理用车辆的存放与检修的房屋，例如汽车库、消防车库、电瓶车库等。

6. 其他　例如解决厂房给水、排水问题的水泵房、污水处理站等。

### 三、按生产状况分类

1. 冷加工车间　在常温状态下进行生产，例如机械加工车间、金工车间等。

2. 热加工车间　在高温和熔化状态下进行生产，可能散发大量余热、烟雾、灰尘、有害气体，例如铸工、锻工、热处理车间。

3. 恒温恒湿车间　在恒温（20℃左右）、恒湿（相对湿度在50%~60%）条件下进行生产，例如精密仪器车间、纺织车间等。

4. 洁净车间　要求在保持高度洁净的条件下进行生产，防止大气中灰尘及细菌的污染，例如集成电路车间、精密仪表加工及装配车间。

## 第二节　工业建筑的特点

从世界各国的工业建筑现状来看，单层厂房的应用比较广泛。在建筑结构等方面与民用建筑相比较，具有以下特点。

1. 厂房平面要根据生产工艺的特点设计　厂房的建筑设计在生产工艺设计的基础上进行，并能适应由于生产设备更新或改变生产工艺流程而带来的变化。

2. 厂房内部空间较大　由于厂房内生产设备多而且尺寸较大，并有多种起重运输设备，有的加工巨型产品，通行各类交通运输工具，因而厂房内部大多具有较大的开敞空间。如有桥式吊车的厂房，室内净高在8m以上，有6 000t压力的水压机车间，室内净高在20m以上，有些厂房高度可达40m以上。

3. 厂房的建筑构造比较复杂　大多数单层厂房采用多跨的平面结合形式，内部有不同类型的起吊运输设备，由于采光通风等缘故，采用组合式侧窗、天窗，使之屋面排水、防水、保温、隔热等建筑构造的处理复杂化，技术要求比较高。

4. 厂房骨架的承载力较大　在单层厂房中，由于屋顶重量大，且多于吊车荷载；在多层厂房中，楼板荷载大，故我国厂房结构主要采用钢筋混凝土骨架或钢骨架承重。

综上所述，进行工业建筑设计应满足以下要求：（1）生产工艺的要求；（2）建筑技术的要求；（3）卫生及安全要求；（4）建筑经济的要求。

## 第三节　单层厂房的起重运输设备

### 一、起重设备——吊车

吊车也称为行车，是单层厂房中被广泛采用的起重设备，主要有三种类型。

1. 单轨悬挂式吊车（图 11-5）这种吊车由单轨和电动（或手动）葫芦两部分组成。单轨一般采用工字型钢轨固定在屋架下弦上；在钢轨下翼缘上设可移动的滑轮组（俗称神仙葫芦），沿轨道运行，利用滑轮组升降进行起重，一般起重量 $Q = 0.5 \sim 5t$。

2. 梁式吊车（图 11-6）

（1）悬挂梁式吊车（见图 11-6（a））由梁架和电动葫芦组成。梁架为工字形断面，可以悬挂在屋架下弦或支承在吊车梁上，电动葫芦悬挂在工字钢梁上。运送物件时，梁架沿厂房纵向移动，电动葫芦沿厂房横向移动。

（2）支座梁式吊车（见图 11-6（b））是在排架柱上设牛腿，牛腿支承吊梁钢轨，梁式吊

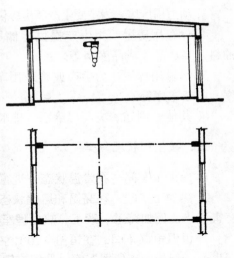

图 11-5　单轨悬挂式吊车

车沿厂房纵向运行，小车沿厂房横向运行，运行状况优于单轨悬挂式吊车。起重量 $Q$ 不超过 5t。

3. 桥式吊车（图 11-7）由桥架和起重小车两大部分组成。桥架由两榀钢桁架或钢梁制作，支承在吊车梁的轨道上，沿厂房纵向运行；起重小车支承在桥架上，沿厂房横向运行。桥式吊车的起重量 $Q = 5 \sim 350t$，适用于 $12 \sim 36m$ 跨度的厂房中。桥式吊车按工作的重要性及繁忙程度分为轻级、中级、重级三种工作制，以 JC% 来表示（JC 表示吊车的工作时间占台班生产时间的比率）。

轻级工作制 JC = 15% ~ 25%，满载机会少，工作速度慢，如检修部门、水电站等。

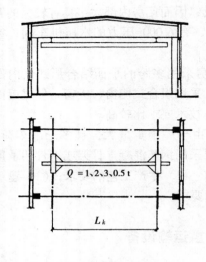

（a）悬挂式梁式吊车

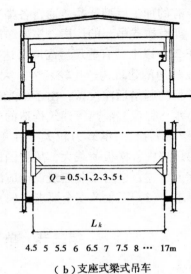

4.5　5　5.5　6　6.5　7　7.5　8　…　17m

（b）支座式梁式吊车

图 11-6　梁式吊车

中级工作制 JC = 25% ~ 40%，用于经常使用吊车的机械加工车间、铸工车间等。

重级工作制 JC ≥ 40%，主要用于工作繁忙的冶金车间等。

桥式吊车跨度用 $L_k$ 表示（即桥架车轮间距离），厂房跨度用 $L$ 表示，$L_k = L - 2e$，$e$ 表示吊车轨道中心线与纵向定位轴线之间的距离，常采用 750mm。

吊车有单钩、双（或主、副）钩之分，$Q = 5t$，表示单钩吊车；$Q = 20t/5t$，表示主钩起重量为 20t，副钩起重量为 5t。还有软钩、硬钩之分，软钩为钢丝绳栓挂钩；硬钩为铁臂支承的钳、槽等。

### 二、起重运输设备

例如电动平板车、电瓶车、载重汽车、火车等。

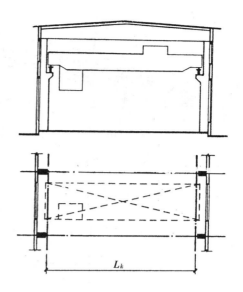

图 11-7　桥式吊车

## 第四节　单层厂房的结构组成

单层厂房的骨架结构，是由支承各种竖向的和水平的荷载（见图 11-8）作用的构件所组成。厂房依靠各种结构构件合理地连接为一体，组成一个完整的结构空间以保证厂房的坚固、耐久。我国广泛采用钢筋混凝土排架结构，其结构构件的组成见图 12-9。

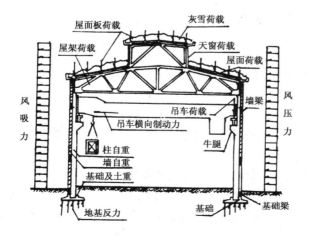

图 11-8　单层厂房结构主要荷载示意

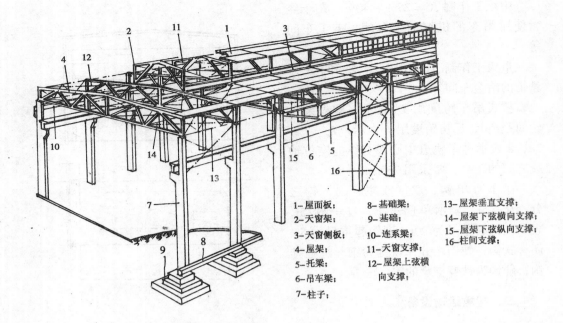

1- 屋面板;　　8- 基础梁;　　13- 屋架垂直支撑;
2- 天窗架;　　9- 基础;　　　14- 屋架下弦横向支撑;
3- 天窗侧板;　10- 连系梁;　　15- 屋架下弦纵向支撑;
4- 屋架;　　　11- 天窗支撑;　16- 柱间支撑;
5- 托梁;　　　12- 屋架上弦横
6- 吊车梁;　　　　向支撑;
7- 柱子;

图 11-9　单层厂房构件部位示意

### 一、承重结构

1. 横向排架：由基础、柱、屋架组成，主要是承受厂房的各种荷载。

2. 纵向连系构件：由吊车梁、圈梁、连系梁、基础梁等组成，与横向排架构成骨架，保证厂房的整体性和稳定性；纵向构件主要承受作用在山墙上的风荷载及吊车纵向制动力，并将这些力传递给柱子。

3. 支撑系统构件：支撑构件设置在屋架之间的称为屋架支撑；设置在纵向柱列之间的称为柱间支撑系统，支撑构件主要传递水平风荷载及吊车产生的水平荷载，起保证厂房空间刚度和稳定性的作用。

### 二、围护结构

单层厂房的外围护结构包括外墙、屋顶、地面、门窗、天窗、地沟、散水、坡道、消防梯、吊车梯等。

## 第五节　单层厂房结构类型和选择

单层厂房结构的分类方式有：（1）按其承重结构的材料分成混合结构型、钢筋混凝土结构型、钢结构型等；（2）按其施工方法分为装配式和现浇式钢筋混凝土结构型；（3）按其主要承重结构的型式分为排架结构型、刚架结构型和空间结构型，以下主要介绍后一种分类。

### 一、排架结构型

系将厂房承重柱的柱顶与屋架或屋面梁作铰接连接，而柱下端则嵌固于基础中，构成平面排架，各平面排架再经纵向结构构件连接组成为一个空间结构。它是目前单层厂房中最基本、应用最普遍的结构型式。此型可分以下几种厂房型式：

1. 砖混结构厂房 采用砖柱或钢筋混凝土柱，屋面结构可按有关条件选用木屋架、钢木屋架、钢筋混凝土屋架或屋面梁等。此类的柱距一般为4m～6m，跨度≤15m（见图11-10）。

（a）单跨钢木屋架厂房　　（b）多跨钢木屋架厂房　　　　　（c）钢筋混凝土组合屋架厂房

图11-10 砖混结构厂房

适用于无吊车厂房或吊车起重量≤3t的中小型厂房

2. 钢筋混凝土柱厂房 此类的承重柱可选用钢筋混凝土的矩形截面柱、工字形截面柱、双肢形截面柱、圆管形截面柱，还可采用钢与钢筋混凝土组合的混合型柱等。屋面结构视情况可选用钢筋混凝土屋架或屋面梁、预应力混凝土屋架或屋面梁，在具有某些特殊情况时，经过技术经济比较，且其综合效益较好，也可采用钢屋架。一般柱距为6m～12m，跨度为12m～30m（见图11-11）。

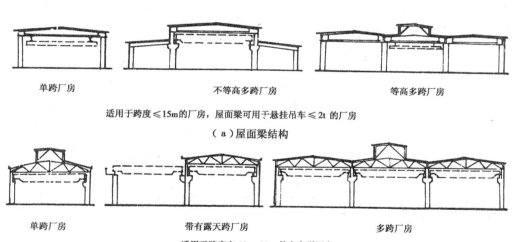

单跨厂房　　　　　　不等高多跨厂房　　　　　　等高多跨厂房

适用于跨度≤15m的厂房，屋面梁可用于悬挂吊车≤2t的厂房

（a）屋面梁结构

单跨厂房　　　　　带有露天跨厂房　　　　　多跨厂房

适用于跨度在18m～30m的大中型厂房

（b）屋架结构

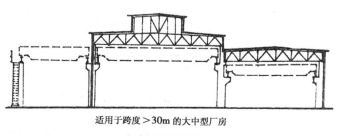

适用于跨度＞30m的大中型厂房

（c）钢屋架结构

图11-11 钢筋混凝土柱厂房

3. 钢结构厂房　钢结构厂房，系采用钢柱、钢屋架作为厂房的承重结构。一般柱距 12m，也有将 6m 与 12m 柱距混合使用，跨度 ≥30m（见图 11-12）。

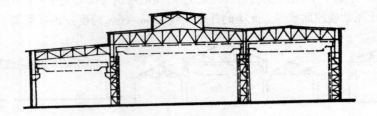

（a）多跨钢结构厂房

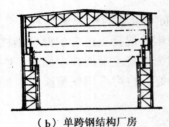

（b）单跨钢结构厂房

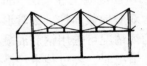

（c）悬挂式轻型钢结构厂房

图 11-12　钢结构厂房

（a）、（b）适用于柱距 ≥12m，吊车起重量 ≥200t 的重型厂房
（c）适用于大面积的无吊车厂房，其特点是制作安装简单，节省钢材

## 二、钢架结构型

钢架结构的基本特点是柱和屋架（横梁）合并为同一个钢性构件。柱与基础的连接通常为铰接（也有作固接的）。钢筋混凝土钢架与钢筋混凝土排架相比，可节约钢材约 10%，混凝土约 20%。一般常采用预制装配式钢筋混凝土钢架或预应力混凝土钢架，也有选用钢钢架的。一般重型单层厂房多采用钢架结构。

钢筋混凝土钢架常用于跨度 ≤18m（有的厂房跨度 >18m，数量不多），一般檐高不超过 10m，无吊车或吊重 10t 以下的车间（见图 11-13）。

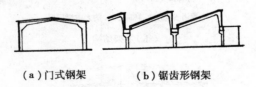

（a）门式钢架　　　（b）锯齿形钢架

图 11-13　钢架结构厂房

适用于无吊车、跨度 ≤18m 地基条件良好的中小型厂房

## 三、空间结构型

这是一种屋面体系为空间结构体系。这种结构体系充分发挥了建筑材料的强度潜力和提高结构的稳定性，使结构由单向受力的平面结构，成为能多向受力的空间结构体

系。一般常见的有折板结构、网格结构、薄壳结构、悬索结构等。

1. 折板结构厂房（图 11-14）　由若干狭长的薄板以一定角度相交连成折线形的空间薄壁体系，将屋面与屋面承重结构合为一体。它适宜用于长条形平面的屋盖，两端应有通长的墙或圈梁作为板的支点。折板常用 V 型、梯形、T 形、马鞍形壳板等。我国应用最广泛的是预应力混凝土 V 形折板。折板结构的跨度不宜超过 30m，一般跨度 6m ~ 24m。跨度 ≤ 15m，可悬挂 1t 的悬挂吊车。

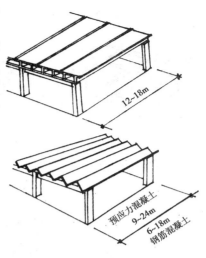

图 11-14　折板结构厂房

2. 网格结构厂房（图 11-15）　网格结构是杆件按一定的规律布置，通过节点连接而成的一种网状空间杆系结构。它空间刚度大，整体性和稳定性好，有良好的抗震性能，适用于各种支承条件和各种平面形状、大小跨度。它用钢量大，采用钢管时取材有一定困难，需要大面积采取防火及防腐蚀措施，屋面造价较高。此结构外形呈平板状称平板网架；外形呈曲面状称曲面网架。

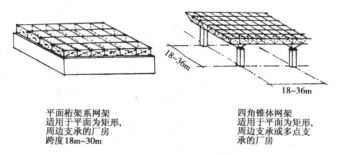

平面桁架系网架
适用于平面为矩形，
周边支承的厂房
跨度18m~30m

四角锥体网架
适用于平面为矩形，
周边支承或多点支
承的厂房

图 11-15　网格结构厂房

3. 薄壳结构厂房（图 11-16）　薄壳是一种曲面的薄壁结构。它能充分发挥材料强度，能将承重与围护两种功能融合为一。材料大多采用钢筋混凝土。它按曲面生成的形状分筒壳、圆顶薄壳、双曲扁壳和双曲抛物面壳等。此种结构较为费工费模板。

4. 悬索结构厂房（图 11-17）　这是以一系列高强钢索作为主要承重构件并按一定规律悬挂在相应支承结构上的一种张力结构。它受力合理、自重较轻、耗钢量少，安装时不需要大型起重设备。它能根据各种平面形状要求，组成不同的结构体系，并可较经济地跨越很大的跨度，适应生产工艺要求。它有单层悬索结构、双层悬索结构、索网结构和混合悬挂体系等之分。

单层厂房结构，现普遍采用排架结构型。在排架结构型中的各类结构型式，各具特点，应根据具体情况合理选择。一般选择的原则是：

（1）对小型厂房，一般多采用砖混承重结构或钢筋混凝土承重结构。

（2）对中型厂房，一般多采用钢筋混凝土承重结构或预应力混凝土承重结构。

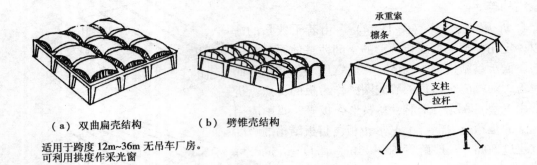

（a）双曲扁壳结构　　　　（b）劈锥壳结构

适用于跨度 12m~36m 无吊车厂房。
可利用拱度作采光窗

图 11-16　薄壳结构厂房　　　　图 11-17　单曲悬索单层厂房结构示意

（3）对大型厂房，一般常采用钢筋混凝土承重结构、预应力混凝土承重结构、部分钢结构与钢筋混凝土结构组成的混合承重结构。

（4）对部分大型厂房或生产工艺有特殊要求的跨间或车间，如设有壁行吊车、直接承受辐射热的车间，可采用钢承重结构。

（5）对具有腐蚀性介质和空气相对湿度较大的厂房，应优先采用钢筋混凝土承重结构。

由于装配式钢筋混凝土门式钢架是屋架与柱合一，构件种类减少，制作较简单，结构轻巧，且建筑空间宽敞，但其刚度较差，在有较大吨位吊车的厂房中，应用就受到了限制。另外其预制构件体形大、重，且外形呈"U"或"Y"形，这给运输、吊装等造成困难。故目前中小型单层厂房，其中吊车吨位小的也被广泛采用。

### 复习思考题

1．试述工业建筑的特点。

2．厂房中的吊车有几种类型？

3．画图说明单层厂房都承受哪些荷载。

4．试述单层工业厂房的结构组成。

5．试述单层工业厂房的各种类型及其特点。

# 第十二章　单层厂房承重结构构造

装配式钢筋混凝土排架结构的单层厂房，其骨架是由横向排架和纵向连系构件所组成。现对单层厂房主要承重构件分述如下。

## 第一节　屋盖结构

### 一、屋盖结构类型

屋盖结构根据构造不同可分为两类：

1. 有檩体系屋盖　设檩条，它放在屋架上，檩条上铺各种类型板瓦。这种屋面的刚度差，配件和搭缝多，在频繁振动下易松动，但屋盖重量较轻，适合小机具吊装，适用于中小型厂房。

2. 无檩体系屋盖　大型屋面板直接搁置在屋架或屋面梁上，这种屋面整体性好，刚度大，大中型厂房多采用这种屋面结构形式。

### 二、屋盖的承重构件

（一）屋架（或屋面梁）

屋架（或屋面梁）是屋盖结构的主要承重构件，直接承受屋面荷载；有的还要承受悬挂吊车、天窗架、管道或生产设备等的荷载，选择当否，对厂房的安全、刚度、耐久性、经济性和施工进度等都会有很大影响。

按制作材料分为钢筋混凝土屋架或屋面梁、钢屋架、木屋架和钢木屋架。

1. 钢筋混凝土屋架、屋面梁　单层厂房除了跨度很大的重型车间和高温车间采用钢屋架外，一般多采用这类结构。

（1）屋面梁（表12-1序号1~3）　屋面梁构造简单，高度小，重心低，较稳定，耐腐蚀，施工方便。但构件重，费材料。一般跨度9m以下用单坡形，跨度12m~18m为双坡。普通钢筋混凝土屋面梁的跨度一般≤15m，预应力混凝土屋面梁一般≤18m。

（2）屋架　屋架有两类：一类为两铰或三铰拱屋架；一类为桁架式屋架。

① 两铰或三铰拱屋架（表12-1序号4~6）两铰拱的支座节点为铰接，屋脊节点为刚接；三铰拱的支座节点及屋脊节点均为铰接。两铰拱上弦为普通钢筋混凝土构件，三铰拱的上弦可为钢筋混凝土或预应力混凝土构件；它们的下弦为型钢拉杆。这些构件都可集中预制，现场组装，用料省，自重轻，构造简单。但其刚度较差，尤其是屋架平面的刚度更差。对有重型吊车和振动较大的厂房不宜采用。一般的实用跨度为9~15m。有时可代替屋面梁使用。

② 桁架式屋架（表12-1序号7~15）　按外形可分为三角形、梯形、拱形、折线形等桁架式屋架。

表中序号 7 为三角形组合式屋架，它的施工、构造、工作特点及应用范围均与三铰拱屋架相似，但自重较轻。这种屋架的弦杆受力虽不太理想，但其上弦坡度却适于使用板瓦等有檩结构的屋面。

表中序号 13 为拱形屋架，它受力最合理，但须用卷材屋面防水。它的端部屋面坡度比较陡，温度较高时屋面容易淌油。

表中序号 14 为梯形屋架，它的杆力分布不如拱形的合理，屋架端部高度较大，需沿端部设置垂直支撑以保证屋架稳定。它的屋面坡度平缓，适用于卷材屋面。当采用横向或井式天窗时，由于要求在天窗处有较大的高度，选用梯形屋架就较为合理。

表中序号 10、11、12、15 为折线形屋架，它吸收拱形屋架的合理外形，将上弦作成由几段折线杆组成，改善屋面坡度。这种屋架按屋面防水不同可分为用卷材防水屋面的折线形屋架（序号 10、11），用非卷材防水屋面的折线形屋架（序号 12）。折线形屋架是目前较常采用的一种屋架形式。

**表 12-1　钢筋混凝土屋架类型表**

| 序号 | 构件名称（标准图号） | 形式 | 跨度 | 特点及适用条件 |
|---|---|---|---|---|
| 1 | 预应力混凝土单坡屋面梁（G414） | | 6 9 | 1. 自重较大；<br>2. 适用于跨度不大、有较大振动或有腐蚀性介质的厂房；<br>3. 屋面坡度 1/8 ~ 1/12 |
| 2 | 预应力混凝土双坡屋面梁（G414） | | 12 15 18 | |
| 3 | 预应力混凝土空腹屋面梁 | | 12 15 18 | |
| 4 | 钢筋混凝土两铰拱屋架（G310、CG311） | | 9 12 15 | 1. 上弦为钢筋混凝土构件，下弦为角钢，顶节点刚接，自重较轻，构造简单，应防止下弦受压；<br>2. 适用于跨度不大的中、轻型厂房；<br>3. 屋面坡度：卷材防水 1/5，非卷材防水 1/4 |
| 5 | 钢筋混凝土三铰拱屋架（G312、CG313） | | 9 12 15 | 顶节点铰接，其他同上 |
| 6 | 预应力混凝土三铰拱屋架（CG424） | | 9 12 15 18 | 上弦为先张法预应力混凝土构件，下弦为角钢，其他同上 |
| 7 | 钢筋混凝土组合式屋架（CG315） | | 12 15 18 | 1. 上弦及受压腹杆为钢筋混凝土构件，下弦及受拉腹杆为角钢，自重较轻，刚度较差；<br>2. 适用于中、轻型厂房；<br>3. 屋面坡度 1/4 |

| 序号 | 构件名称<br>（标准图号） | 形式 | 跨度 | 特点及适用条件 |
|---|---|---|---|---|
| 8 | 钢筋混凝土下撑式五角形屋架 | | 12<br>15 | 1. 构造简单，自重较轻，但对房屋净空有影响；<br>2. 适用于仓库和中、轻型厂房；<br>3. 屋面坡度 1/7.5 ~ 1/10 |
| 9 | 钢筋混凝土三角形屋架（原 G145、G146） | | 9<br><br>12<br>15 | 1. 自重较大，屋架上设檩条或挂瓦板；<br>2. 适用于跨度不大的中、轻型厂房；<br>3. 屋面坡度 1/2 ~ 1/3 |
| 10 | 钢筋混凝土折线形屋架（卷材防水屋面）（G314） | | 15<br>18<br><br>21<br><br>24 | 1. 外形较合理，屋面坡度合适；<br>2. 适用于卷材防水屋面的中型厂房；<br>3. 屋面坡度 1/5 ~ 1/15 |
| 11 | 预应力混凝土折线形屋架（卷材防水屋面（C415） | | 15<br>18<br><br>21<br>24<br>27<br>30 | 1. 外形较合理，屋面坡度合适，自重较轻；<br>2. 适用于卷材防水屋面的中、重型厂房；<br>3. 屋面坡度 1/5 ~ 1/15 |
| 12 | 预应力混凝土折线形屋架（非卷材防水屋面）（CG423） | | 18<br><br>21<br><br>24 | 1. 外形较合理，屋面坡度合适，自重较轻；<br>2. 适用于非卷材防水屋面的中型厂房；<br>3. 屋面坡度 1/4 |
| 13 | 预应力混凝土拱形屋架（原 G215） | | 18 ~<br>36 | 1. 外形合理，自重轻，但屋架端部屋面坡度太陡；<br>2. 适用于卷材防水屋面的中、重型厂房；<br>3. 屋面坡度 1/3 ~ 1/30 |
| 14 | 预应力混凝土梯形屋架 | | 18 ~<br>30 | 1. 自重较大，刚度好；<br>2. 适用于卷材防水的重型、高温及采用井式或横向天窗的厂房；<br>3. 屋面坡度 1/10 ~ 1/12 |
| 15 | 预应力混凝土空腹屋架 | | 15 ~<br>36 | 1. 无斜腹杆，构造简单；<br>2. 适用于采用横向天窗或井式天窗的厂房 |

2. 钢屋架　钢屋架形式与屋盖的构造方案有关。方案有无檩方案和有檩方案两种。

无檩方案是将大型屋面直接支承于钢屋架上，屋架间距就是大型屋面板的跨度，一般为 6m。其特点是：构件的种类和数量少，安装效率高，施工进度快，易于进行铺设保暖层等屋面工序的施工。其最突出优点是屋盖横向刚度大，整体性好，屋面构造简单，较为耐久。但因屋面自重较重，致使屋盖结构以及下部结构用料多；屋盖质量过大，对抗震也很不利。

有檩方案是在屋架上设檩条，在檩条上再铺设板瓦材。屋架间距就是檩条的跨度，通常为 4m~6m，檩条间距由所用屋面材料确定，可参见表 12-2。有檩方案具有构件重量轻、用料省、运输及安装均较方便等优点；但屋盖构件数量多，构造复杂，吊装次数多，横向整体刚度差等。

两种方案各具长短，选用时应根据具体情况分析研究，择优采用。一般中型以上特别是重型厂房，因其对厂房横向刚度要求较高，采用无檩方案较合适；而对于中小型特别是不需设保暖层的厂房，则可采用具有轻型屋面材料的有檩方案。

屋架的外形应与屋面材料的要求相适应。当屋面采用瓦类、钢丝网水泥槽板时，屋架上弦坡度要求陡些，一般不小于 1/3，以利排走雨水；当采用大型屋面板铺设卷材做成有组织排水的屋面时，屋面坡度宜平缓些，一般坡度取 1/8~1/12。有关屋面材料及其适宜的屋架形式见表 12-2。

表 12-2　各种屋面材料及其适宜的屋架形式

| 序号 | 屋面材料 | 坡度（i） | 檩距（m） | 屋架形式 |
|---|---|---|---|---|
| 1 | 石棉水泥小波瓦 | 1/3~1/2.5 | 0.75 | |
| 2 | 石棉水泥中波瓦 | 1/3~1/2.5 | 0.75~1.05 | |
| 3 | 石棉水泥大波瓦 | 1/3~1/2.5 | 1.25 | 三角形屋架 |
| 4 | 粘土瓦或水泥平瓦 | 1/2.5~1/2 | 0.75 | （也可用三铰拱屋架） |
| 5 | 钢丝网水泥波形瓦 | 1/3 | 1.50 | |
| 6 | 预应力混凝土槽瓦 | 1/3 | 3.00 | |
| 7 | 瓦楞铁 | 1/5~1/3 | 0.75 | 三角形屋架 |
| 8 | 压型钢折板 | 1/5~1/3 | 3.00、6.00 | （也可用三铰拱屋架） |
| | | 1/12~1/8 | 无檩 | |
| 9 | 钢筋混凝土槽板或加气混凝土板 | 1/12~1/8 | 3.00 或无檩 | 梯形或下撑式屋架（也可用棱形屋架） |
| 10 | 大型屋面板 | 1/12~1/8 | 无檩 | 梯形或下撑式屋架 |

钢屋架常用的形式见图 12-1。图中（a）~（g）屋架用于屋面坡度要求较陡的；（h）~（k）屋架为缓坡形的。

根据目前我国的实情，钢结构在建筑中的应用受到一定限制。在中小型工业建筑中，其屋盖结构，一般应优先采用钢筋混凝土的屋盖体系。只有属于下列情况之一者，如果屋盖的主要承重结构采用屋架时，才采用钢屋架：

（1）屋盖跨度较大者，跨度应 ≥36m；

（2）高温车间，如设有 ≥15t 转炉车间中的转区段、热钢坯库等；

（3）有较大振动设备的车间，如设有 5t 锻锤的车间；设有 ≥1 600t 水压机的车间；

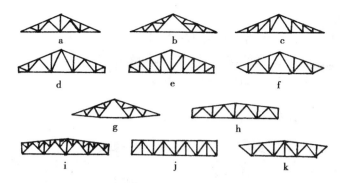

图 12-1　钢屋架的形式

(a)、(b)、(c) 三角形屋架；(d)、(e) 陡坡梯形屋架；(f)、(g) 下弦弯折的三角形屋架

(h)、(i) 缓坡梯形屋架；(j) 平行弦屋架；(k) 下撑式屋架

设有 17t 造型机的造型工部等；

（4）支承在钢柱或钢托架上的屋架；

（5）有 ≥5t 的悬链或悬挂吊车的厂房；

（6）某些特殊工程或某些特殊情况，采用钢筋混凝土屋架不能满足生产使用要求，或在施工技术或安装条件上确有困难，经技术经济比较，综合效益好的。

3. 木屋架、钢木屋架　单层厂房在考虑是否宜于采用木屋盖结构时，应注意其易腐朽、焚烧和变形的特点。因此对温湿度较大、结构跨度较大和有较大振动荷载的场所都不宜采用。木屋盖结构适宜应用的范围是：

（1）跨度一般不超过 21m；

（2）室内空气相对湿度不大于 70%；

（3）室内温度不大于 50℃；

（4）吊车起重量不超过 5t，悬挂吊车不超过 1t。

按屋架下弦采用木材或钢材可分为全木屋架和钢木屋架。一般全木屋架适用跨度不超过 15m，钢木屋架的下弦受力状况好，刚度也较好，适用跨度以 18m 为宜，也有用到 21m 的。

屋架的形式很多，按外形分一般常见的有三角形、五角形、多边形和弧形等。其中三角形屋架最费料，但节点简单，可用瓦材铺设屋面；弧形和多边形屋架受力最好，但费工，多用跨度较大的场合（见图 12-2）。

豪式三角形全木屋架　　芬克式三角形钢木屋架　　豪式五角形全木屋架

五角形钢木屋架　　多边形钢木屋架　　多边形桁架组成的三铰拱屋架

图 12-2　木屋架、钢木屋架

（2）屋架托架

当厂房的全部或局部柱距为12m或12m以上，而屋架的间距仍保持为6m时，则需在扩大的柱距间按屋架所在位置设托架来承托屋架，通过托架将屋架上的荷载传给柱子。托架有钢筋混凝土托架（见图12-3）钢托架两类。

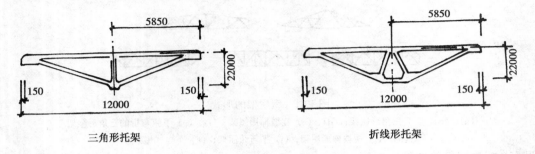

三角形托架                              折线形托架

整体式预应力混凝土结构的跨度一般为12m。冷拉Ⅳ级的钢筋束，以碳素钢丝束及钢铰线为预应力钢筋时，采用折线形托架；以冷拉Ⅱ、Ⅲ组粗钢筋为预应力钢筋时，采用三角形托架。

图12-3　钢筋混凝土托架

# 第二节　柱

厂房中的柱由柱身（又分为上柱和下柱）、牛腿及柱上预埋铁件组成，柱是厂房中的主要承重构件之一，在柱顶上支承屋架，在牛腿上支承吊车梁。它主要承受屋盖和吊车梁等竖向荷载、风荷载及吊车产生的纵向和横向水平荷载，有时还要承受墙体、管道设备等荷载。故柱应具有足够的抗压和抗弯能力。设计中要根据受力情况选择合理的柱子形式。

## 一、柱的类型、特点及适用条件

柱的类型很多，按材料分有：砖柱、钢筋混凝土柱、钢柱等；按截面形式分有：单肢柱和双肢柱两大类。目前一般多采用钢筋混凝土柱。

（一）钢筋混凝土柱（见图12-4）

钢筋混凝土柱按截面的构造尺寸分为：

1. 矩形柱　矩形柱截面有方形和长方形，多采用长方形，截面尺寸 $b \times h$，一般为 $400mm \times 600mm$，其特点是外形简单，受弯性能好，施工方便，容易保证质量要求；但柱截面中间部分受力较小，不能充分发挥混凝土的承载能力，混凝土用量多，自重也重，仅适用于中小型厂房。

2. 工字形柱　工字形柱截面尺寸一般 $b \times h$ 为 $400mm \times 600mm$、$40mm \times 800mm$、

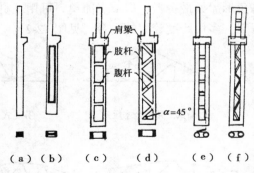

（a）矩形柱；（b）工字形柱；
（c）平腹杆双肢柱；（d）斜腹杆双肢柱；
（e）平腹杆双肢管柱；（f）斜腹杆双肢管柱

图12-4　常用的钢筋混凝土柱

500mm×1 500mm 等，与截面尺寸相同的矩形柱相比，承载力几乎相等，因为工字形柱就是将矩形柱横截面受力较小的中间部分的混凝土省去做成腹板，则可节约混凝土30%～50%。若截面高度较大时，为了方便水、暖、电等管线穿过，又减轻柱的自重，也可在腹板上开孔。但工字柱制作比矩形柱复杂。在大、中型厂房内采用较为广泛。

3. 双肢柱  双肢柱由两根承受轴向力的肢杆和联系两肢的腹杆组成。其腹杆有平腹杆和斜腹杆两种布置形式。平腹杆双肢柱的外形简单，施工方便，腹杆上的长方孔便于布置管线，但受力性能和刚度不如斜腹杆双肢柱。斜腹杆双肢柱是桁架形式，各杆件基本承受轴向力，弯矩很小，较省材料。当柱的高度和荷载较大，吊车起重量大于30t，柱的截面尺寸 $b \times h > 600\text{mm} \times 1\,500\text{mm}$ 时，宜选用双肢柱。

4. 管柱  管柱有单肢管柱和双肢管柱之分，单肢管柱的外形和等截面的矩形柱相似，可伸出支撑吊车梁的肩梁（牛腿）。双肢管柱的外形类似双肢柱，又可分为平腹杆双肢管柱和斜腹杆双肢管柱，管肢 $D$ 为 300mm～500mm，壁厚常用 60mm 左右。钢筋混凝土管柱在工厂预制，可采用机械化方式生产，可在现场拼装，受气候的影响较少；但因管的外形是圆的，设置预埋件较困难，与墙的连接也不如其他形式的柱方便。

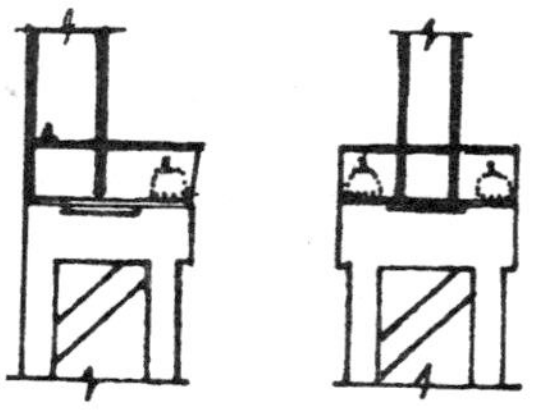

图 12-5  钢—钢筋混凝土组合柱

（二）钢—钢筋混凝土组合柱

它是当柱较高，自重较重，因受吊装设备的限制，为减轻柱重时采用。其组合形式是上柱为钢柱，下柱为钢筋混凝土双肢柱（见图 12-5）。

（三）钢柱

一般分为等截面和变阶形式两类柱。它们可以是实腹式，也可以是格构式的。格构式柱的柱肢截面大多数是工字形的，也有管形的。吊车吨位大的重型厂房适宜选用钢柱（见图 12-6）。

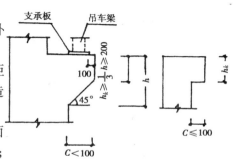

图 12-6  钢柱

## 二、柱牛腿

单层厂房结构中的屋架、托梁、吊车梁和连系梁等构件，常由设置在柱上的牛腿支承。钢筋混凝土柱上牛腿有实腹式和空腹式之分，通常多采用实腹式牛腿。钢筋混凝土实腹式牛腿的构造要满足如下要求见图 12-7：

1. 为了避免沿支承板内侧剪切破坏，牛腿外缘高 $h_k \geqslant h/3 \geqslant 200\text{mm}$。

2. 支承吊车梁的牛腿，其外缘与吊车梁的距离为 100mm，以免影响牛腿的局部承压能力，造成外缘混凝土剥落。

3. 牛腿挑出距离 $c$ 大于 100mm 时，牛腿底面的倾斜角 $\alpha \leqslant 45°$，否则会降低牛腿的承载能力；当 $c \leqslant 100\text{mm}$ 时，$\alpha$ 可为 0°。

图 12-7  牛腿的构造要求

### 三、柱的预埋件

柱上除了按结构计算需要配置钢筋外，还要根据柱的位置以及柱与其他构件连接的需要等，要求在柱上预先埋设铁件。如柱与屋架、柱与吊车梁、柱与连系梁或圈梁、柱与砖墙或大型墙板及柱间支撑等相互连接处，均须在柱上埋设如钢板、螺栓、锚拉钢筋等铁件。因此，在进行柱子设计和施工时，应根据实际情况将所需预埋铁件的品种、数量、位置等核实清楚（见图12-8）。

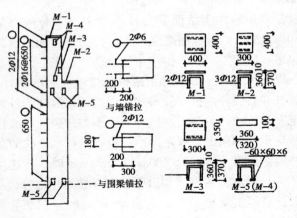

图 12-8　钢筋混凝土柱上预埋铁件

## 第三节　基　础

基础是厂房的重要构件之一。基础承担着厂房上部结构的全部重量，并传送到地基。故基础起着承上传下的重要作用。

### 一、基础的类型、特点及适用条件（见表12-3）

基础类型的选择主要取决于建筑物上部结构荷载的性质和大小、工程地质条件等。

单层厂房一般常采用钢筋混凝土基础。① 当上部荷载不大，地基土质较均匀，承载力较大时，柱下多采用独立的杯形基础；② 当荷载轴向大而弯矩小，且施工技术好，其他条件同上时，也可采用独立的壳体基础；③ 当上部结构荷载较大，而地基承载力较小，柱下如用杯形基础，由于底面积过大，会使相邻基础之间的距离较近，因此可采用条形基础。这种基础刚度大，能调整纵向柱列的不均匀沉降情况；④ 当地基的持力层离地表较深，地基表层土松软或为冻土地基，且上部荷载又较大，对地基的变形限制较严时，可考虑采用桩基础等。

表 12-3　基础类型表

| 序号 | 名　称 | 形　式 | 特　点 | 适 用 条 件 |
|---|---|---|---|---|
| 1 | 杯形基础 | | 施工简便 | 适用于地基土质较均匀、地基承载力较大，荷载不大的一般厂房 |

| 序号 | 名　称 | 形　式 | 特　点 | 适　用　条　件 |
|---|---|---|---|---|
| 2 | 壳体基础 | | 壁薄，受力性能较好，省料，但施工较复杂 | 适用于轴向荷载大而弯矩小的柱下基础或烟囱、水塔等独立构筑物基础 |
| 3 | 条形基础 | | 刚度大，能调整纵向柱列的不均匀沉降，但材料耗用量比独立基础大 | 地基承载力小而柱荷载较大时，或为了减小地基不均匀变形时可采用 |
| 4 | 爆扩短桩基础 | | 荷载通过端部扩大的短桩传递到好的土层上，能节约土方和混凝土 | 适用于冻土地基或地基表层土松软、合适持力层较深而柱荷载又较大的情况 |
| 5 | 桩基础 | | 通过打入地基的钢筋混凝土长桩，将上部荷载传到桩尖和桩侧土中，可得到较高的承载力，而且地基变形将减小；但需打桩设备，耗材料多，造价高，施工周期长 | 适用于上部荷载大、地基土软弱而坚实土层较深，或对厂房地基变形值限制较严的情况 |

## 二、独立式基础构造

单层厂房一般是采用预制装配式钢筋混凝土排架结构，厂房的柱距与跨度较大，故厂房的基础多采用独立式基础。独立式基础与柱的连接构造因柱采用现浇式或预制式的不同而不同。

（一）现浇柱基础

当基础上的柱现浇时，基础一般也采用现浇。当柱与基础不在同时间内施工时，须在基础顶面留出插筋，以便与柱子连接。插筋的数量与柱的纵向受力钢筋相同，插筋伸出长度按柱的受力情况、钢筋规格及接头方式（如焊接或绑扎接头）的不同而确定（见图 12-9）。

（二）杯形基础

杯形基础是在天然地基上浅埋的预制钢筋混凝土柱下独立式基础，也是工业厂房中应用较为广泛的基础形式（见图 12-10）。

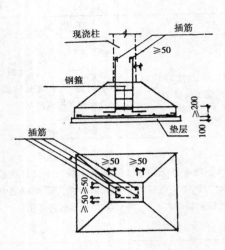

图 12-9　现浇柱下基础

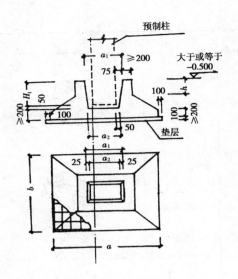

图 12-10　预制柱下杯形基础

基础的上部呈杯口状，便于预制柱插入杯口加以固定。浇筑基础采用的混凝土标号不低于 C15，钢筋采用Ⅰ级或Ⅱ级，为施工方便和保护钢筋，在基础底部采用 C7.5 混凝土垫层 100mm 厚。为便于柱的安装，杯口尺寸比柱截面尺寸略大，杯口顶为 75mm，杯口底为 50mm，杯口深度应满足锚固长度的要求。杯口底面与柱底面间应预留 50mm 找平层，在柱吊装就位前用高标号细石混凝土找平，将杯口内表面凿毛糙，杯口与柱子四周缝隙采用 C20 细石混凝土填实。

基础杯口底板厚度一般应 ≥20mm，基础杯壁厚度应 ≥200mm，基础杯口顶面标高至少应低于室内地坪 500mm。

杯形基础节省模板、施工方便，适用于地质均匀、地基承载能力较好的各类工业厂房。当厂房地形起伏大，局部地质条件变化大或相邻的设备大，基础埋置较深等原因，要求部分基础埋置深些，为使预制柱的长度统一，便于施工，可在局部地方采用高杯口基础（见图 12-11）。

在设有伸缩缝处，双柱的基础便做成双杯口形，当两杯口之间的杯壁厚度 <400mm 时，在杯壁内应配置构造钢筋（见图 12-12）。

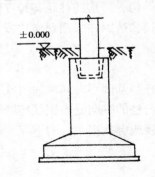

图 12-11　高杯口基础

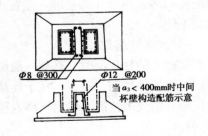

当 $a_3$<400mm 时中间杯壁构造配筋示意

图 12-12　双杯口基础

### 三、柱基础与设备基础、地坑的关系

有些车间内靠柱边有设备基础或地坑，当基槽在柱基础施工完成后才开挖时，为防止施工滑坡而扰动柱基础的地基土层致使沉降过大，应使设备基础或地坑移动保持一定的距离（见图12-13）。如设备基础或地坑的位置不能移动时，则可将柱基础做成高杯口基础。

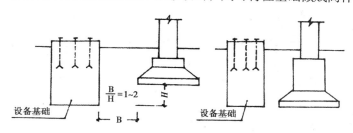

图 12-13 设备基础与柱基础接近时的处理

## 第四节 吊车梁

吊车梁是有吊车的单层厂房的重要构件之一。当厂房设有桥式或梁式吊车时，需要在柱牛腿上设置吊车梁，吊车的轮子就在吊车梁铺设的轨道上运行。吊车梁直接承受吊车起重、运行和制动时产生的各种往返移动荷载；同时，吊车梁还要承担传递厂房纵向荷载（如山墙上的风荷载），保证厂房纵向刚度和稳定性的作用。

### 一、吊车梁的类型

钢筋混凝土吊车梁的类型很多，按截面形式分，有等截面的 T 形、工字形吊车梁，元宝式吊车梁、鱼腹式、空腹鱼腹式吊车梁等。吊车梁可用非预应力与预应力钢筋混凝土制作。下面介绍常用的吊车梁：

（一）T 形吊车梁

T 形截面的吊车梁，上部翼缘较宽，以增加梁的受压面积，便于固定吊车轨道。它施工简单、制作方便。但自重大，耗料多，不甚经济。

一般用于柱距为 6m、厂房跨度 ≤30m、吨位在 10t 以下的厂房，预应力钢筋混凝土T 形吊车梁适用于 10t ~ 30t 的厂房见图 12-14（a）。

（二）工字形吊车梁

工字形吊车梁腹壁薄，节约材料，自重较轻。

先张法吊车梁适用于厂房柱距 6m、厂房跨度 12m ~ 33m、吊车起重量为 5t ~ 25t 的厂房。后张自锚吊车梁适用于厂房柱距 6m、厂房跨度 12m ~ 33m 的厂房（见图 12-14（b））。

（三）鱼腹式吊车梁

鱼腹式吊车梁腹板薄，外形像鱼腹，故称鱼腹式吊车梁。外形与弯矩包络图形相近，受力合理，能充分发挥材料强度和减轻自重，节省材料，可承受较大荷载，梁的刚度大。但构造和制作较复杂，运输、堆放需设专门支垫。预应力混凝土鱼腹式吊车梁适用于厂房柱距 ≤12m、跨度 12m ~ 33m、吊车吨位为 15t ~ 150t 的厂房（见图 12-14（c））。

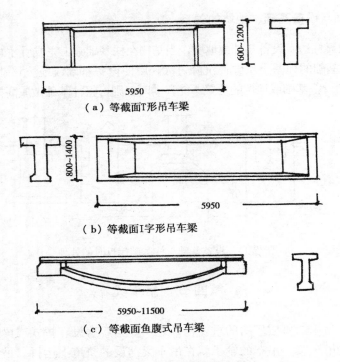

（a）等截面T形吊车梁

（b）等截面I字形吊车梁

（c）等截面鱼腹式吊车梁

图 12-14　钢筋混凝土吊车梁

## 二、吊车梁的预埋件、预留孔

吊车梁两端上下边缘各预埋有铁件，以与柱连接用。由于端柱处、变形缝处的柱距不同，在预制和安装吊车梁时，要注意预埋件设置位置的要求。在吊车梁上翼缘处留有作固定轨道用的预留孔，腹部预留滑触线安装孔。有车挡的吊车梁应预留与车挡构件连接用的钢管或预埋铁件（见图 12-15）。

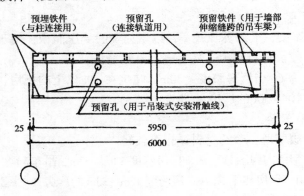

图 12-15　吊车梁的预埋件、预留孔

## 三、吊车梁的连接构造

### （一）吊车梁与柱的连接

为承受吊车横向水平刹车力，吊车梁上翼缘与柱间用钢板或角钢焊接；为承受吊车竖向压力，安装前吊车梁底部应焊接上一块垫板与柱牛腿顶面预埋钢板焊接。吊车梁与梁之间、吊车梁与柱之间的空隙均须用C20细石混凝土填实（见图12-16）。

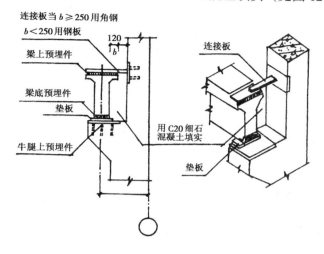

图 12-16　吊车梁与柱的连接

（二）吊车轨道与吊车梁的连接

吊车轨道按吊车吨位确定其断面和型号，可分为轻轨、重轨和方轨，按各种吊车的技术规格荐用型号选定，吊车轨道与吊车梁的连接一般采用橡胶板和螺栓连接的方法，即在吊车梁上铺设厚 30mm～50mm 的垫层，再放钢垫板（或塑料、橡皮等弹性垫板），垫板上放钢轨，钢轨两侧放固定板，用压板压住，压板与吊车梁用螺栓连接牢固（见图12-17）。

（三）车挡与上车吊梁的连接

为防止吊车行驶中来不及刹车而冲撞山墙，同时限制吊车的行驶范围，应在吊车梁的尽端设车挡（又称止冲器）。车挡大小与吊车起重量等有关，车挡用钢材制作，上面固定橡胶板，用螺栓与吊车梁的翼缘相连接，可按全国通用标准图集选用（见图12-18）。

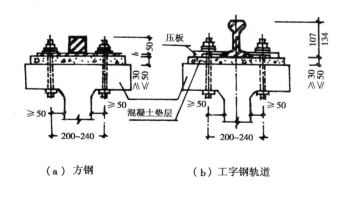

（a）方钢　　　（b）工字钢轨道

图 12-17　吊车轨道与吊车梁的连接

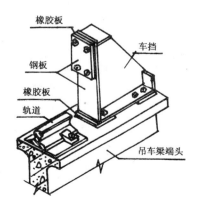

图 12-18　车挡

# 第五节 支 撑

支撑的作用可概括为：（1）使厂房形成整体的空间骨架，保证厂房的空间刚度；（2）施工和正常使用时保证构件的稳定和安全；（3）承受和传递吊车纵向制动力、山墙风荷载、纵向地震力等水平荷载。单层厂房的支撑分屋架支撑和柱间支撑两类。

## 一、屋架支撑

（一）屋架支撑构件

主要有：上弦横向支撑、上弦水平系杆、下弦横向水平支撑、下弦垂直支撑及水平系杆、纵向支撑、天窗架垂直支撑、天窗架上弦横向支撑等。支撑、系杆构件为钢材或钢筋混凝土制作。

（二）屋架支撑布置原则

1. 应根据厂房的跨度、高度、屋盖形式、屋面刚度、吊车起重量及工作制、有无悬挂吊车和天窗设置等情况并结合建厂地区抗震设防等要求进行合理布置。

2. 天窗架支撑：天窗上弦水平支撑一般设置于天窗两端开间和中部有屋架上弦横向水平支撑的开间处，天窗两侧的垂直支撑一般与天窗上弦水平支撑位置一致，上弦水平系杆通常设在天窗中部节点处。

3. 屋架上弦横向水平支撑：对于有檩体系必须设置；对于无檩体系，当厂房设有桥式吊车时，通常宜在变形缝区段的两端及有柱间支撑的开间设置。支撑间距一般不大于 60m。

4. 屋架垂直支撑：一般应设置于屋架跨中和支座的垂直平面内。除有悬挂吊车外，应与上弦横向水平支撑同一开间内设置。

5. 屋架下弦横向水平支撑：一般用于下弦设有悬挂吊车或该水平面内有水平外力作用时（如以下弦横向水平支撑作山墙抗风柱的支点等）。

6. 屋架下弦纵向水平支撑：通常在有托架的开间内设置。只有当柱子很高，吊车起重量很大，或车间内有壁行吊车或有较大的锻锤时，才在变形缝区段内与下弦横向水平支撑组合成下弦封闭式支撑体系。

7. 纵向系杆：通常在设有天窗架的屋架上下弦中部节点设置；此外，在所有设置垂直支撑的屋架端部均设置有上弦和下弦的水平系杆。

8. 在地震区：应按现行抗震设计规范要求设置。

（三）屋盖支撑的类型

包括上、下弦横向水平支撑，上、下弦纵向水平支撑，垂直支撑和纵向水平系杆（加劲杆）等（见图 12-19）。横向水平支撑和垂直支撑一般布置在厂房端部和伸缩缝两侧的第二或第一柱间上。

屋盖上弦横向支撑、下弦横向水平支撑和纵向支撑，一般采用十字交叉的形式，交叉角一般为 25°～65°，多用 45°。

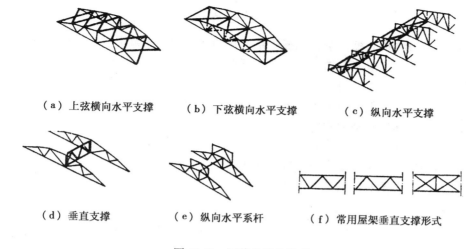

（a）上弦横向水平支撑  （b）下弦横向水平支撑  （c）纵向水平支撑

（d）垂直支撑  （e）纵向水平系杆  （f）常用屋架垂直支撑形式

图 12-19 屋盖支撑的类型

## 二、柱间支撑

（一）柱间支撑的作用

柱间支撑的作用是加强厂房纵向刚度和稳定性，将吊车纵向制动力和山墙抗风柱经屋盖系统传来的风力（也包括纵向地震力）经柱间支撑传至基础。

（二）柱间支撑的布置形式

1. 有吊车或跨度 < 18m 或柱高 > 8m 的厂房，在变形缝区段中设置；有桥式吊车时，还应在变形缝区段两端开间加设上柱支撑。

2. 当吊车轨顶标高 ≥ 10m 时，柱间支撑宜做成两层；当柱截面高度 ≥ 1.0m 时，下柱支撑宜做成双肢，各肢与柱翼缘连接，肢间用角钢连接。

3. 当柱间需要通行、需放置设备或柱距较大，采用交叉式支撑有困难时，可采用门架式支撑。

柱间支撑一般用钢材制作。其交叉倾角通常为 35° ～ 55°，以 45° 为宜。支撑斜杆安装时与柱上预埋铁件焊接。柱间支撑与柱的连接见图 12-20。

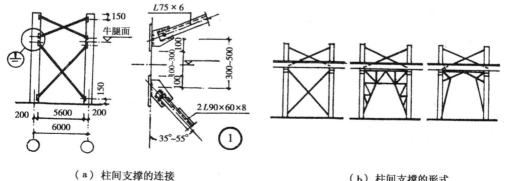

（a）柱间支撑的连接       （b）柱间支撑的形式

图 12-20 柱间支撑形式及与柱的连接

## 复习思考题

1. 试述屋盖结构有檩体系和无檩体系各自的特点和适用范围。
2. 画出三角形钢屋架与梯形钢屋架常用形式各二种。
3. 什么是托架？用在何处？
4. 简述钢筋混凝土柱的常用类型。
5. 画图说明杯形基础的构造。
6. 吊车梁有几种类型？各有什么特点？
7. 试述支撑的作用。屋架应设置哪些支撑？
8. 试述柱间支撑的作用及其设置。

# 第十三章　单层厂房外墙构造

单层厂房外墙按材料类型可分为砖墙、块材墙、板材墙。按其承重方式可分为承重墙、承自重墙、非承重墙（图13-1）。

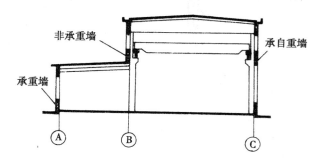

图 13-1　单层厂房外墙的型式

由于单层厂房的高度、跨度以及所承受的各种荷载都比较大，外墙需要有足够的刚度和稳定性。在外墙的构造上要求有具体的加强措施，如承重墙的壁柱，承自重墙、非承重墙与承重结构之间的稳固连接，设置必要的圈梁、连系梁及山墙抗风柱等。

另外，墙的构造处理、门窗的设置要满足生产工艺方面的要求，在可能情况下要提高外墙建筑工业化的程度，采用定型化、标准化的构配件。

## 第一节　砖墙及块材墙

### 一、砖墙

（一）砖墙一般构造

1. 承重砖墙

承重砖墙适用于跨度小于15m，吊车吨位不超过5t的厂房。它可以采用条形基础加壁柱，并在适当位置设置圈梁（图13-2）。

2. 承自重墙

承自重墙是单层厂房常用的外墙类型。厂房采用钢筋混凝土排架结构或钢排架结构来承受屋面及吊车的荷载，外墙只起围护作用。为避免墙柱的不均匀沉降所引起的墙体开裂与外倾，墙体通常由柱的杯形基础上的钢筋混凝土基础梁和柱牛腿上的连系梁来支承（图13-3）。

（二）基础梁的设置

基础梁的设置通常有以下几种方式：

1. 当基础埋深不大时，基础梁搁置在柱基础杯口的顶面上，或者放在柱基础杯口上的垫块上（图13-4a、b）。

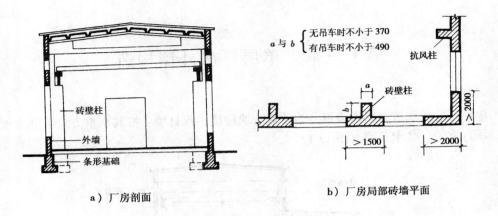

a）厂房剖面

b）厂房局部砖墙平面

图 13-2　单层厂房承重砖墙

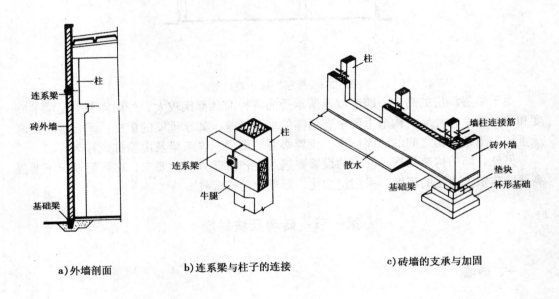

a)外墙剖面

b)连系梁与柱子的连接

c)砖墙的支承与加固

图 13-3　承自重砖墙构造

2．当柱的杯形基础较深时，基础梁可搁置于高杯形基础的顶面或柱的牛腿上（图 13-4c、d）。

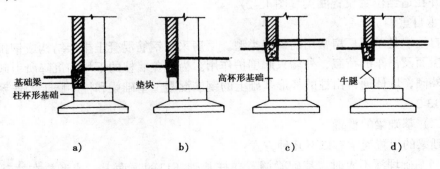

a)　　　　　b)　　　　　c)　　　　　d)

图 13-4　基础梁的设置

通常基础梁的截面为梯形，顶面标高应低于室内地面 50～100mm，高于室外地面 50～100mm，以便在基础梁表面作防潮层，并且使入口处便于通行。

为使基础梁与柱基础同步沉降，基础梁下的回填土要虚铺而不夯实，或者留出50～100mm 的空隙。在寒冷地区要铺设较厚的干砂或炉渣，以防地基土壤冻胀将基础梁和墙体顶裂（图 13-5a、b）。

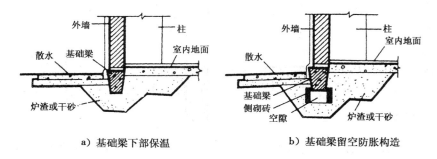

a）基础梁下部保温      b）基础梁留空防胀构造

图 13-5 基础梁下部的保温防胀措施

（三）连系梁的形式与连接

连系梁一般分为矩形和 L 形两种。矩形梁一般用于一砖墙，L 形梁一般用于一砖半墙，它们是通过螺栓和预埋钢板焊接与柱子连接的（图 13-6）。

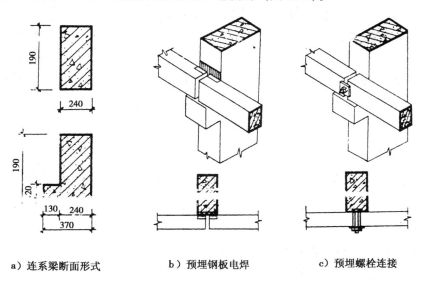

a）连系梁断面形式      b）预埋钢板电焊      c）预埋螺栓连接

图 13-6 连系梁的形式与连接

（四）墙与柱和屋架连接

为保证外墙的整体性和稳定性，墙与柱和屋架必须有牢固的连接。最常用的作法是沿柱高每隔 500～600mm 平行伸出两根 φ6 钢筋砌入墙体水平灰缝中，圈梁与屋架和柱也要进行连接。具体作法见图 13-7。

在不同位置的砖墙与柱的连接举例见图 13-8。

在地震区，厂房外墙易受到地震的破坏，因此要尽量减轻外墙的重量，降低外墙重心，加强外墙与骨架结构的整体性，增强外墙的刚度和抗剪能力。同时要注意保证施工

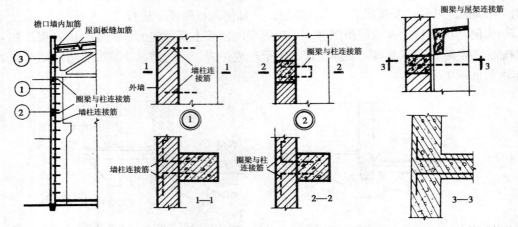

a）砖墙与承重骨架连接剖面　b）砖墙与柱的连接详图　c）圈梁与柱子的连接详图　d）圈梁与屋架的连接详图

图 13-7　砖墙与柱和屋架的连接

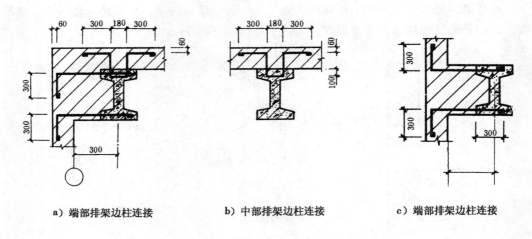

a）端部排架边柱连接　　　　b）中部排架边柱连接　　　　c）端部排架边柱连接

图 13-8　不同位置砖墙与柱的连接

质量。

增强刚度和抗剪能力的主要措施与民用建筑相类似，具体如下：

1．减轻墙体重量，采用轻质墙板，山墙尽量少开门窗。

2．尽量不做女儿墙，必须做时要限制女儿墙的高度，一般不得超过 500mm，否则须另设构造小柱。

3．加强墙与屋架、柱子、压顶的连接，适当增设圈梁并加固（图 13-9）。

4．将钢筋混凝土排架厂房的砖墙嵌砌于柱子之间，并用钢筋锚拉（图 13-10）。

5．在厂房纵横跨相交处或两个不同体量厂房的相交处设置防震缝。缝两侧应各设墙或分别设墙和柱。

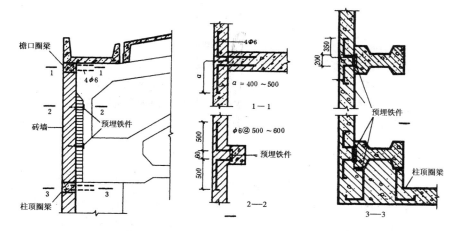

a) 圈梁、砖墙与屋架、柱子的抗震连接

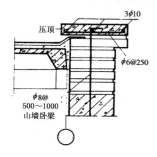

b) 山墙卧梁与压顶的抗震连接

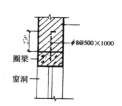

c) 圈梁与墙身的抗震连接

图 13-9 砖墙抗震连接

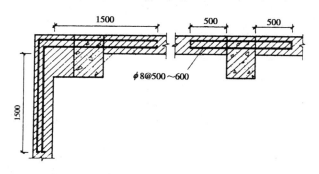

图 13-10 嵌砌砖墙与柱子的连接

## 二、块材墙

块材墙多采用轻质材料砌成，或者采用混凝土制成的空心块材砌筑。块材外墙的连接构造与砖外墙的连接构造相同。

块材墙的工业化程度比砖墙要高一些，重量也较轻。

# 第二节 板 材 墙

厂房围护结构采用大型墙板是墙体改革,促进建筑工业化的有效途径之一。采用大型墙板可以加快厂房建设,减轻劳动强度,还可以利用工业废料,从而少占农业用地,墙体自重轻,具有良好的抗震性能。但墙板的力学性能以及保温、隔热、防渗漏等性能应能满足不同的使用要求。

## 一、墙板的规格和类型

1. 规格:我国现行的工业建筑墙板的规格为:长度方向采用扩大模数 3M 的倍数,板长分为 4 500、6 000、7 500、12 000mm 四种。板高多为 900、1 200mm,但有时也用 1 500、1 800mm 的。板厚则采用 20mm 的模数进级,常用的厚度为 170～240mm。

2. 类型:板的类型按其在墙面上的不同位置可分为檐下板、窗上板、窗下板、窗框板、一般板、山尖板、勒脚板、女儿墙板等。按其保温与否分为保温板和非保温板。按其构造和材料组成分为单一材料板和复合板。

(1)单一材料板

单一材料板有钢筋混凝土槽形板、圆孔板、配筋的加气混凝土板及轻骨料混凝土板等。

钢筋混凝土槽形板比较节约材料,基本属于非保温板。圆孔板具有一定的保温隔热性能。这两种板均有“热桥”,但制作简便,力学性能好(图 13-11)。

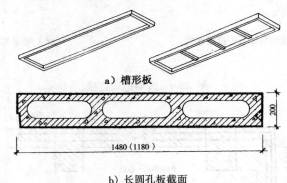

a)槽形板

b)长圆孔板截面

图 13-11 钢筋混凝土墙板

轻骨料和加气混凝土板重量轻,保温隔热性能好,比较坚固,但吸湿性大(图 13-12)。

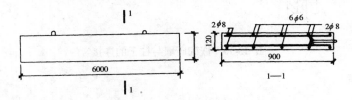

图 13-12 配筋轻混凝土墙板

(2)复合板

采用承重骨架及外壳和各种轻质夹芯材料所组成的墙板(图 13-13)。

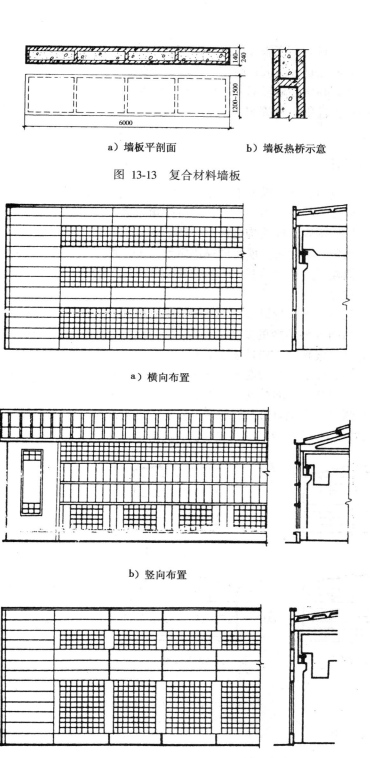

a）墙板平剖面          b）墙板热桥示意

图 13-13　复合材料墙板

a）横向布置

b）竖向布置

c）混合布置

图 13-14　墙板布置示例

常用的夹芯材料有：膨胀珍珠岩、蛭石、矿棉、泡沫塑料等。

此类墙板的特点是，防火、防水、保温、隔热，并具有一定的强度。在保证墙板各种性能的同时可大幅度地减轻墙体重量和施工强度。这种板虽可发挥材料各自的优点，如夹芯材料的热工性能、外壳材料的力学性能、耐候性能，但制作比较复杂，仍有热桥，需要改进。

### 二、墙板布置

墙板布置分竖向布置、横向布置、混合布置（图 13-14），其中以横向布置应用最多。其特点是板型少，以柱距为板长，可省掉窗过梁和连系梁，可布置带形窗。这种布置有助于增加厂房刚度，连接构造简单可靠。

竖向布置采用轻型薄板，墙板两端固定于水平的墙梁上。墙板布置比较自由，不受柱距的影响。但板长受侧窗高度的限制，板型较多。当既有横向布置，也有竖向布置时，则自然形成混合布置。

墙板的排列要尽量减少板型。《协调标准 GBJ6—68》规定：柱顶标高为 3M 的倍数基本上满足了相同板整倍数的要求。柱顶上部高度（屋架、屋面板和女儿墙的高度之和）也应适应整块板高度。如果标准的基本板型难以满足，可用异型板填补，也可在挑檐下不足整块板宽处设开敞的通风口（主要用于炎热地区车间和热车间）。

横向排列中山墙尖部的排列有多种形式，可采用横向板，竖向板、异形板排列，也可结合采光开侧窗（图 13-15）。如考虑以后在厂房端部扩建，即使纵墙是由砖砌的，山墙也常采用墙板。

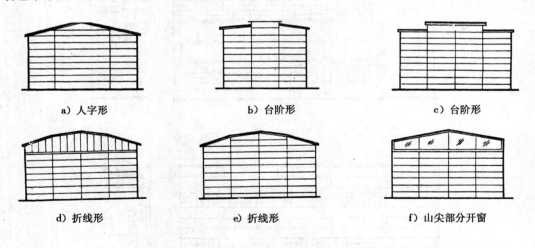

a) 人字形　　　　　　　b) 台阶形　　　　　　　c) 台阶形

d) 折线形　　　　　　　e) 折线形　　　　　　　f) 山尖部分开窗

图 13-15　山墙山尖部分布置示意

### 三、墙板连接

板柱连接分为柔性连接和刚性连接。

1. 柔性连接

柔性连接是通过墙板与柱的预埋件和连接件将板柱二者拉结在一起。常用以下三种形式。

（1）螺栓连接　在竖直方向每隔 3～4 块板用柱上的钢支托支承竖直的墙板荷载。在水平方向用螺栓挂钩将板柱栓结固定在一起。这种连接允许墙板与排架结构、墙板与墙板之间在一定范围内的相对位移，比较适应各种振动所引起的变形，维修也比较方便。它的缺点是厂房刚度差，金属零件用量多，易受腐蚀，具体构造见图 13-16。

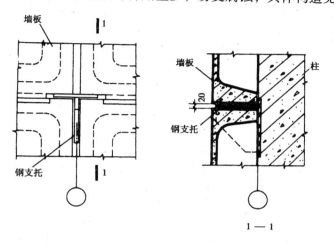

a）墙板钢支托位置示意

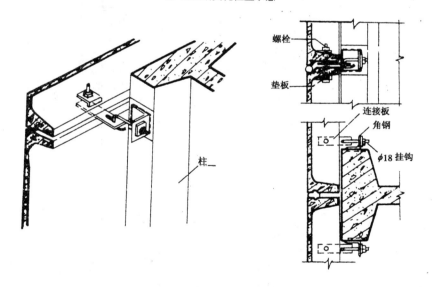

b）螺栓柔性连接

图 13-16　墙板支托与螺栓柔性连接

（2）角钢柔性连接　角钢连接是利用焊在柱和墙板上的角钢来相互连接。此种方法的用钢量少，施工速度快，但金属件的位置要求准确，以保证墙板顺利快捷的安装。此外，它比螺栓连接适应位移的程度要差一些，具体构造见图 13-17。

（3）压条柔性连接（图 13-18）　这种连接是在柱上预埋或焊接螺栓，然后利用压条和螺母将两块墙板压紧固定在柱上，最后将螺母和螺栓焊牢。这种连接适合轻质墙

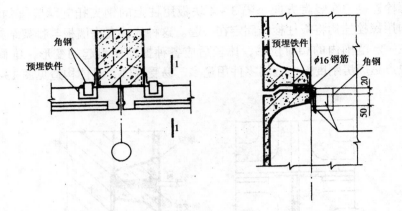

图 13-17　角钢柔性连接

板，密封性好，可防止金属件腐蚀。墙板不用设预埋铁件，节省钢材，而且立面有竖向线条，外形较美观，但施工较复杂。

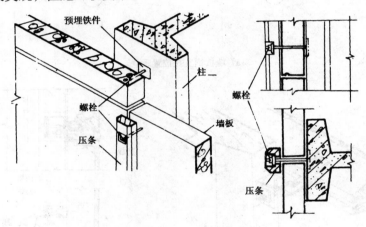

图 13-18　压条柔性连接

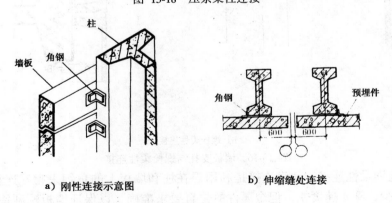

a）刚性连接示意图　　　　　　b）伸缩缝处连接

图 13-19　钢性连接

2. 刚性连接

刚性连接是用短型钢或短粗钢筋和板内柱内埋件将板和柱子焊接固定在一起（图 13-

19),优点是用钢少,厂房纵向刚度好,施工方便,但构件不能相对位移,墙板易受到不均匀沉降、振动和地震力的破坏。因此,刚性连接适宜非地震区和地震裂度较小的地区。

3.墙板其它部位的连接

其他部位的连接有檐口、山墙、女儿墙、勒脚板、山墙转角等处的连接。

(1)檐口处连接 图13-20为檐口板的柔性连接。屋架与墙板之间可用不同的补充构件填塞,热车间亦可开敞不予封闭。

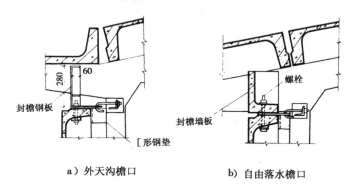

a)外天沟檐口　　　　　b)自由落水檐口

图 13-20　檐口处墙板柔性连接

（2）山尖墙板和女儿墙板的连接（图13-21）　板固定于焊在抗风柱顶的小钢柱上并焊接。

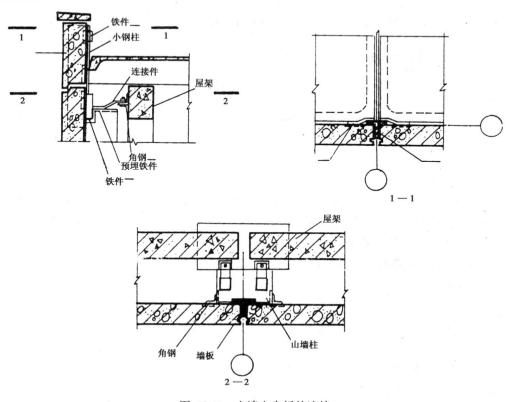

图 13-21　山墙山尖板的连接

（3）勒脚板的构造处理　将勒脚板搭放在基础垫块上，略低于地面标高（图 13-22b、c），轻质墙板埋入地下的表面应做防潮处理（图 13-22a）。

（4）转角部位墙板的处理（图 13-23）　结合纵向轴线的不同定位方式，应将山墙板做成加长板或增设补充构件，以免过多增加板型。

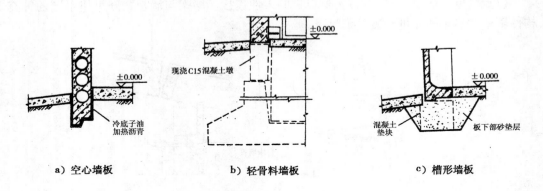

a）空心墙板　　　　b）轻骨料墙板　　　　c）槽形墙板

图 13-22　勒脚板的构造处理

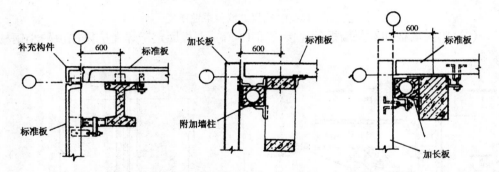

a）加补充构件的柔性连接　b）用加长板的刚性连接（非封闭结合）　c）用加长板的柔性连接（封闭结合）

图 13-23　转角部位墙板的处理

（四）板缝处理

在大型墙板上无论是水平缝还是竖直缝，其处理原则均应满足防水、防风、保温要求，便于施工制作，经济美观，坚固耐久。具体作法有构造防水和材料防水两种方案（参见民用工业化建筑一章）。

外墙变形缝要采用双轴线定位，中间设插入距，板缝的宽度和插入距根据缝的不同型式来选择。

## 第三节　其它类型墙板

其它常用的墙板类型有石棉水泥波形板、压型钢板、塑料或玻璃钢波形板等，此类墙板在民用建筑中也有所应用。

这类墙板主要用于不要求保温的热加工厂房，以及仓库建筑等。

### 一、石棉水泥波形板

这种板材具有自重轻、施工简便、造价低、防火好、绝缘和耐腐蚀的特点，缺点是强度较低、较脆，温度变化较大时易碎裂，因此不适用于有高温、高湿和较大振动的车间。石棉水泥波形板分大波、中波、小波。

石棉板与厂房骨架的结合是通过连接件悬挂于连系梁上，接缝处要搭接，以利于防雨防风。在墙转角窗、门洞口以及勒脚处要用砖砌或用混凝土墙板，以防雨水冲蚀和外力破坏，并可增加美观（图 13-24）。

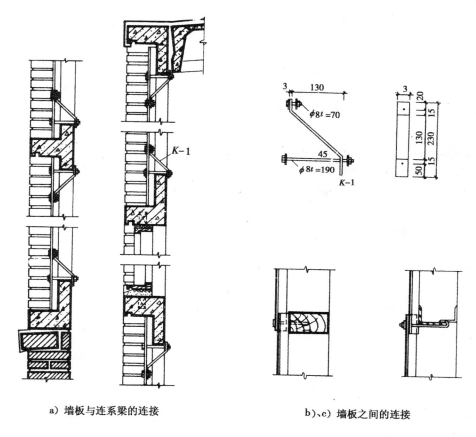

a）墙板与连系梁的连接　　　　b）、c）墙板之间的连接

图 13-24　石棉水泥瓦墙板连接构造

### 二、压型钢板外墙

压型钢板外墙是通过金属墙梁固定于柱上。要尽量减少板缝，合理搭接并结合造型，选择不同色调的彩色钢板（图 13-25）。

压型钢板的材料为普通镀锌钢板和彩色钢板，均冷轧成各种楞棱形断面以增加刚度。近年来压型钢板应用日益广泛，其特点是：轻质高强、抗震防火、便于施工，其中彩色钢板断面型式、色彩多样，长度不限，应用较广。

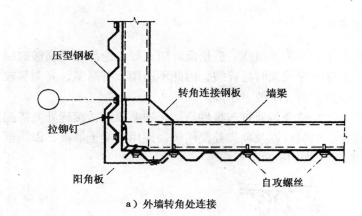

a）外墙转角处连接

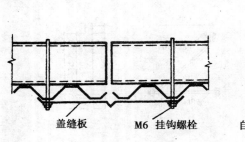

b）伸缩缝处处理

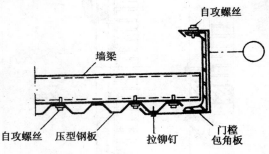

c）大门处处理

图 13-25　压型钢板外墙构造示例

## 三、开敞式外墙

开敞式外墙是在矮墙的上部加设挡雨板（图 13-26）。挡雨板有石棉瓦和钢筋混凝土板二种。挡雨板之间的竖向距离根据车间的挡雨要求和当地的飘雨角来确定（图 13-27）。

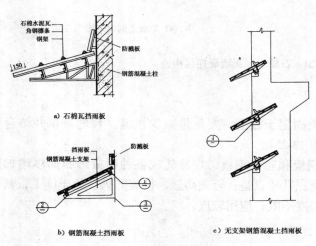

a）石棉瓦挡雨板

b）钢筋混凝土挡雨板

c）无支架钢筋混凝土挡雨板

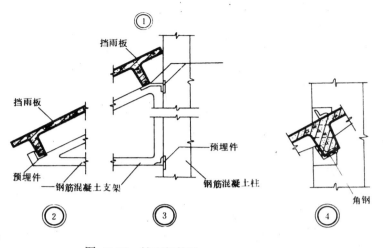

图 13-26  挡雨板构造

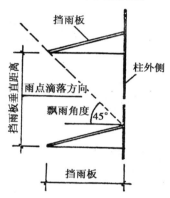

13-27  挡雨板与飘雨角的关系

## 复习思考题

1. 单层厂房外墙的特点是什么？
2. 基础梁起什么作用？搁置时应满足什么要求？
3. 单层厂房的砖墙和砖块墙与柱子是如何连接的？
4. 大型板材墙的选材、连接构造与划分方法如何？
5. 开敞式外墙的构造作法与适用范围如何？

# 第十四章　单层厂房门窗构造

## 第一节　厂房侧窗

单层厂房侧窗除应满足通风采光要求外，还要满足工艺上的要求，如泄压、保温、防尘、隔热等。通常厂房采用单层窗，但在寒冷地区或要求保温的厂房则需要在一定高度范围设双层窗。

### 一、侧窗的类型

侧窗的类型按材料可分为木窗、钢窗和钢筋混凝土窗，其中钢窗的应用最为广泛。

按常用的开关方式分有（图14-1）：

1. 中悬窗开启角度大，通风良好，可采用机械或手动开关，但构造复杂，开关扇周边有缝隙易漏雨和不利于保温，但有利于泄压。

2. 平开窗　通风良好，构造简单，开关方便，但防雨较差，宜布置在外墙下部作进气口。

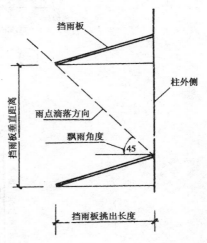

图 14-1　挡雨板与飘雨角的关系

a)

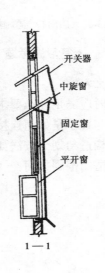

1—1

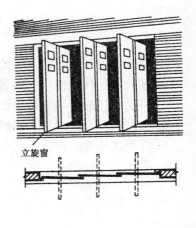

b)

图 14-1　侧窗的类型及组合

3. 固定窗　构造简单，节约材料，设在外墙的中部，主要用于采光。

4. 立转窗　窗扇根据风雨调节开扇角度，通风良好，主要用作热车间的进风口。

一般情况下根据厂房的通风要求，在外墙上将平开窗、固定窗、各式旋转窗组合在一起。

## 二、钢侧窗

钢制窗坚固耐久，防火、遮光少，密闭性良好，对于厂房建筑比较适用。实腹钢窗适用于腐蚀性环境中，工业建筑实腹钢窗料断面多用 32mm 及 40mm 两种。空腹钢窗由于窗料壁厚仅 1.2mm，易受腐蚀、破坏。

（一）钢窗的组合

由于厂房的窗洞面积较大，因此均用基本钢窗拼接组合。用中间的竖向和横向拼樘料保证钢窗的整体刚度和稳定性，具体作法见图 14-2 和图 14-3。

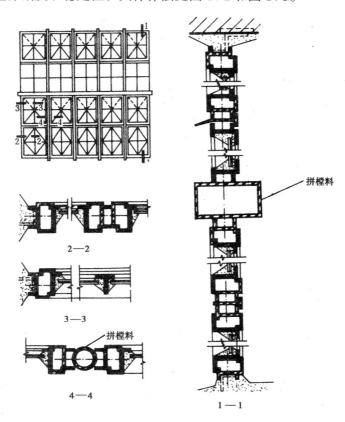

图 14-2　实腹钢窗节点构造

（二）拼樘料与窗洞的连接方式

（1）钢窗与钢筋混凝土件的连接　要在钢筋混凝土件上预埋铁件，然后与拼樘料焊接（图 14-4a）。

（2）与砖墙的连接　拼樘料插入墙中预留孔洞，用细石混凝土嵌固（图 14-4b）。

（三）开关器

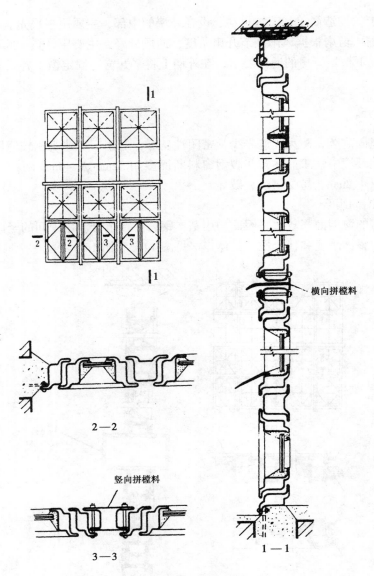

图 14-3　空腹钢窗节点构造

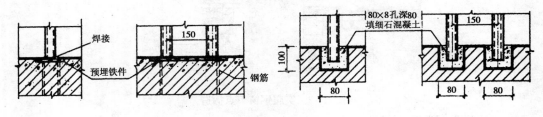

a）与钢筋混凝土的连接　　　　　　　　b）与砖墙的连接

图 14-4　拼樘料安装节点示例

由于厂房的侧窗高宽都较大，因此，常要借助开关器来开关，开关器分手动和电动两种，图 14-5 所示为中悬窗两种手动开关器示意。

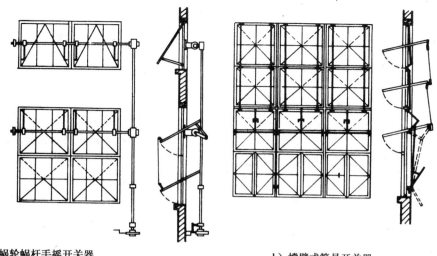

a) 蜗轮蜗杆手摇开关器　　　　　　　　　　　b) 撑臂式简易开关器

图 14-5　侧窗开关器

# 第二节　厂房大门

厂房大门主要用于生产运输以及人流通行。厂房门的设计要符合使用要求，做到适用、经济、耐久，尽量少占厂房面积。

## 一、大门类型与尺寸

### （一）大门类型

大门按用途可分为供运输通行的大门、防火门、保温门、防风砂门等。有时在大门上要开设供人流通行的小门。

大门按使用材料可分为木大门、钢木大门、钢板门。当大门尺寸较大时一般采用钢木门或钢板门。

大门按开关方式可分为平开门、推拉门、折叠门、上翻门、升降门、卷帘门。可采用人力、机械、电力开关（图 14-6）。

平开门　特点与民用建筑平开门相同，由于尺寸大，易下垂变形（图 14-6a）。

上翻门　开启时，门扇随水平轴沿导轴上翻到门顶过梁下面，不占车间面积，可以避免碰坏门扇（图 14-6b）。

推拉门　特点与民用建筑推拉门相同（图 14-6c）。

升降门　开启时门扇沿导轨上升，这种门不占使用空间，在门洞上部要留有足够的上升高度，开启方式可用手动或电动（图 14-6d）。

折叠门　是由几个窄门相互连接，通过上下滑轮使门左右移动并折叠在一起，占用空间较少，开关方便，适用于比较大的门洞（图 14-6e）。

卷帘门　门扇用冲压成的金属片连接而成，开启时将门卷在洞过梁上部的卷筒上，开关有手动和电动两种，适用于不经常开启的大门，但造价较高，施工复杂（图 14-

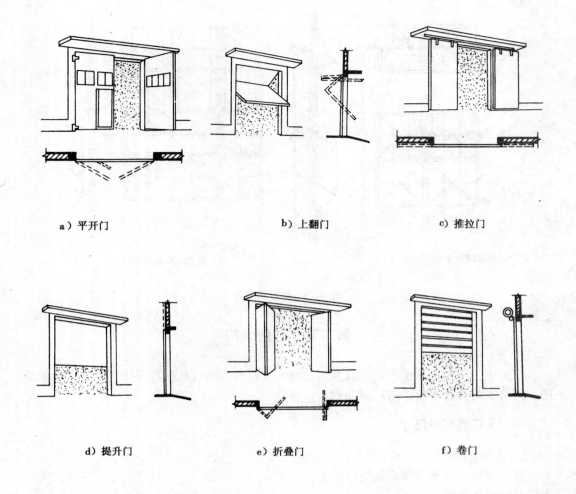

a）平开门　　　　　　　　b）上翻门　　　　　　　　c）推拉门

d）提升门　　　　　　　　e）折叠门　　　　　　　　f）卷门

图 14-6　大门开启方式

6f）。

上述各种门可根据实际需要、车间工艺、技术经济条件来选用。

（二）大门尺寸确定

大门尺寸应根据运输工具的类型，运输物件的外型尺寸等因素来考虑。一般门的尺寸应比满装物件的车辆宽出 600～1 000mm，高出 400～600mm。常用厂房大门的规格尺寸见图 14-7。

**二、平开钢木大门构造**

钢木大门为厂房中常用的一种大门（图 14-8）。

厂房钢木大门是由门扇、门框组成。门洞尺寸一般不大于 3.6m×3.6m，门扇采用焊接的普通型钢骨架，上贴 25mm 厚木门芯板并用 φ6 螺栓固定。如需要保温，可在双层门芯板中间填以保温材料，并设一层油毡防风层，根据需要可设小门。

大门门框的处理有两种，如门洞宽度小于 3m，在砖墙安装门轴的部位砌入有预埋铁件的混凝土块。如门洞宽度大于 3m，应设钢筋混凝土门框，在门框的安装合页部位预埋铁件，合页与预埋铁件要焊接（图 14-9）。

| 洞口宽 运输 工具 | 2 100 | 2 100 | 3 000 | 3 300 | 3 600 | 3 900 | 4 200 4 500 | 洞口高 |
|---|---|---|---|---|---|---|---|---|
| 3t 矿车 | | | | | | | | 2 100 |
| 电瓶车 | | | | | | | | 2 400 |
| 轻型卡车 | | | | | | | | 2 700 |
| 中型卡车 | | | | | | | | 3 000 |
| 重型卡车 | | | | | | | | 3 900 |
| 汽车起重机 | | | | | | | | 4 200 |
| 火车 | | | | | | | | 5 100 5 400 |

图 14-7　大门参考尺寸

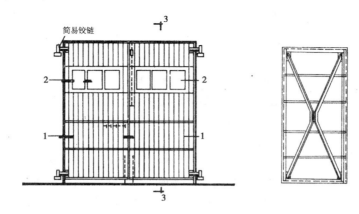

a）平开钢木大门立面

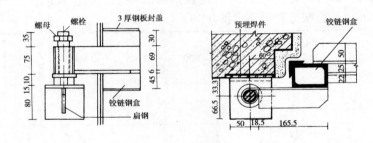

b）大门门轴

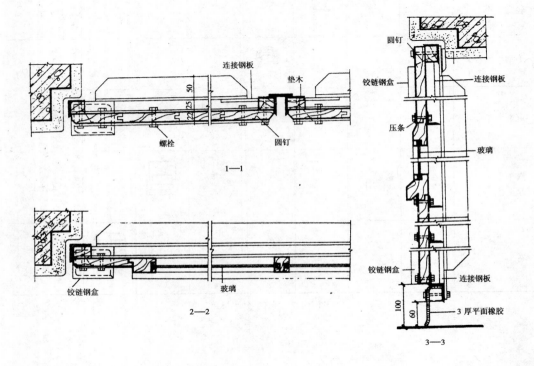

c）大门剖面

图 14-8 平开钢木大门的构造形式（非保温）

钢筋混凝土门框下部可根据情况需要决定是否设置基础。

### 三、平开钢大门构造

平开钢大门适用于一般厂房及辅助用房的外门，构造简单，坚固耐用。但用钢量较大，不适于高温和对金属零件有腐蚀的生产环境以及严寒地区和保温厂房。

钢大门主要用于 24 墙和 37 墙，洞口宽为 2 100～4 800mm，高为 2 400～5 400mm，它们可组合成多洞口形式，采用现浇钢筋混凝土雨篷式门过梁及门框。

钢大门可以作成一般门和防风砂门两种，配有采光窗，大型门设有小门。大门钢板

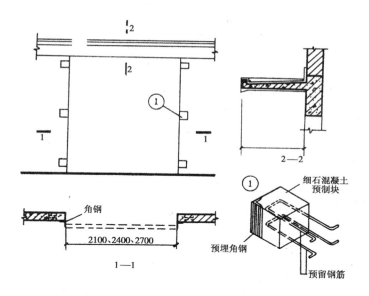

图 14-9　大门门框处理

为 1.5mm 厚，与骨架焊接或铆接。构造形式参见图 14-10。

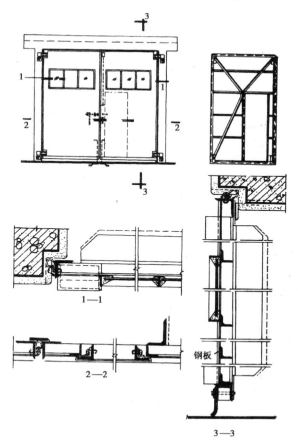

图 14-10　平开钢大门构造

有的钢大门采用压模成型的专用钢板封闭骨架，构成轻质美观的新型大门。

### 四、推拉门构造

推拉门由门扇、上导轨、滑轮、导饼（或下导轨）和门框组成，门扇可采用钢木、钢板等制做，门的上部应结合导轨设雨篷。

推拉门的支承方式分为上挂式和下滑式两种。当门扇高度小于 4m 时采用上挂式，即将门扇通过滑轮吊挂在门扇的导轨上推拉开关。当门扇高度大于 4m 时，以下滑为主，下部的导轨用来支承门扇的重量，上部导轨用于导向（图 14-11）。

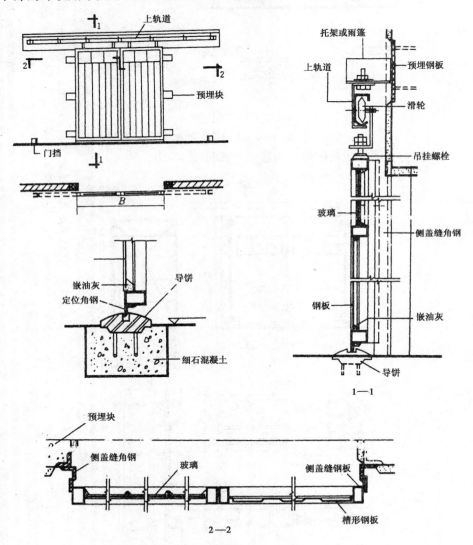

图 14-11　推拉门构造示例（上挂式）

钢木大门，钢大门以及其他种类大门的规格、构造作法可参见有关的厂房建筑通用标准图集。

**复习思考题**

1. 厂房侧窗都有哪几种类型？
2. 简述平开门、推拉门构造？

# 第十五章　单层厂房天窗构造

## 第一节　矩形天窗构造

### 一、天窗的组成

矩形天窗主要由天窗架、天窗扇、天窗屋面板、天窗侧板、天窗端壁板等组成（图15-1）。在厂房两端及变形缝两侧的第一个柱间一般不设天窗，在天窗的端壁上设上天窗屋面的检修梯。每一天窗总长不宜超过84m，如大于84m而又不允许断开时应设变形缝。

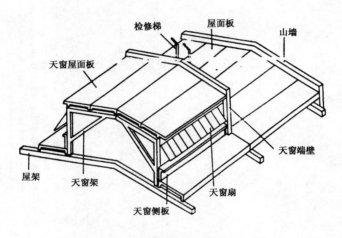

图 15-1　矩形天窗的组成

### 二、天窗架

天窗架主要有钢筋混凝土天窗架和钢天窗架两种（图15-2~图15-3），一般和相同材料的屋架配套使用，有时钢天窗架也用于钢筋混凝土屋架。

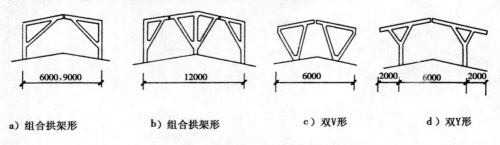

a）组合拱架形　　b）组合拱架形　　c）双V形　　d）双Y形

图 15-2　钢筋混凝土组合式天窗架

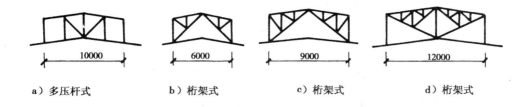

| a）多压杆式 | b）桁架式 | c）桁架式 | d）桁架式 |
|---|---|---|---|
| 10000 | 6000 | 9000 | 12000 |

图 15-3　钢天窗架

钢天窗架的特点是重量轻，适用于较大的宽度。天窗架的宽度一般约为厂房跨度的
1/2 ~ 1/3 和 15M 的倍数，这样便于屋面板的铺设和天窗架支承在屋架的节点上。天窗
架的高度主要根据天窗扇的高度及其排数来确定。表 15-1 为常用钢筋混凝土天窗架的
尺寸。

表 15-1　常用钢筋混凝土天窗架尺寸（mm）

| 天窗架形式 | 组合拱架型 | | | | | | | 双 V 型 | |
|---|---|---|---|---|---|---|---|---|---|
| 天窗架跨度（标志尺寸） | 6 000 | | | 9 000 | | | | 6 000 | |
| 天窗扇高度 | 1 200 | 1 500 | 2 × 900 | 2 × 1 200 | 2 × 900 | 2 × 1 200 | 2 × 1 500 | 1 200 | 1 500 |
| 天窗架高度 | 2 070 | 2 370 | 2 670 | 3 270 | 2 670 | 3 270 | 3 870 | 1 350 | 2 250 |

### 三、天窗扇

钢天窗扇具有和钢侧窗扇相同的优点，所以厂房采用较多，开扇按合页（铰链）位
置及开启方式分为上悬式与中悬式两种。

（一）上悬式钢天窗扇

上悬钢天窗扇最大开启角为 45°，防雨较好，但通风较差。常用的 J815 定型上悬钢
天窗扇的高度为 900、1 200、1 500（mm），可根据需要将它们组合成不同高度的天窗。
天窗的布置和规格分为两种，一种为统长窗扇，是由两个端部窗扇和若干个中间窗扇连
在一起组成，开关扇长度根据需要和开关器的性能而定，在每个长度的两端设小固定扇
（图 15-4a））。另一种为分段窗扇，在每一柱距内分设单独开关的窗扇（图 15-4b））。为
了防止雨水从开扇两侧飘入室内，有时在固定扇侧边后面加挡雨扇（图 15-4c））。窗扇
由上下梃、竖楞、边梃、盖缝板及玻璃组成，上梃挂于固定在天窗架的水平弯形钢挂勾
上，开启时由止动板限位，下梃在窗扇关闭后搭在下框或中横框外侧，便于密闭和排水
（图 15-4d））。

（二）中悬式钢天窗扇

由于有天窗架的阻挡和受轴位置的影响，中悬钢天窗扇只能按柱距分段设置（图
15-5）。窗扇高度为 900、1 200、1 500mm，可组成 1 ~ 3 排高度的天窗。窗扇之间的槽钢
中竖框及边框上设窗扇转轴，变形缝处窗扇为固定扇，上下梃及边梃均为角钢；扇内
横竖芯为 T 形钢（图 15-6）。

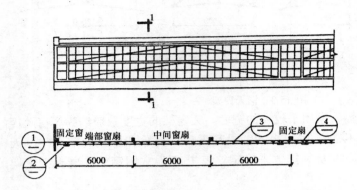

a) 统长窗扇平立面

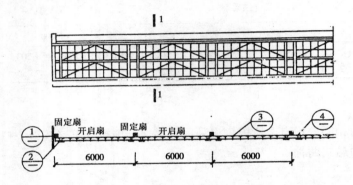

b) 分段窗扇平面

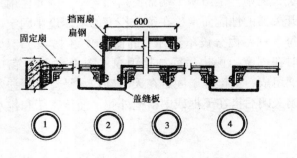

c) 平面安装节点

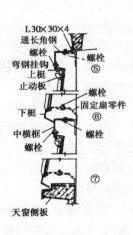

d) 剖面安装节点

图 15-4　上旋钢天窗扇

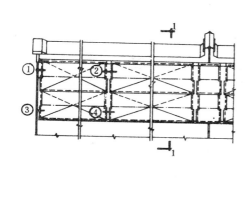
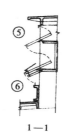

1—1

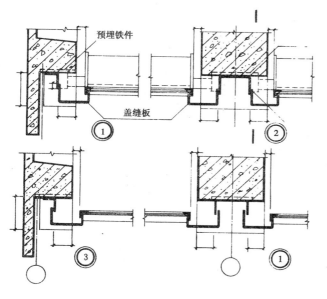
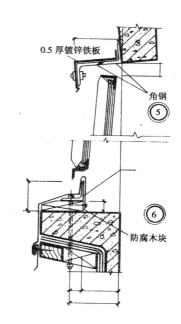

预埋铁件

盖缝板

①

②

③

①

0.5 厚镀锌铁板

角钢

⑤

⑥

防腐木块

图 15-5　中悬钢天窗扇

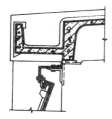
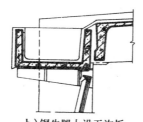
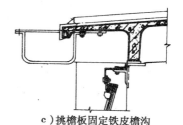

a）带檐沟屋面板　　　b）钢牛腿上设天沟板　　　c）挑檐板固定铁皮檐沟

图 15-6　有组织排水天窗檐口

## 四、天窗檐口

天窗屋顶多采用无组织排水的带挑檐屋面板，挑出长度为 300～500mm（图 15-7）。如果用有组织排水则改用带檐沟屋面板或用焊在天窗架上的牛腿支承的天沟板排水，或用固定在檐口板的金属天沟排水（图 15-6）。

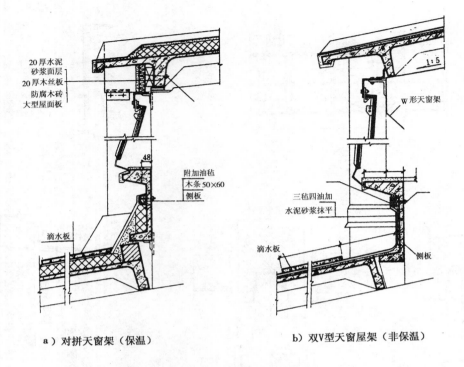

20厚水泥
砂浆面层
20厚木丝板
防腐木砖
大型屋面板

W形天窗架

附加油毡
木条50×60
侧板

三毡四油加
水泥砂浆抹平

滴水板

滴水板

侧板

48

a）对拼天窗架（保温）　　　　　　　　b）双V型天窗屋架（非保温）

图 15-7　天窗侧板及檐口构造

**五、天窗侧板**

天窗侧板的作用是为防止雨水溅入车间和积雪过高遮挡天窗扇。天窗侧板的外露高度一般不小于 30mm，主要根据气候条件确定。

天窗侧板的形式与屋面的构造相适应，当屋面为无檩体系时，应采用与大型屋面板相同长度的钢筋混凝土槽形侧板，侧板支承于焊在天窗架上的角钢上，或支承在屋架上，可根据需要做保温层（图 15-7）。有檩体系的屋面则采用各类小板作天窗侧板，侧板固定于屋面和天窗下挡的角钢上。侧板与屋面之间要做好泛水处理。

**六、天窗端壁**

天窗端壁的作用是支承天窗屋面板，围护天窗端部。可用预制钢筋混凝土端壁板或石棉水泥瓦端壁板，而很少采用可透光构件来封闭。

钢筋混凝土端壁板用于钢筋混凝土屋架，可根据天窗宽度的不同由 2~3 块板拼合而成。端壁板焊接固定于屋架上弦，占上弦截面宽度一半，另一半铺放与天窗相邻的屋面板。端壁板顶部支承天窗屋面板并砌砖包住檐口，但缺点是上部砌砖部分保温不足，出现热桥。另外，也可做挑檐。端壁板与下部屋面板交接处要做好泛水处理，端壁板内侧根据需要可做保温层（图 15-8）。

石棉水泥瓦端壁多用于钢屋架，重量轻。石棉水泥瓦固定于天窗架上的横向角钢上，端壁与天窗扇交接处用 30mm 厚木板封口，外包镀锌铁皮保护，如需要保温在端壁内侧钉保温板并作好密封（图 15-9）。

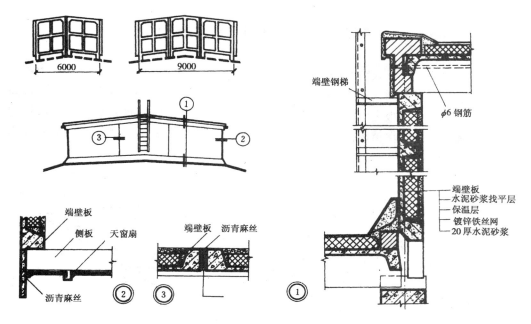

图 15-8　钢筋混凝土天窗端壁板构造

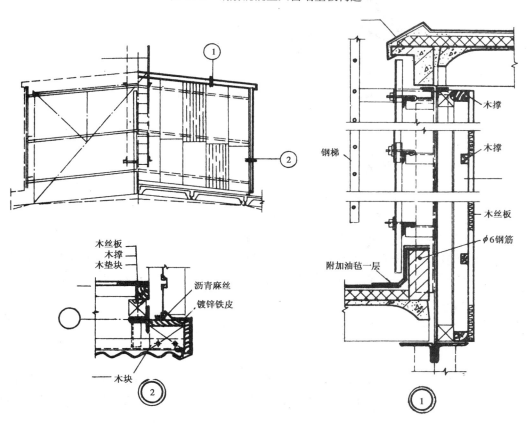

图 15-9　石棉水泥瓦天窗端壁构造

## 第二节　矩形通风天窗构造

矩形通风天窗由矩形天窗及两侧的挡风板构成，除寒冷地区和保温厂房外，为利于排气，天窗一般不设窗扇，而在进风口处设挡雨片。挡风板的高度不超过天窗檐口高度，挡风板下部和屋面板之间要留有 100～200mm 的间隙，以便排水和清灰。挡风板的端部要用端部板封闭以保持风向变化时仍可排气。端部板或挡风板上要设供清灰和检修用的小门（图 15-10）。

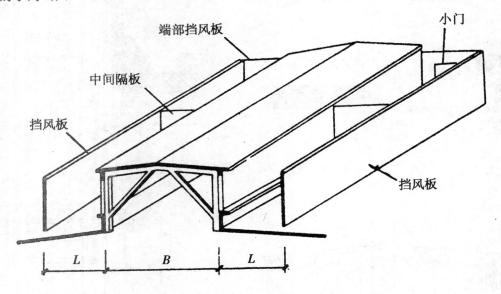

图 15-10　矩形通风天窗示意

### 一、挡风板型式与构造

挡风板形式有两种，一种是立柱式，一种是悬挑式。

（一）立柱式

埋于屋架上弦的垂直钢板件伸出屋面，在钢板件下部周围浇注混凝土柱墩，上加盖板。将钢或钢筋混凝土立柱支承于柱墩上并和钢板件焊接。钢筋混凝土横向檩条或型钢焊于各立柱上，在檩条上固定由石棉水泥瓦或玻璃钢瓦等制成的挡风板，立柱用水平支撑件和天窗相连（图 15-11）。

立柱式挡风板受力合理，但挡风板与天窗的距离受屋面板排列的限制，防水处理较复杂。

（二）悬挑式

挡风板的支架固定于天窗架上，挡风板用螺栓钩固定于支架的水平件上，挡风板与屋面板脱离。这种形式的挡风板布置灵活，但增加了天窗架的荷载，对抗震不利。如将挡风板制成外倾式，则通风效果更好（图 15-12）。

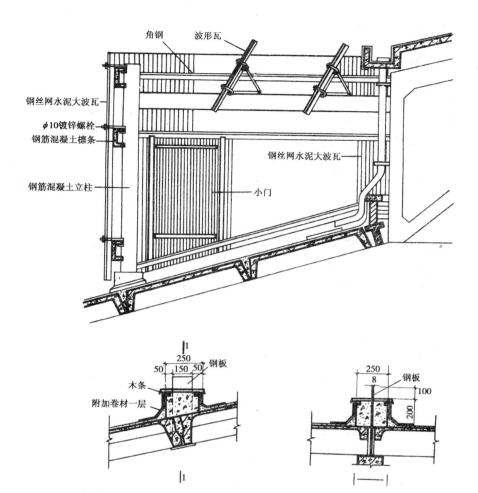

图 15-11 立柱式矩形通风天窗构造

图中标注：角钢、波形瓦、钢丝网水泥大波瓦、φ10镀锌螺栓、钢筋混凝土檩条、钢筋混凝土立柱、小门、钢丝网水泥大波瓦、钢板、木条、附加卷材一层、250、50、150、50、250、8、100、200

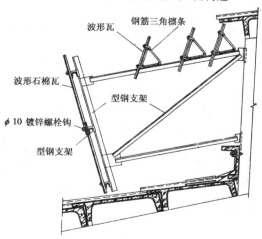

图 15-12 悬挑式挡风板构造

图中标注：波形瓦、钢筋三角檩条、波形石棉瓦、型钢支架、φ10镀锌螺栓钩、型钢支架

## 二、挡雨设施构造

（一）挡雨设施布置（图 15-13）

建筑物安装挡雨设施一般采用下列方法：

1. 大挑檐挡雨（见图 15-13a）；
2. 水平口挡雨片挡雨（见图 15-13b）；
3. 竖直口挡雨片挡雨（见图 15-13c）。

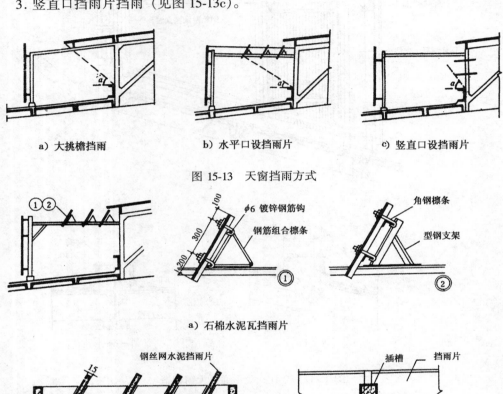

a）大挑檐挡雨　　　　　b）水平口设挡雨片　　　　　c）竖直口设挡雨片

图 15-13　天窗挡雨方式

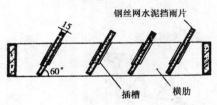

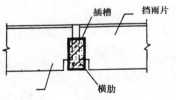

a）石棉水泥瓦挡雨片

b）钢丝网水泥板挡雨片

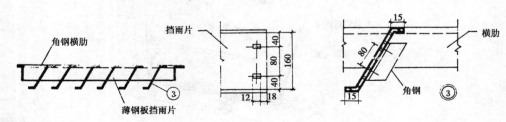

c）薄钢板挡雨片

图 15-14　挡雨片构造

水平口设置挡雨片通风阻力较小。挡雨角 α 一般为 30°~40°，可根据防雨要求选择。竖直口挡雨板与水平方向的夹角不应小于 15°，水平口挡雨片与水平方向的夹角多为 60°，挡雨片高度一般为 200~300mm。

（二）挡雨片类型

挡雨片按材料分有石棉水泥瓦、钢丝网水泥板、钢筋混凝土板、薄钢板等。有时为了利于采光，也采用铅丝玻璃、钢化玻璃和玻璃钢瓦等。

（三）挡雨片构造（图 15-14a）。

1. 石棉水泥瓦挡雨片安装构造是设钢筋组合檩条或型钢支架作支撑，将挡雨片用钢筋钩固定在支架的钢筋或角钢檩条上（图 15-14a）。

2. 钢丝网水泥板或钢筋混凝土板挡雨片的安装，是设带有横肋的钢筋混凝土格架支承，将挡雨片插入横肋的预留槽中（图 15-14b）。

3. 薄钢板挡雨片安装时设带有横肋的钢格架作为支承，用螺栓将挡雨片固定于焊在横肋两侧的角钢上（图 15-14c）。

## 第三节　井式天窗

井式天窗是在一个柱距内，将一定横向宽度的部分屋面板下沉铺在屋架下弦上，在屋面上形成凹陷的天窗井，在井壁的三面或四面设置采光或排气窗口，同时要设置一定的挡雨和排水设施。井式天窗具有布置灵活、通风好，排气路线短，采光均匀等优点（图 15-15）。

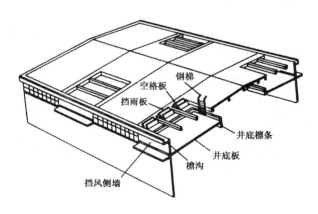

图 15-15　边井式天窗的构造组成

**一、井式天窗的布置方式**

井式天窗布置方式可分为单侧布置、两侧布置、跨中布置。

单侧或两侧布置的通风效果较好，排水清灰也比较容易，因此多用于热车间。跨中布置能充分利用屋架的高度设置天窗，采光较好，但排水和清灰比较复杂，故多用于有通风采光要求，但余热，灰尘不太大的厂房（图 15-16）。

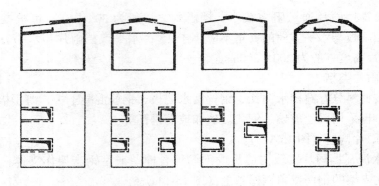

a) 单侧布置　　b) 两侧对称布置　　c) 两侧交错布置　　d) 跨中布置

图 15-16　井式天窗布置形式

　　井式天窗的通风效果与天窗的水平口（井口）面积和垂直口（排气口）面积的比值有关，适当扩大水平口面积可提高通风效果，为保证竖直口的高度，宜采用梯形屋架。

## 二、井式天窗构造

（一）井底板

1. 横向铺板　将井底板平行于屋架铺设，多采用双竖杆或无竖杆的屋架，檩条搁置在屋架下弦节点上或焊在柱顶的钢牛腿上。在檩条上铺设井底板，井底板边缘应做约300mm 的泛水（图 15-17）。

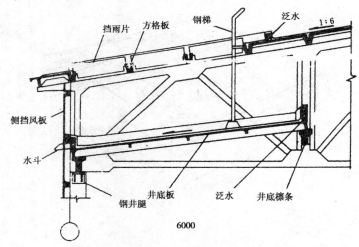

图 15-17　横向铺板

　　当屋架上下弦高度确定后，屋架节点，檩条、井底板、泛水的叠加高度达 1m，占据了相当的竖直通风口面积。为此，常采用下卧式、L 型、槽形檩条。后二者高出部分可兼作泛水（图 15-18）。横向铺板优点是构造简单铺装方便。

　　2. 纵向铺板　井底板两端搁置于屋架下弦，其优点是节约檩条，增加天窗竖直口高度，水平口长度可根据需要按不同板宽数灵活布置，但有的板端与屋架腹杆相碰，因此，一般采用出肋板或卡口板，躲开腹杆（图 15-19）。

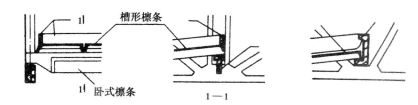

a）卧式檩条铺放　　　　　　　　b）槽形檩条铺设

图 15-18　井底檩条

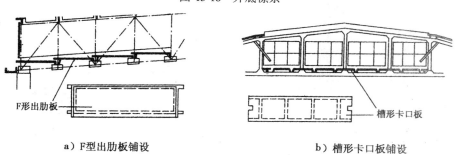

a）F型出肋板铺设　　　　　　　　b）槽形卡口板铺设

图 15-19　纵向铺板

（二）井口板及挡雨设施

不采暖厂房的通风天窗一般作成开敞式，因此，需设置必要的挡雨设施，设施主要分三种：

1. 井口设挑檐板　一种是在井口处直接设挑檐板，纵向由相邻的屋面板加长挑出，横向增设屋面板形成挑檐。此种方法构造简单，施工方便，但屋面的刚度较差（图 15-20）。另一种是在屋架上设檩条，将镶边板搁置在檩条上作挑檐，这种方式虽构件较多，但刚度有所增加。挑檐的出挑长度要满足挡雨角要求。

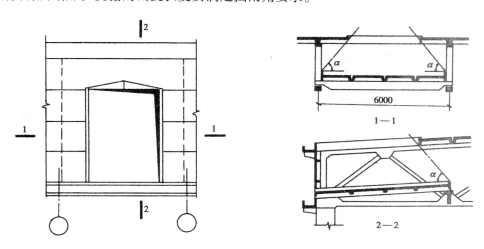

图 15-20　井口设挑檐板

由于挑檐占水平口面积较大，因此对通风采光不利，故比较适用于柱距在 9m 以上的较大天窗。

2.水平口设挡雨片　在上井口铺放空格板，挡雨片固定于空格板的纵肋上，挡雨片的角度、位置和数量要符合挡雨角的要求，挡雨片所用材料做法等与矩形通风天窗挡雨片基本相同（图15-21）。

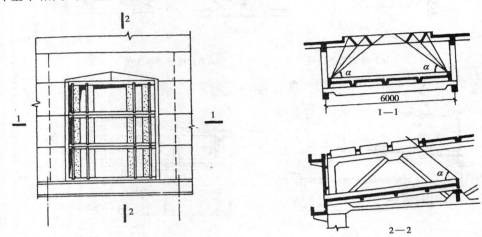

图 15-21　水平口设置挡雨片

3.竖直口设挡雨片　类似于开敞式外墙设挡雨板，挡雨片数量、位置、角度应符合挡雨角要求并利于通风。

（三）窗扇的设置

保温的厂房需设窗扇，窗扇的位置分为水平口设置和竖直口设置。

1.竖直口设置　在纵向竖直口可设置上旋或中旋窗扇。在横向竖直口由于受屋架腹杆的阻挡，只能设上旋窗扇。此外，由于屋架坡度、井底板坡度的影响，竖直口是倾斜的，窗扇可采用两种方式，一是采用平行四边形窗扇，但其制作较复杂；二是采用矩形窗扇，窗扇两侧的缝隙作封闭处理。由于窗扇是斜悬挂的，因此受扭，耐久性差（图15-22）。中井式天窗竖直口比较规整，多设竖直口窗扇。

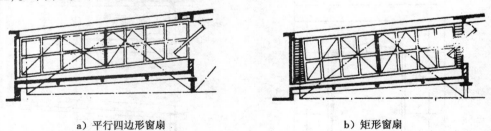

a）平行四边形窗扇　　　　　　　　b）矩形窗扇

图 15-22　横向竖直口窗扇的设置

2.水平口设置　水平口窗扇分为两种，一种是中悬式，即在空格板肋上固定中悬窗，根据需要改变开启角度。另一种是推拉式，在水平口设两扇水平窗，窗的两侧安有小轮，可沿水平口两侧的导轨移动，使窗开启和闭合。

水平口窗扇密封性差，使用不方便。

（四）井底排水

井式天窗排水需同时考虑屋面排水和井底板排水，构造处理比较复杂，井式天窗排水有多种方式，要根据天窗位置、大小、地区气候、生产工艺特点选择。

1. 边井式天窗排水

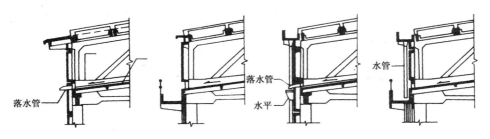

a) 无组织排水　　b) 下层通长天沟　　c) 上层通长连通天沟下部雨水管　　d) 双层天沟

图 15-23　边井式天窗排水方式

（1）无组织排水　上层屋面和下层井底板均为自由排水，井底板设有雨水口。这种方式构造简单，施工方便，适用于降雨量较小的地区及高度不大的厂房（图 15-23a）。

（2）单层天沟排水　一种是上层屋面为自由落水，水落到下层井底板清灰排水用的通长天沟上，再由落水管排下。这种方式适于雨水多的地区和灰尘大的厂房（图 15-23b）。另一种是上层屋面设通长天沟，下层井底板设落水管（图 15-23c）。这种方式适用于雨量大的地区而灰尘不大的厂房。

（3）双层天沟外排水　上层屋面设通长天沟或间断天沟，下层井底板设通长天沟，上天沟水排至下天沟。适用于降雨量大的地区或灰尘较多的厂房（图 15-23d）。

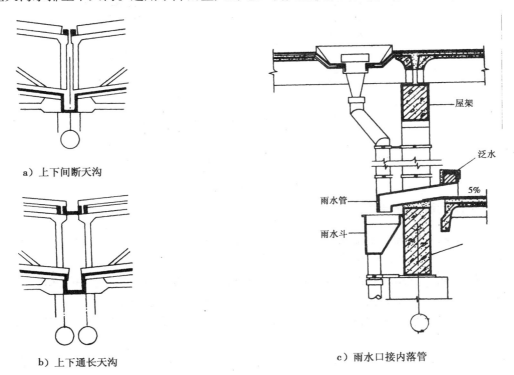

a) 上下间断天沟

b) 上下通长天沟

c) 雨水口接内落管

图 15-24　中井式天窗内排水方式

## 2. 中井式天窗排水

中井式天窗连跨布置时，可设双层间断天沟并设若干雨水管和雨水斗，也可设双层通长天沟，还可在井底板设雨水口接屋面内落水管（图 15-24）。跨中布置时用吊管将井底板雨水排出室外。

### （五）泛水

为防止屋面雨水流入井内和井底板雨水溅入厂房，要在上部井口周围和井底板周边作泛水，泛水一般为砖砌或做混凝土挡水条（图 15-25）。

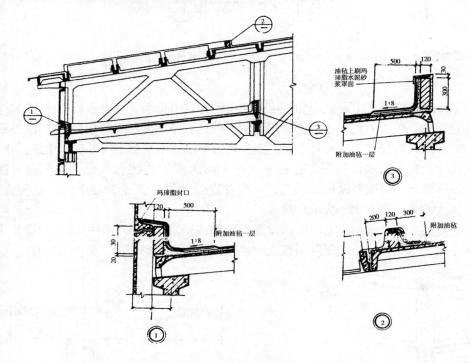

图 15-25　井口或井底板泛水构造

## 第四节　平天窗

### 一、平天窗类型与特点

平天窗就是根据需要设带孔洞的屋面板，在孔洞上安装透光材料所形成的天窗。主要类型有采光板、采光罩和采光带（图 15-26）。

1. 采光板　在屋面孔洞上设平板形透光材料，如平板玻璃。分小孔和大孔二种。

2. 采光罩　在屋面孔洞上装弧形或锥形透光材料，如玻璃钢罩。

3. 采光带　是在屋面的纵向或横向的长开口上设平板形透光材料，长度在 6m 以上。

采光板和采光罩可作成开启式，以便于通风，采光带则需将采光面提高，侧面设竖直通风口。

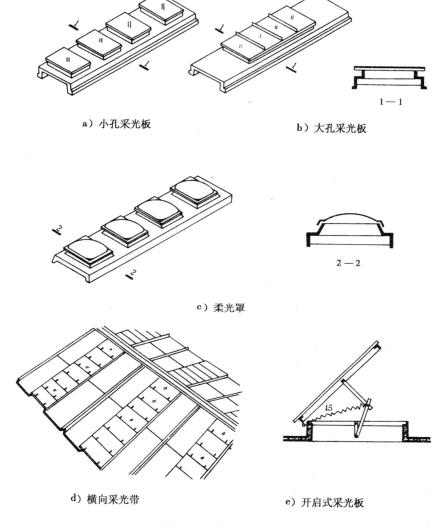

a）小孔采光板

b）大孔采光板

1—1

c）柔光罩

2—2

d）横向采光带

e）开启式采光板

图 15-26 平天窗的形式

平天窗的优点是屋面荷载小、构造简单、施工方便，并可根据需要灵活布置。但易造成太阳直接热辐射和眩光，防雨防雹较差，易产生冷凝水和积灰，应在选材和构造上予以克服。平天窗适用于冷加工厂房，近年来发展较快。

**二、平天窗构造**

采光板式平天窗构造是由井壁、横挡、透光材料、固定卡钩、密封材料、钢丝防护网等组成（图 15-27）。

（一）井壁

井壁为平天窗采光口四周凸起的边框，高出屋面约 150～250mm 并做泛水处理，它分为竖直和倾斜两种，倾斜的采光较好。孔壁材料有钢筋混凝土、薄钢板、塑料等。钢筋混凝土井壁可分为预制件及和屋面板整浇两种，预制的可现场安装和焊接（图 15-

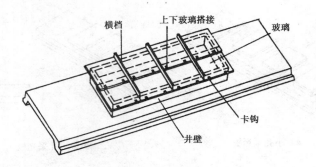

图 15-27 采光板的构造组成

28)。

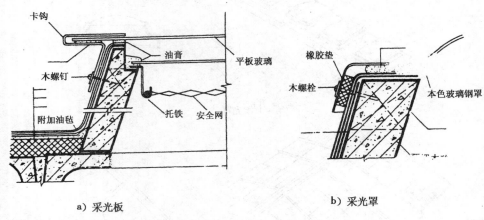

a) 采光板　　　　　　　　b) 采光罩

图 15-28 采光板及采光罩构造

（二）玻璃的固定、搭接及防水

由于平天窗的透光材料坡度很小（与一般屋面坡度相等），搭接固定处易渗漏雨水，因此要作好防水处理。

当平天窗为面积不大的采光板或采光罩时，透光材料无搭接、主要应作好透光材料与井壁的固定与防水（图 15-28）。小面积采光板用卡钩固定玻璃，再将卡钩通过螺栓固定于井壁预埋木砖上。采光罩直接用螺栓和橡皮垫固定在预埋木砖上。透光材料与卡钩、井壁之间的缝隙用聚氯乙烯胶泥和油膏密封。

中大面积采光板和采光带由多块玻璃拼接，需用横芯固定和相互搭接，横芯的断面为 T 形、↓形的型钢及矩形的钢筋混凝土构件（图 15-29）。

坡度方向以整块玻璃防水较好，需要搭接时用 Z 形镀锌铁皮卡子固定，搭接长度不小于 100mm，为了防止雨雪、灰尘侵入，通常用水泥砂浆、油膏、塑胶管、浸油线绳封缝（图 15-30）。

由于室内蒸汽和玻璃露点温度的作用，玻璃内表面将形成冷凝水而产生滴水现象，应在井壁顶部设排水沟将水排走（图 15-31）。

（三）安全防护

为防止玻璃被水雹等外力击碎而下落伤人，玻璃下面可设安全网并用井壁托铁固定

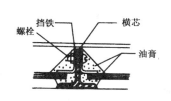
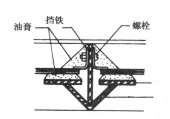
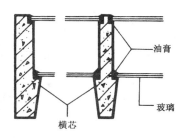

a）T形横芯　　　　　b）↓形横芯　　　　　c）钢筋混凝土横芯

图 15-29　平天窗横芯构造

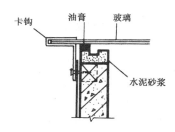
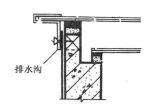

图 15-30　玻璃的上下搭接　　　　　　图 15-31　井壁防水构造

（图 15-28）。也可选用安全玻璃。

（四）防辐射热及眩光

1．选择有扩散性的透光材料，如夹丝、压花、磨砂玻璃或玻璃上刷涂料等。

2．采用双层中空玻璃、吸热玻璃，同时可以达到隔热、保温的效果。

（五）通风

采用平天窗的屋顶用两种方式通风，一种是单独设置通风屋脊，平天窗只用于采光；另一种是天平窗既可采光，又可通风。如开启式采光板、采光罩、侧壁设通风口的采光罩、采光带，单独或组合的带通风百页的采光罩等（图 15-32）。

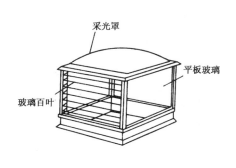
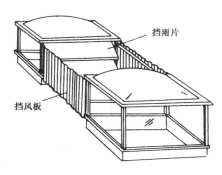

a）单个通风型采光罩　　　　　　b）组合通风型采光罩

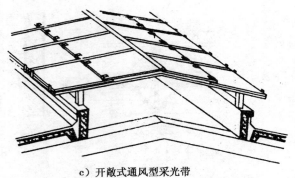

c）开敞式通风型采光带

图 15-32　通风型平天窗示例

## 复习思考题

1. 试述天窗的作用与类型？
2. 矩形天窗由哪几部分组成？分述各部分构造要点。
3. 上悬式钢天窗怎样与天窗架连接？
4. 试述下沉式天窗的优点和类型。
5. 识读天井式天窗的构造。
6. 井式天窗的布置形式？挡雨板有几种类型？说明其特点。

# 第十六章　单层厂房地面及其他构造

## 第一节　地　面

厂房地面应能满足生产使用要求。地面类型选择是否合理，直接影响到产品质量的好坏和工人劳动条件的优劣。又因厂房内工段多，生产要求不同，使同厂房的地面构造复杂化。此外，厂房地面面积大，荷载大，材料用量多。如一般机械类厂房的混凝土地面，其混凝土用量约占主体结构的25%～50%，故应正确选择地面材料及其构造形式。

### 一、地面的组成

地面一般由面层、垫层和基层组成。为满足使用或构造要求时，可增设如结合层、找平层、隔离层等构造层（见图16-1）。

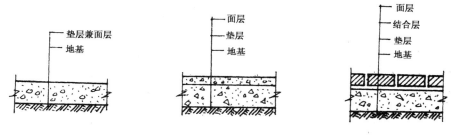

图 16-1　地面组成

**（一）面层及其选择**

地面面层是直接承受各种物理和化学作用的表面层。面层有整体式（包括单层整体式和多层整体式）和板、块材两类。面层应根据生产特征、使用要求和技术经济条件来选择，可参考表16-1选用。

表 16-1　地面面层选择

| 编号 | 生产使用要求 | 适宜的面层 | 举　例 | 备　注 |
|---|---|---|---|---|
| 1 | 一般生产操作及手推胶轮车行驶地面，面层应不滑、不起灰和便于清扫 | 混凝土、水泥砂浆、三合土、四合土 | 一般车间及附属房屋 | 经常有水冲洗者不宜选用三合土、四合土 |

| 编号 | 生产使用要求 | | 适宜的面层 | 举例 | 备注 |
|---|---|---|---|---|---|
| 2 | 行驶车辆或坚硬物体磨损的地段：面层应耐磨耐压 | 中等磨损：如汽车或电瓶车行驶 | 混凝土、沥青碎石、碎石、块石 | 车行道及库房等 | 一般车间的内部行车道宜用混凝土 |
| | | 强烈磨损：如拖拉尖锐金属物件及履带或车轮行驶 | 铁屑水泥、块石、混凝土、铸铁板 | 电缆、钢绳等车间，履带式拖拉机装配车间 | 混凝土宜制成方块，并用高标号 |
| 3 | 坚硬物体经常冲击地段：面层应具有抗冲击能力 | | 素土、三合土、块石、混凝土、碎石、矿渣 | 铸造、锻压、冲压、金属结构，钢铁厂的配料、冷轧，废钢铁处理，落锤等车间 | |
| 4 | 高温作业地段：面层应耐热，不软化、不开裂 | | 素土、混凝土、水泥砂浆、粘土砖、废耐火砖、矿渣、铸铁板 | 铸造车间的熔炼、浇注，热处理、锻压、轧钢、热钢坯工段、玻璃熔炼工段 | 经常有高温熔液跌落者，不宜采用水泥砂浆及粘土砖 |
| 5 | 有水和中性液体地段：面层受潮湿后应不膨胀、不溶解、易清扫 | | 水泥砂浆、混凝土、石屑水泥、水磨石、沥青砂浆 | 选矿车间、水力冲洗车间、水泵房、车轮冲洗场、造纸车间 | 应注意防滑，必要时做防滑设施 |
| 6 | 有防爆要求的地段：面层应不发火花 | | 水泥砂浆、混凝土、石油沥青砂浆、石油沥青混凝土、菱苦土、木地面 | 精苯、氢气、钠钾加工和人造丝工厂的化学车间、爆破器材及火药库 | 骨粒均采用经试验确定不发火花的石灰石、大理石等。采用木地板时，铁钉不得外露 |
| 7 | 有中性植物油、矿物油或其他乳浊液作用地段：面层应不溶解、不滑，易于清扫 | | 混凝土、水磨石、水泥砂浆、石屑水泥、陶（瓷）板粘土砖 | 油料库、油压机工段、润滑油站、沥青制造车间、制蜡车间、榨油车间等 | 必要时采取防滑措施 |
| 8 | 清洁要求较高的地段：面层应不起尘，平整光滑，易清扫 | | 水磨石、石屑水泥、菱苦土、水泥砖、陶（瓷）板、木板、水泥抹光刷涂料、塑料板、过氯乙烯漆 | 电磁操纵室、计量室、纺纱车间、织布车间、光学精密器械仪表仪器装配车间、恒温室 | 经常有水冲洗者，不宜选用菱苦土、木地板 |

| 编号 | 生产使用要求 | 适宜的面层 | 举 例 | 备 注 |
|---|---|---|---|---|
| 9 | 要求防止精致物件因坠落或摩擦而损伤的地段：面层应具有弹性 | 菱苦土、塑料地面（聚氯乙烯）木板、石油沥青砂浆 | 精密仪表、仪器装配车间，量具刃具车间，电线拉细工段等 | |
| 10 | 贮存笨重材料 | 素土、碎石、矿渣、块石 | 生铁块库、钢坯库、重型设备库、贮木场 | |
| 11 | 贮存块状与散状材料 | 素土、灰土、三合土、四合土、混凝土、普通粘土砖 | 煤库、矿石库、铁合金库、水泥联合仓库 | |
| 12 | 贮存不受潮湿材料 | 混凝土、水泥砂浆、木板、沥青砂浆 | 耐火材料库、棉丝织品库，电器电讯器材库、水泥库、电石库、火柴库、卷烟成品库 | 处在毛细管上升极限高度内之地面，如构造一般满足防潮要求时，可不另设防潮层；如生产上有较高要求时，应做防潮层 |

注：①表中所列适宜的面层，系一般情况下常用之类型，是根据生产特征拟定的。由于具体生产车间和工段的要求各有不同，因而并不是每一种面层都能完全适应于举例中的所有车间，设计时必须根据具体情况进行选择。如有特殊要求时，应在表列面层类型范围以外，另行选择其他面层。

②有几种因素同时作用的地面，应先按主要因素选择，再结合次要因素考虑。

③采用铸铁板面层时，在需要防滑的地段，应选用网纹铸铁板或焊防滑点，在有轮径小于200mm的小车行驶的通道上，应选用光面铸铁板。

④表中所列的混凝土、水磨石、菱苦土等面层，均包括捣制和预制两种做法。

铺设在混凝土垫层上的面层，其分隔应符合下列条件：

1. 细石混凝土面层的分隔缝，应与垫层的缩缝对齐。但设有隔离层的水玻璃混凝土、耐碱混凝土面层的分隔缝可不对齐；

2. 水磨石、水泥砂浆等面层的分隔缝，除应与垫层的缩缝对齐外，尚可根据具体设计要求缩小间距，但涂刷防腐蚀涂料的水泥砂浆面层不宜设缝；

3. 沥青类材料和块材面层可不设缝。

（二）垫层及其选择

垫层是承受并传递地面荷载至基层的构造层。按材料性质和构造不同，可分为刚性垫层、半刚性垫层和柔性垫层。

1. 刚性垫层　是指用混凝土、沥青混凝土和钢筋混凝土等材料做成的垫层。它整体性好，强度大，不透水。适用于直接安装中小型设备，受较大集中荷载且要求变形小的地面，以及有大量水、中性溶液作用或面层构造要求为刚性垫层的地面。

2. 半刚性垫层　是指灰土、三合土、四合土等材料做成的垫层。它受力后有一定的塑性变形，它可用工业废料和建筑废料制作，造价较刚性垫层低。

3. 柔性垫层　是用砂、碎（卵）石、矿渣、碎煤渣、沥青碎石等材料做成的垫层。它受力后可产生塑性变形。可用于有集中荷载或冲击荷载，有较大振动的地面，它发生局部沉陷或破坏后，易修复也易更换。其材料来源广，造价低，施工较方便。故对无特殊要求的厂房应优先选用。

垫层材料的选择还应与面层用材相适应。现浇整体面层和以胶泥或砂浆结合的板、块材面层，宜用混凝土垫层；以砂、炉渣结合的块材面层，宜用碎石、矿渣、灰土或三合土垫层。

垫层的厚度，主要以作用在地面上的荷载情况来确定，其所需厚度应按有关规定计算确定。按构造要求的最小厚度及最低强度等级配合比，可参考表 16-2 选用。

表 16-2　垫层最小厚度、最低强度等级和配合比

| 序号 | 名称 | 最小厚度（mm） | 最低强度等级和配合比 |
|------|------|----------------|----------------------|
| 1 | 混凝土 | 60 | C7.5（水泥、砂、碎石） |
| 2 | 四合土 | 80 | 1:1:6:12（水泥、石灰渣、砂、碎砖） |
| 3 | 三合土 | 100 | 1:3:6（石灰、砂、粒料） |
| 4 | 灰　土 | 100 | 2:3（石灰、素土） |
| 5 | 粒　料 | 60 | （砂、煤渣、碎石等） |
| 注 | | | 混凝土垫层兼面层时，混凝土最低强度等级 C15，最小厚度 60mm |

在确定垫层厚度时，应以生产过程中常作用于地面的最不利荷载为计算的主要依据。当最不利荷载的作用地段只占车间局部面积时，可视情况分区确定垫层厚度，或取同厚而用调整混凝土垫层的强度等级来区别对待。同时还应综合考虑适应今后工艺设备更新的灵活性。

混凝土垫层应设接缝。接缝有伸缝和缩缝两种。厂房内只设缩缝，缩缝有纵向和横向之分，平行于施工方向的缝称纵向缩缝，垂直于施工方向的缝称横向缩缝。纵向缩缝间距 3m～6m，横向缩缝间距 6m～12m。纵向缩缝一般用平头缝；当混凝土垫层厚 >150mm 时宜为企口缝。横向缩缝采用假缝形式，用以引导垫层的收缩裂缝集中于该处（见图 16-2）。

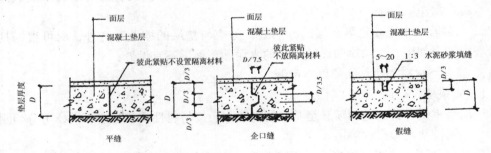

图 16-2　混凝土垫层接缝

（三）基层

基层是承受上部荷载的土壤层，是经过处理后的地基土层。最常见的是素土夯实。地基处理质量直接影响地面的承载力。地基土不得用过湿土、淤泥、腐植土、冻土以及有机物含量大于 8% 的土作填料。若地基土松软，可加入碎石、碎砖等夯实，以提高强度。

（四）结合层、隔离层和找平层

1. 结合层 是连接块材面层、板材或卷材与垫层的中间层。主要起上下结合作用。用材应根据面层和垫层的条件来选择，水泥砂浆或沥青砂浆结合层适用于防水、防潮要求或要求稳固无变形的地面；当地面需防酸碱时，结合层应采用耐酸砂浆或树脂胶泥等。此外，对板、块材之间的拼缝应填以与结合层相同的材料，有冲击荷载或高温作用的地面常用砂作结合层。

2. 隔离层 起防止地面腐蚀性液由上往下或地下水由下向上渗透扩散的作用。隔离层可采用再生油毡（一毡二油）或石油沥青油毡（两毡三油）来防渗。地面处于地下水位毛细管作用上升范围内，而生产上又需要有较高防潮要求时，则在垫层下铺设一层30mm 厚沥青混凝土或灌沥青，灌沥青碎石厚 40mm 作隔离层（见图 16-3）。

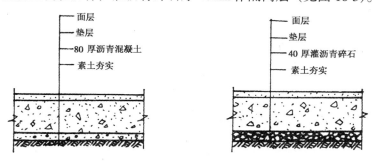

图 16-3 防止地下水影响的隔离层设置

3. 找平层 起找平或找坡作用。当面层较薄而要求其平整或有坡度时，则需在垫层上设找平层。在刚性垫层上用 1:2 或 1:3 水泥砂浆厚 20mm 作找平层；在柔性垫层上，找平层宜用厚度不小于 30mm 的细石混凝土制作。找坡层常用 1:1:8 水泥石灰炉渣做成，最低处厚 30mm。

## 二、地面的类型及构造

地面一般是按面层材料的不同而分类，有素土夯实、石灰三合土、水泥砂浆、细石混凝土、木板、陶土板等各种地面。根据使用性质可分为一般地面和特殊地面（如防腐、防爆等）两种。按构造不同也可分为整体面层和板、块材面层两类。

工业厂房常见地面构造见表 16-3。

表 16-3 工业建筑常见地面做法

| 序号 | 类型 | 构造图形 | 地面做法 | 建议采用范围 | 备 注 |
|---|---|---|---|---|---|
| 1 | 素土地面 | | 素土夯实 素土中掺骨料夯实 | 承受高温及巨大冲击的地段，如铸工车间、锻压车间、金属材料库、钢坯库、堆场 | |
| 2 | 矿渣或碎石地面 | | 矿渣（碎石）面层压实，厚度 ≥60mm，素土夯实 | 承受机械作用强度较大，平整度和清洁度要求不高，如仓库、堆场 | |

| 序号 | 类型 | 构造图形 | 地面做法 | 建议采用范围 | 备注 |
|---|---|---|---|---|---|
| 3 | 灰土地面 | | 3:7 灰土，夯实，100mm～150mm 厚，素土夯实 | 机械作用强度小的一般辅助生产用房、仓库等 | |
| 4 | 石灰炉渣地面 | | 1:3 石灰炉渣夯实，60mm～100mm 厚，素土夯实 | 机械作用强度小的一般辅助生产用房、仓库等 | |
| 5 | 石灰三合土地面 | | 1:3:5、1:2:4，石灰，砂（细炉渣）：碎石（碎砖），三合土夯实，100mm～150mm 厚素土夯实 | 机械作用强度小的一般辅助生产用房、仓库等 | 有水地段不宜采用 |
| 6 | 水泥砂浆面层 | | 1:2 水泥砂浆面层 20mm 厚 C10 混凝土垫层≥60mm 厚 素土夯实 | 承受一定机械作用强度、有矿物油、中性溶液、水作用的地段，如油漆车间、锅炉房、变电间、车间办公室等 | 容易起砂 |
| 7 | 豆石地面 | | 1:2.5 水泥豆石面层 20mm 厚 C7.5 混凝土垫层 60mm～100mm 厚 素土夯实 | 承受一定机械作用强度、有矿物油、中性溶液、水作用的地段，如油漆车间、锅炉房、变电间、车间办公室等 | |
| 8 | 混凝土地面层 | | C10～C20 混凝土面层兼垫层≥60mm 厚，素土夯实 | 承受较大的机械作用，有矿物油、中性溶液、水作用的地段，如金工、热处理、油漆、机修、工具、焊接、装配车间等 | C15 混凝土兼面层时，表面需加适量水泥，随捣随抹光 |
| 9 | 细石混凝土地面 | | C20 细石混凝土 30mm～40mm 厚、C7.5（C10）混凝土垫层，60mm～100mm 厚，素土夯实 | 承受较大的机械作用，有矿物油、中性溶液、水作用的地段，如金工、热处理、油漆、机修、工具、焊接、装配车间等 | |
| 10 | 水磨石地面 | | 1:(1.5～2.5) 水泥石渣面层厚 15mm。1:3 水泥砂浆找平层厚 15mm、C7.5、C10 混凝土垫层，厚≥60mm | 有一定清洁要求，中性溶液、水作用的地段，如计量室、精密机床间、汽轮发电机间，主电室、仪器仪表装配车间，食品车间、试验室等 | |

| 序号 | 类型 | 构造图形 | 地面做法 | 建议采用范围 | 备注 |
|---|---|---|---|---|---|
| 11 | 铁屑地面 | | C40铁屑水泥面层，厚15mm～20mm，1:2水泥砂浆结合层厚20mm，C10混凝土垫层，厚≥60mm，素土夯实 | 要求高度耐磨的车间或地段，如电缆、电线、钢绳、钢丝车间、履带式拖拉机、施工机械装配车间等 | |
| 12 | 沥青砂浆地面 | | 沥青砂浆面层厚20mm～30mm，冷底子油一道，C10混凝土垫层厚≥60mm，素土夯实 | 要求不发火花，不导电、防潮、防酸、防碱的地段，如乙炔站，控制盘室，蓄电池室，电镀室 | 经常有煤油、汽油及其他有机溶剂的地段不宜采用 |
| 13 | 沥青混凝土地面 | | 沥青细石混凝土面层，厚30mm～50mm，分两次铺设，冷底子油一道，C10混凝土或碎石垫层，厚≥60mm，素土夯实 | 要求不发火花，不导电、防潮、防酸、防碱的地段，如乙炔站，控制盘室，蓄电池室，电镀室 | |
| 14 | 菱苦土地面 | | 菱苦土面层12mm～18mm厚，1:3菱苦土氯化镁稀浆一遍，C7.5（C10）混凝土垫层，素土夯实 | 要求具有弹性、半温暖、清洁、防爆等地段。如计量站、纺纱车间、织布车间、校验室等 | 受潮湿影响或地面温度经常处于35℃以上地段不宜采用 |
| 15 | 木地板面层 | | 企口木板面层（板底涂沥青）22mm厚。50mm×50mm木搁栅（涂沥青），中距400mm，用预埋16号铅丝绑扎，木搁栅间填满干矿渣<br>C10混凝土垫层，60mm厚，面涂冷底子油、热沥青各一道，素土夯实 | 要求具有弹性、温暖、不导电、防爆、清洁等地段，如高度精密生产和装配车间、计量室、校验室等 | |

| 序号 | 类型 | 构造图形 | 地面做法 | 建议采用范围 | 备　注 |
|------|------|----------|----------|--------------|--------|
| 16 | 粗石或块石地面 | | 100mm～180mm 厚块石，粒径 15mm～25mm 卵石或碎砖填缝，碾压沉落后以粒径 5～15mm 卵石或碎石填缝，再次碾实，砂垫层，压实后为 60mm 的厚度，素土夯实 | 承受巨大冲击及磨损，平整度要求不高，便于修理，如锻锤车间、电缆、纲绳车间、履带式拖拉机装配车间、人行道等 | 块石厚度：100；120；150<br>粗石厚度：120；150；180 |
| 17 | 混凝土板面层 | | C20 混凝土预制板，60mm 厚，砂或细炉渣垫层，60mm 厚 | 可承受一定机械作用强度，用于将要安装设备及敷设地下管线而预留地位的地段或人行道 | |
| 18 | 陶板地面 | | 陶板面层沥青胶泥勾缝，3mm 厚沥青胶泥结合层<br>1.5mm 厚 1:3 水泥砂浆找平层上刷冷底子油一道<br>C7.5（C10）混凝土垫层，厚≥60mm<br>素土夯实 | 用于有一定清洁要求及受酸性、碱性、中性液体、水作用的地段。如蓄电池室、电镀车间、染色车间、尿素车间等 | |
| 19 | 铸铁板地面 | | 15 厚铸铁板（300mm×600mm），60mm～1 500mm 厚砂或矿渣结合层，素土夯实（或掺骨料夯实） | 承受高温影响及冲击、磨损等强烈机械作用地段。如铸铁、锻压、热轧车间等 | 不适用于有磁性吸盘吊车的地段 |

### 三、地面节点构造

地面节点较多，下面介绍一些特殊部位节点的构造。

（一）变形缝

当地面采用刚性垫层，且厂房设有变形缝时，应在地面相应处设变形缝。一般地面与振动大的设备（如锻锤、破碎机等）基础之间，以及地面局部地段堆放的荷载与相邻地段荷载相差很大时，应设地面变形缝。一般地面变形缝构造（见图 16-4（a））。若地面为块状面层时，其面层本身的拼装缝可以解决地面变形问题，故也可将拼装缝与下面垫层的变形缝错开布置（见图 16-4（b））。在有较大冲击、磨损和无轨车辆行驶等强烈机械作用的地段，应在变形缝处用角钢或扁钢镶边（见图 16-4（c））。防腐蚀地面处应尽量不设变形缝，若确实需设，则在变形缝两侧设挡水，并做好挡水和缝间的防腐蚀构造（见图 16-5）。

（二）不同地面的接缝

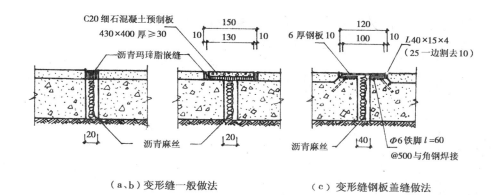

图 16-4　地面变形缝构造

（a、b）变形缝一般做法　　　　　（c）变形缝钢板盖缝做法

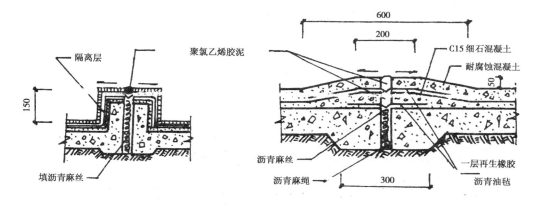

图 16-5　防腐蚀地面变形缝构造

在同一厂房内，由于各工段生产要求不同而出现异形地面。相邻两种材料构造的地面，因其强度差异，接缝易受损坏，应根据使用情况采取加固措施。

当接缝两边均属刚性垫层时，垫层可不作处理（见图 16-6（a））。若两边均为柔性垫层时，为使垫层稳定和便于施工，其一侧用≮C10 混凝土作堵头，也可做整体面层端部向下局部加厚替代堵头（见图 16-6（c））。当厂房内车行频繁，面层磨损大时，可于地面交界处设置与垫层固定的角钢或扁钢嵌边，或设混凝土预制块加固（见图 16-6（b）、（d））。角钢与整体面层的厚度若不能相同时，为防止应力集中，面层端部加厚做成缓坡与角钢相接（见图 16-6（e）、（f））。

防腐蚀地面与非防腐蚀地面交接处，两种不同防腐蚀地面交接处均应设置挡水条，防止腐蚀性液或水泛流（见图 16-7）。

当铁路引入厂房，为使铁轨不影响其他车辆和行人通行，轨顶应与地面平。如果厂房内有液体金属或炉渣可能落进轨沟时，则轨道应全面露出地面，以防熔化金属结硬后堵轨沟。轨道地带应铺装配式板块地面，其宽度应不小于枕木的长度，以便维修安装（见图 16-8）。

（三）地面排水

在生产中有水或其他液体需由地面排除时，地面必须做坡度并设排水沟和地漏，组

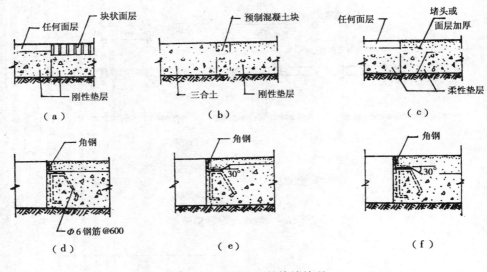

图 16-6 不同地面的接缝处理

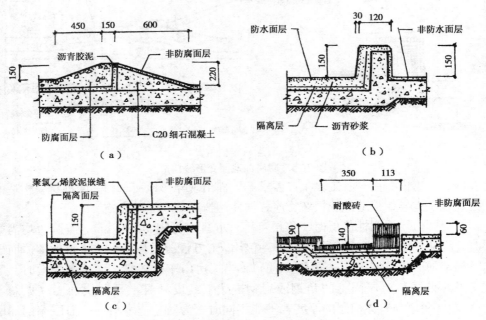

图 16-7 不同地面接缝处挡水处理

成排水系统。有腐蚀性液体作用的地段，不应流向柱、设备基础、墙根等处，而要做反向的斜坡。一般排水坡度可做成：整体面层或表面光滑的板块材面层为 1% ~ 2%；表面比较粗糙的块材面层为 2% ~ 3%；当液体的腐蚀性、稠度或流量大时，可用大些的坡度，在不影响操作和通行条件下，局部坡度可采用 4%，坡地面将地面液体引入排水沟中。

厂房地面排水沟多用明沟，一般沟宽为 100mm ~ 250mm，沟底最浅处为 100mm，沟底纵向坡度为 0.5%。沟边与墙面或柱边距应 ≥150mm，并与地面一道施工。沟、地漏四周及地面转角处的隔离层，应适应增加层数。地漏中心线与墙柱边缘距应 ≮400mm。

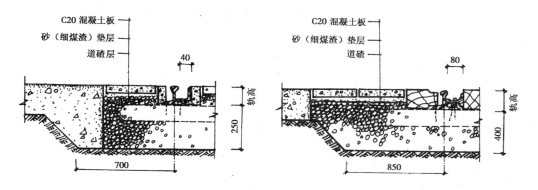

图 16-8　地面与铁路的连接

常用排水沟、地漏构造见图 16-9。

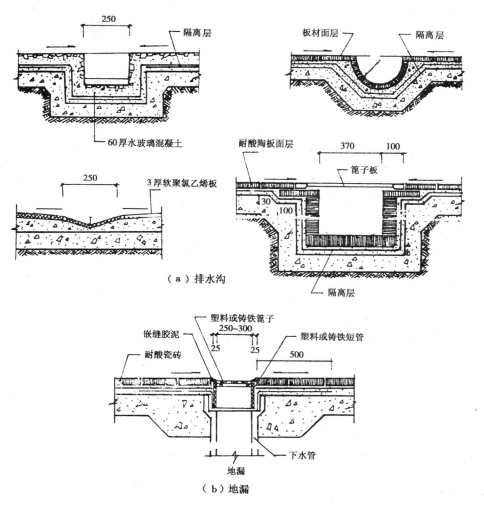

（a）排水沟

（b）地漏

图 16-9　防腐蚀排水沟及地漏

（四）地沟

由于生产工艺的需要，厂房内有各种管道缆线（如电缆、采暖、压缩空气、蒸汽管道等）需设在地沟中。地沟由沟壁、底板和盖板组成。常用有砖砌地沟和混凝土地沟（见图16-10）。砖砌地沟适用于沟内无防酸碱要求，沟外部也不受地下水影响的厂房；沟壁厚为120mm～490mm，上端混凝土梁垫支承盖板；一般须作防潮处理，在沟壁外刷冷底子油一道、热沥青两道，沟壁内抹20mm厚1:2水泥防水砂浆。

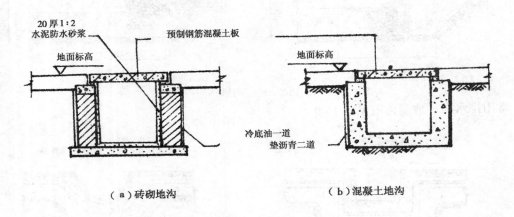

（a）砖砌地沟　　　　　　　　　（b）混凝土地沟

图 16-10　地沟

地沟上一般都设盖板，盖板表面应与地面标高相平。盖板应根据作用于其上的荷载确定选用品种，一般多采用预制钢筋混凝土盖板，也有用铸铁的，盖板有固定盖板和活动盖板两种（见图16-11）。

当地沟穿过外墙时，应做好室内外管沟接头处的构造（见图16-12）。

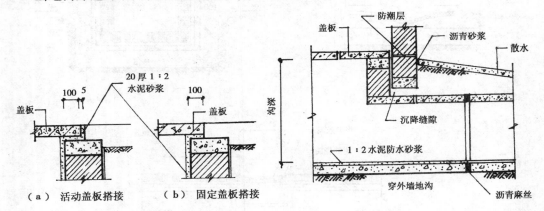

（a）活动盖板搭接　　（b）固定盖板搭接

图 16-11　地沟盖板安置　　　　图 16-12　穿外墙地沟处理

（五）坡道

厂房室内外高差一般为150mm。为便于通行车辆，在门口外侧须设置坡道。坡道宽度应大于门洞宽度1 200mm，坡度一般为10%～15%，最大不超过30%。当坡度>10%且潮湿，坡道应在表面作齿槽防滑（见图16-13）。若有铁轨通入，则坡道设在铁轨两侧（见图16-14）。

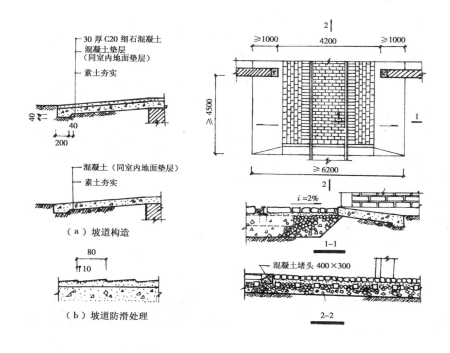

（a）坡道构造

（b）坡道防滑处理

图 16-13　厂房大门坡道

图 16-14　厂房铁路入口处坡道处理

## 第二节　其他设施

### 一、金属梯

厂房中常需设置作业平台钢梯、吊车钢梯、屋面检修及消防钢梯等金属梯。

（一）作业钢梯

作业钢梯是工人上下生产操作平台或跨越生产设备联动线的交通道。设计多选用定型构件，它有 45°、59°、73°、90°四种。45°型高度可达 4.2m，梯宽为 0.8m；59°型高度可达 5.4m，梯宽有 0.6m 和 0.8m 两种；73°型高度可达 5.4m，梯宽 0.6m；90°型高度不超过 4.8m，梯宽 0.6m。钢梯的形式见图 16-15。

钢梯边梁的下端和地面垫层中的预埋铁件连接，边梁的上端固定在作业或休息平台钢梁或钢筋混凝土梁的预埋铁件上。

（二）吊车钢梯

如有驾驶室的吊车，吊车梯设于靠驾驶室一侧；为避免吊车停靠时碰撞端部车挡，吊车梯一般设于厂房端部第二柱距内；当多跨车间相邻跨有吊车时，吊车梯可设在中柱上，使一梯为两台吊车服务；若同跨内有两台以上吊车时，应每台吊车设专用钢梯。

吊车梯由梯段和平台组成。当梯段高度≤4 200mm 时，可不设平台，梯为直梯。吊车梯的斜度一般为 63°（即 1/2），梯宽为 600mm（见图 16-16）。

设计时可根据轨顶标高选用定型图集中相应的梯和平台型号。梯段上端与安装在柱

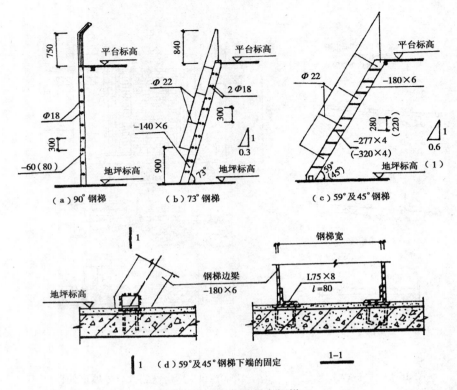

图 16-15　作业平台钢梯

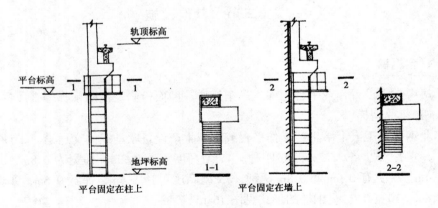

图 16-16　吊车钢梯及平台安装示意

上（或固在墙上）的平台连接，下端固定在刚性地面上。若为非刚性地面时，则需在地面上加设混凝土基础将梯下端固定起来。

（三）屋面检修及消防钢梯

厂房均应设置屋面检修兼作消防用的钢梯。一般多采用直钢梯，但当厂房很高用直梯不方便也不安全时，采用有平台的斜梯。

屋面检修梯设在实墙或窗间墙上，但梯不得面对窗口。厂房有高、低跨时，应使梯经低跨屋面再至高跨屋面；设有天窗的，屋面检修梯应设于天窗的间断处附近，便于人上屋面后横向穿越；天窗端壁亦应设梯供人上天窗屋面。

设计时，应根据屋面标高值和檐口（或山墙顶）构造情况等选用定型图集中相应钢梯型号（见图 16-17 和图 16-18）。

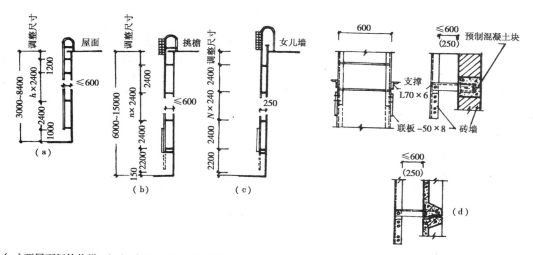

（a）两屋面间检修梯 （b）室外地坪至檐口直钢梯 （c）室外地坪至女儿墙直钢梯 （d）梯与墙的连接构造

图 16-17　屋面检修消防直钢梯

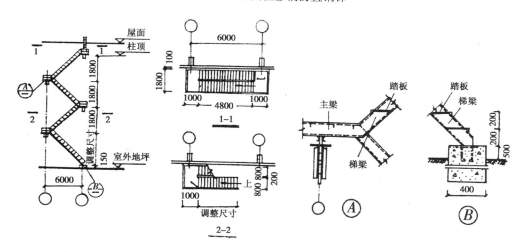

图 16-18　屋面检修斜钢梯

## 二、吊车梁走道板

吊车走道板是为维修吊车轨道与吊车而设置的，它沿吊车梁顶面铺设。当吊车为中级工作制，轨顶高度 < 8m 时，只在吊车操纵室一侧的吊车梁上通铺；若轨顶高度 > 8m 时，则应两侧吊车梁上都通铺；当为高温车间，吊车为重级工作制时，不论轨顶高度、吊车台数如何，两侧吊车梁上均通铺设。

走道板常用预制钢筋混凝土板制作，有定型图集供选择。预制钢筋混凝土走道板宽度有 400mm、600mm、800mm 三种，板长系与柱子净距相配套，板截面为槽形或 T 形。

走道板的两端搁置在柱侧面的牛腿上，并焊牢固。走道板一侧或两侧设置钢栏杆（见图16-19）。

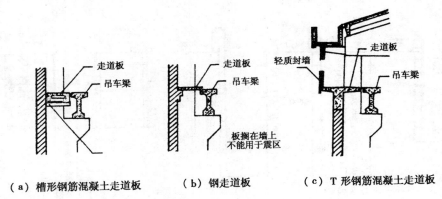

（a）槽形钢筋混凝土走道板　　（b）钢走道板　　（c）T形钢筋混凝土走道板

图 16-19　边柱走道板布置

## 三、隔断

根据生产、管理、安全卫生等要求，厂房内有些生产或辅助工段、辅助用房需用隔断来隔开。一般所隔地段的上部无顶盖，与车间是连通的，只在需要防止车间内有害介质的侵蚀时，才加顶盖构成为封闭的空间。不设顶盖的隔断一般高 2m 左右，设顶盖的隔断高一般为 3.0m～3.6m。

隔断可用多种材料制成。

### （一）混合隔断

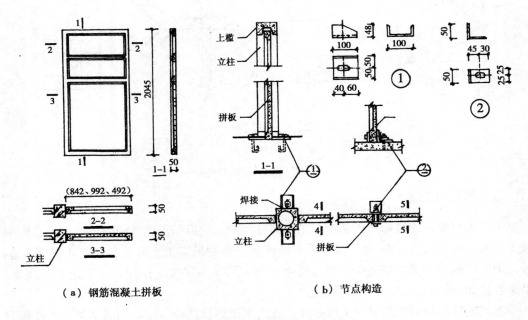

（a）钢筋混凝土拼板　　　　　　　　（b）节点构造

图 16-20　装配式钢筋混凝土隔断

混合隔断是指用不同材料混合组成的内部隔断。通常是在厂房的地面上砌 240mm×240mm 的砖柱，一般柱距≤3m，并砌高 1m 左右的半砖墙，上部安设木门窗或钢门窗，有的装金属网隔扇等。

（二）装配式钢筋混凝土隔断

装配式钢筋混凝土隔断一般由拼板、立柱和上槛组成。拼板为钢筋混凝土镶边板，板宽度有 500mm、850mm、1 000mm 三种，高度为 2 045mm，拼板下部为 25mm 实心板，上部装玻璃或金属网。

组装时先安立柱、装上槛、镶拼板，最后用石灰砂浆勾缝。立柱下端槽钢用螺栓与刚性垫层连接，立柱上端有角钢与上槛螺栓连接；拼板上端插入上槛槽内，下端立于刚性垫层上（见图 16-20），它多用于火灾危险性大和湿度较大的车间内。

（三）金属网隔断

金属网隔断由金属网与边框构成的拼扇组成。金属网有钢板网或镀锌铁丝网，边框由型钢、钢管柱等制作。安装时将拼扇直接设在刚性地面上，用地脚螺栓连接，拼扇之间可用螺栓连接（见图 16-21），多用于分隔车间内的工段。

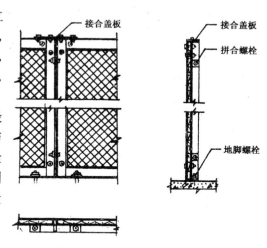

图 16-21　金属网隔断构造

**复习思考题**

1. 厂房地面应满足哪些要求。
2. 试述厂房地面的组成及各层的作用。
3. 画图说明你所在地区厂房常用的地面构造。
4. 画图说明厂房地面变形缝的构造。
5. 不同地面接缝处的构造有多种不同形式，试将其归纳出几条原则。
6. 画图说明不同地面接缝处的挡水做法（举出其中两种做法）。

# 第十七章 多层厂房

多层厂房是随着科学技术的进步、新兴工业的产生而得到迅速发展的一种厂房建筑形式。它对提高城市建筑用地效率，改善城市景观等方面起着积极作用。随着国家工业的协调发展，精密机械、仪表、电子工业、国防工业、食品、生物工业等的比重逐渐增加，多层厂房将得到更迅速的发展。目前我国的高科技开发区、经济开发区内，多层通用厂房、标准厂房等已作为一种商品供售，这也给建筑设计提出了新的课题。

## 第一节 多层厂房的特点及适用范围

### 一、特点

（一）厂房占地面积少

一般情况下，多层厂房占地仅为单层的 1/2～1/6，这在目前用地紧张，土地有偿使用且价格昂贵的情况下，无疑是一大优势。不仅如此，由于用地紧凑，可以在城市内限定的小块用地上，建成一定规模的厂区。另外，厂区占地少也使各车间各部门之间联系方便，工人上下班路线短捷，工厂便于保安管理等。

（二）节约投资

多层厂房在节约用地的同时也节约了投资，厂区内的道路、管网相对减少，铁路、公路运输及水电等各种工业管线长度缩短，都可以节约部分投资。对于单体建筑，与单层厂房相比，减少了场地、地基的土石方量，减少了屋面等围护结构面积，也相应地节约了投资。在实际工程中，是否节约投资须根据生产工艺、场地条件、施工技术等具体情况，通过综合技术经济分析来最后确定。

（三）在水平和竖直两个方向组织生产工艺

多层厂房内的生产是在不同标高的楼层上进行的。生产工艺之间不仅有水平方向的联系，而且有竖直方向的联系，有利于组织各工段间合理的生产流线。多层厂房还可以分层管理和出售。

### 二、适用范围

多层厂房通常用于某些生产工艺适宜垂直运输的工业企业（如制糖、造纸、面粉等工厂）和需要在不同标高作业的工业企业（如热电和化工工厂），以及生产设备和产品的体积、重量较小，适于采用多层生产的工业企业（如精密仪表、电子工业等）。以上各类厂房在建筑设计上应优先选用多层建筑。

多层厂房对于保证建筑空间的温湿度、洁净度也是有利的，如空调车间设于多层建筑的中间层，可减少冷热负荷；洁净车间设于顶层，远离地面，远离尘源，洁净度容易得到保证。

过去，由于多层厂房受柱网尺寸及层数分隔的限制，生产工艺布置的灵活性较差。随着结构技术的发展，现浇预应力大空间结构的产生，同层内的工艺布置灵活性可以得到解决。这将更大地扩展多层厂房的适应性。但应当注意，多层厂房除底层外，其它各层设备均设置在梁板上，因此，对荷载较大、振动较大的设备较难适应。即使从结构上能够给予保障，也可能是不经济的。因此，多层厂房对于一些中、重工业企业，只是在用地紧张而售价高昂的地区才能少量应用，一般机械加工类也仅能做成二层厂房。

## 第二节　多层厂房平面设计

多层厂房平面设计是以生产工艺流程为依据进行的。设计中要综合建筑、结构、采暖通风、水、电设备等各工种要求，合理地确定平面形式、柱网布置、交通和辅助用房布置等。

### 一、平面形式

（一）内廊式

内廊式是指多层厂房中每层的各生产工段用隔墙分隔成大小不同的房间，用内廊把它们联系起来的一种平面形式。它表现为平面上有明显的内走廊，两侧为生产工段。此种平面布置方式适宜于各工段面积不大，生产上既需相互联系，又不相互干扰的工艺流程。内廊式平面布置，由于有明显的内廊和隔断墙，不易形成较大的空间，对于有大空间需求和大规模生产的工艺不适宜；它还限制了平面布置的灵活性，不利于技术改造（图17-1）。

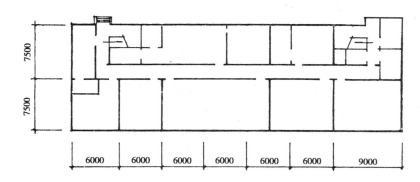

图17-1　内廊式的平面布置

（二）统间式（大厅式）

统间式是指厂房的主要生产部分集中在一个空间内，不设分隔墙，而将辅助生产工部和交通运输部分布置在中间或两端的平面形式。此种形式包括单跨柱网、多跨柱网。它适用于生产工艺间联系密切、干扰小而又需大面积大空间的生产工段；它有较大的通用性、灵活性，适于做成通用厂房、标准厂房。对于生产过程中的特殊工段，应考虑设置于边部或中间，结合交通统一考虑（图17-2）。

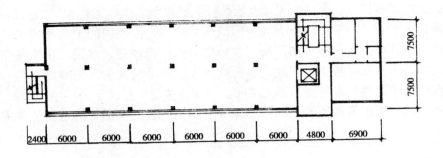

图 17-2 统间式平面布置

（三）厅廊式（大宽度式）

厅廊式是区别于内廊式有明显的内廊和统间式有明显的大厅的另一种空间形式。它表现为厅廊结合，大小空间结合，如双廊式、三廊式、环廊式、穿套式等均属此类形式（图 17-3）。厅廊式主要适用于技术要求较高的恒温、恒湿、洁净、无菌等生产车间。由于这类车间生产过程的特殊性，它对天然采光的要求不高，而且通常都设置空调系统，因此建筑可以做成较大的宽度。（图 17-3a）为双廊式洁净建筑，双侧走廊保证了内部空间的洁净度。（图 17-3b）为环廊式，环廊外侧的生产辅助用房有利于保证内部生产空间的温湿度。（图 17-3c）为穿套式，它将洁净厂房的各类洁净室按生产工艺流程顺序组合，不同级别洁净室的排列结合人流路线考虑，一般由低级到高级层层穿套。

（四）混合式

这种布置是根据不同的生产特点和要求，将上述各种平面布置形式混合在一起的布置形式。它的特点是用不同的平面空间满足不同的工艺要求，但造成了厂房的平立剖面均较复杂，结构类型增多、施工复杂、抗震不利。多用于城市规划限制的情况下，或生产工艺较为特殊时。

**二、柱网布置**

柱网布置是平面设计的主要内容之一。柱网的确定应充分考虑工艺平面布置、建筑平面形状、结构形式及材料、施工可行性以及技术、经济条件等。

柱网的选择首先应符合《厂房建筑模数协调标准》的规定，并注意到选择的先进性、合理性。常见的柱网形式可概括为如下几种：

（一）对称不等跨布置

对称不等跨布置是指在跨度方向沿中线对称的柱网布置形式。内廊式也是这种形式之一。它能较好的适应某种特定工艺的具体要求，提高面积利用率，但厂房构件种类过多，不利于建筑工业化（图 17-4a，c）。

（二）等跨布置

这类柱网可以是两个以上连续等跨的形式，易于形成大空间，亦可用轻质隔墙分隔成小空间或改成内廊式平面。它主要适用于需要大面积布置生产工艺的厂房，如机械、仪表、电子等工业生产。一般情况下，利用底层布置机加工、仓库和总装车间，甚至可以在底层布置起重运输设备（图 17-4b）。

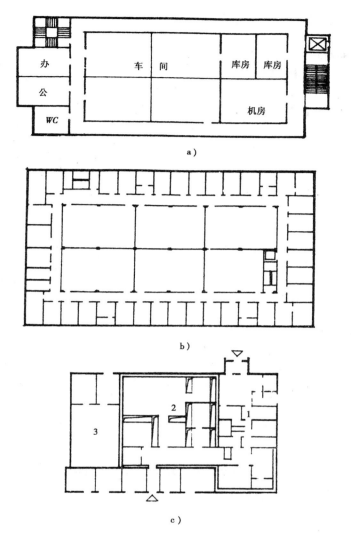

图 17-3　厅廊式平面布置

1—人身净化区　2—洁净操作区　3—动力区

等跨式常采用的柱网尺寸是：柱距多为 6.0m；跨度有 6.0m、7.5m、9.0m 及 12m。

（三）大跨度柱网

这种柱网的跨度一般大于 9m，中间不设柱，它为生产工艺的变革提供了灵活性。因为跨度较大，在设计和施工上都应采用相应的技术措施。楼层常采用桁架结构，桁架空间可作为技术夹层，用以布置各种管道和辅助用房。由于近年来结构技术的进步，高强混凝土技术和大跨度预应力混凝土现浇技术的出现，即使较大的跨度，也可不用桁架结构，最大跨度可达 24m。它为多层厂房提供了更大、更开敞、更灵活的生产空间环境（图 17-4d）。

（四）柱距、跨度的参数选择

为了使厂房建筑构配件尺寸达到标准化和系列化，以利于工业化生产，在《厂房建

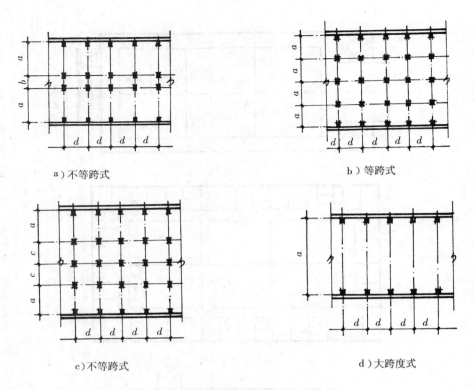

a）不等跨式

b）等跨式

c）不等跨式

d）大跨度式

图 17-4　柱网布置类型

筑模数协调标准》中对多层厂房跨度和柱距尺寸做了如下规定：

多层厂房的跨度应采用扩大模数 15M 数列，宜采用 6.0m、7.5m、9.0m、10.5m 和 12m（图 17-5）。

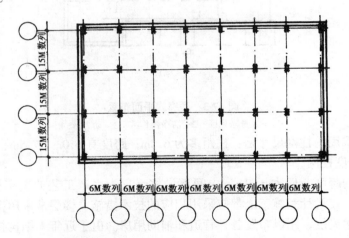

图 17-5　跨度和柱距数列示意图

厂房的柱距应采用扩大模数 6M 数列，宜采用 6.0m、6.6m 和 7.2m（图 17-5）。

内廊式厂房的跨度可采用扩大模数 6M 数列，宜采用 6.0m、6.6m、7.2m；走廊的跨度应采用扩大模数 3M 数列，宜采用 2.4m、2.7m 和 3.0m（图 17-6）。

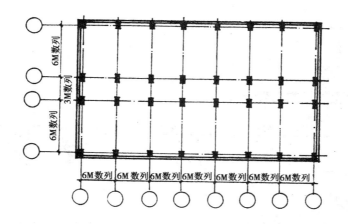

图 17-6　内廊式厂房柱距和跨度示意图

### 三、多层厂房定位轴线布置

（一）墙承重时定位轴线的定位

小型多层厂房采用墙承重时，其定位轴线的划分相当于砖混结构定位轴线的划分，与单层厂房建筑的划分方法相一致。横向承重墙时，横向定位轴线一般与顶层横墙的中心线相重合。山墙顶层墙内缘与横向定位轴线间的距离可按砌体块材类别，分别为半块或半块的倍数或墙厚的一半（图 17-7）。

纵向外墙为承重砌体时，因层高和荷载的原因，多在墙体内侧设置壁柱，此时，纵向定位轴线与墙体的内缘相重合。也可定位于砌体中半块或半块的倍数处。纵向中间墙承重时，纵向定位轴线通过墙体中心线，一般这种情况较少，因其影响到空间的使用。

（二）框架承重时定位轴线的定位

在框架承重时,定位轴线的定位不仅涉及框架柱,而且也与梁板等构件有关。这里着重谈定位轴线和墙柱的关系。

1. 墙、柱与横向定位轴线的定位

横向定位轴线一般与柱中心线相重合。在山墙处定位轴线仍通过柱中心，这样可以减少构件规格品种，使山墙处横梁与其它部分一致，虽然屋面板与山墙间出现空隙，但构造上是易于处理的（图 17-8a）。

横向伸缩缝或防震缝处应采用加设插入距的双柱并设两条横向定位轴线，柱的中心线与横向定位轴线相重合。插入距 $a_i$ 一般取 900mm。此处节点可采用加长板的方法处理（图 17-8b）。

2. 墙、柱与纵向定位轴线的定位

纵向定位轴线在中柱处应于柱中心线相重合。在边柱处，纵向定位轴线在边柱下柱截面高度（$h_1$）范围内浮动定位。浮动幅度 $a_n$ 最好为 50mm 的整倍数，这与厂房柱截

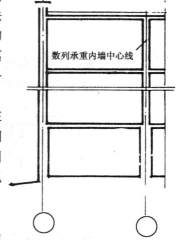

图 17-7　墙承重时定位轴线的定位

数列承重内墙中心线

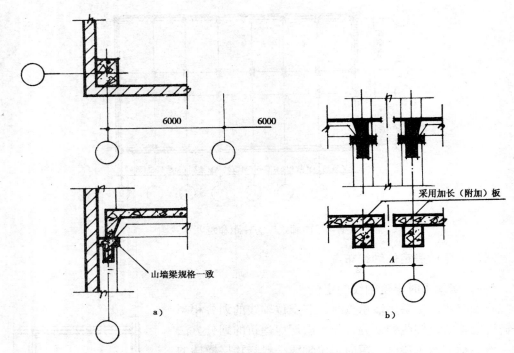

图 17-8　框架承重时横向定位轴线定位

面的尺寸应是 50mm 的整倍数是一致的。$a_n$ 值可以是零，也可以是 $h_1$，当 $a_n$ 为零时，纵向定位轴线即定于边柱的外缘了（图 17-9）。

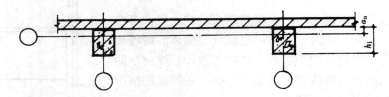

图 17-9　边柱与纵向定位轴线的定位

3. 纵横跨处定位轴线的定位

厂房纵横跨处的连接，应采用双柱并设置含有伸缩缝或抗震缝的插入距。插入距 $a_i$ 应包括伸缩缝或防震缝，还应包括山墙处柱宽的一半、纵向边柱浮动幅度、墙体厚度以及施工所需净空尺寸等（图 17-10）。

**四、楼梯、电梯和生活辅助用房**

楼、电梯作为多层厂房的交通枢纽，主要解决竖向交通运输问题。一般情况下以楼梯解决人流交通疏数；以电梯解决物品运输。在多层厂房建筑平面中，常常将楼、电梯集中在一起，结合生活辅助用房，形成厂房建筑的"节点"，以满足不同的使用要求和技术要求。

（一）布置原则及平面位置

1. 楼电梯的布置原则及平面位置

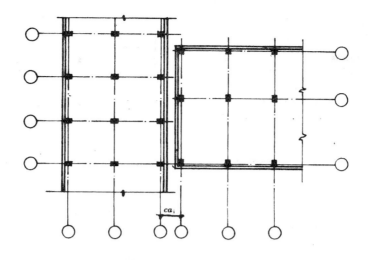

图 17-10　纵横跨处的定位轴线定位

（1）布置原则　楼电梯的布置直接影响人、物流组织以及生产、辅助工部的组合，对建筑造型、结构设计等其它技术问题也有影响。因此，设计时应充分引起注意。具体布置时应遵照如下原则：

应保证厂房内部生产空间的完整，尽量在满足生产运输和防火疏散的前提下，将其布置在厂房边侧或相对独立的区段之间。

正确选择参数和数量，保证人、物流通畅，尽量避免交叉。楼、电梯应与厅结合，以免拥塞。

作为厂房的有机整体，应在平面布置合理的前提下，使楼、电梯间与生活间、生产车间的层高相协调，为创造完善的厂房建筑形象服务。

（2）平面位置　在工程实践中，楼、电梯在厂房平面中大致有四种位置。一是在厂房的端部；给生产工艺布置较大的灵活性，不影响厂房的建筑结构，建筑造型易于处理，适于不太长的厂房平面。二是布置在厂房内部；交通枢纽部分不靠外墙，这样可在连续多跨的情况下，保证建筑的刚度和生产部分的采光通风，该布置因无直接对外出口，交通疏散不利。三是在外纵墙外侧布置；包括有连接体的独立式布置，它使整个厂房生产部分开敞、灵活，结构简单，楼、电梯位置适中。四是设置于厂房纵墙内侧，虽对厂房生产工艺有一定影响，但对结构整体刚度有利，也能适应内廊式平面。见图 17-11。

2. 生活间的布置原则与平面位置

（1）布置原则　尽量与楼、电梯组合在一起；结合具体情况确定集中与分散布置；应与厂区、厂房的人流路线相协调、与人身净化程序相一致；不影响生产工艺布置的灵活性。

（2）平面布置　多层厂房生活间在建筑平面中的位置一般与楼、电梯间相同。按照生活间与生产车间的关系，可归纳为如下几种：

A. 布置在厂房内部。可位于端部、中部、角部及侧面。布置在厂房内部的优点是与厂房主体结构型式统一、构件类型少、构造简单、施工方便，但生活间所需空间的楼

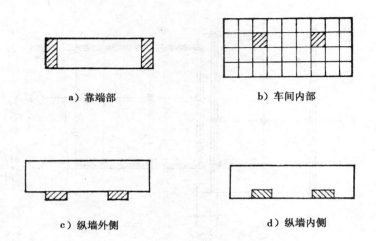

a）靠端部      b）车间内部

c）纵墙外侧      d）纵墙内侧

图 17-11　楼、电梯间的平面位置

面荷载与生产车间不一致，造成空间使用上的浪费。当把生活间楼面荷载设计成与生产车间一致时，可以增加空间使用的灵活性，即工艺变更时可以移走生活间，改其为生产用房（图 17-12）。

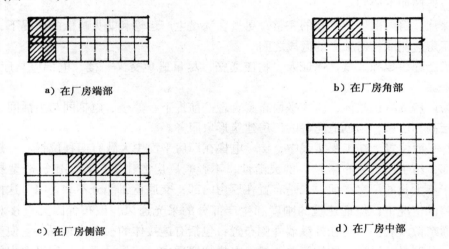

a）在厂房端部      b）在厂房角部

c）在厂房侧部      d）在厂房中部

图 17-12　布置在厂房内部的生活间

　　B. 生活间贴建于厂房外墙或独立式布置，独立结构，自成体系，可以根据需要改变层高，节约空间。通常可按生活间与车间层高之比为 1:2、3:4、2:3 等比例关系进行错层布置，但厂房结构和施工也将会复杂些（图 17-13）。

　　C. 布置在厂房不同区段的连接处。通过生活间连接厂房相对独立的各个生产单元，便于组织大规模生产的厂区，平面布局与整体造型严谨而生动。生活间的结构型式可与生产车间一致，也可按不同层高设计，自成结构体系（图 17-14）。

　　（二）平面组合

　　楼、电梯与生活辅助部分的平面组合，是平面上的相互位置关系问题，它影响着整栋建筑的人、物流组织。

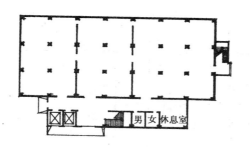

图 17-13　贴建于厂房的生活间

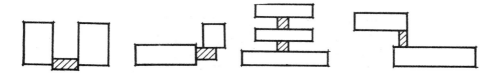

图 17-14　布置在厂房不同区段的生活间

电梯一般用于运送物品，楼梯用于人流交通疏散，生活间实际包含了除生活用房外，也包含了一定的生产所需用房。图 17-15 为楼、电梯组合、图 17-16 楼梯与生活间

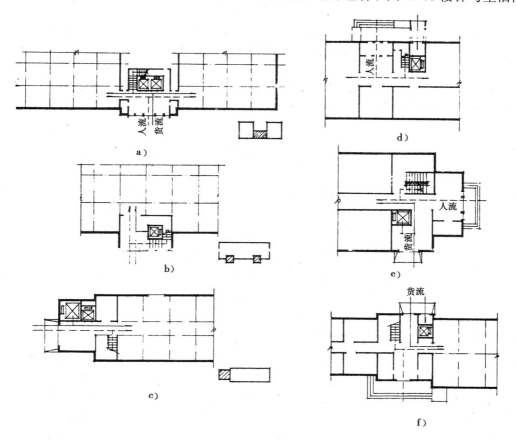

图 17-15　楼、电梯的组合

组合实例。

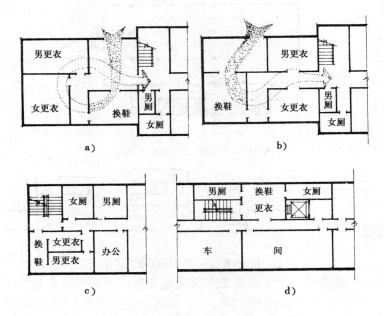

图 17-16　楼梯与生活间的组合

## 第三节　多层厂房剖面设计

### 一、厂房层数的确定

多层厂房的层数确定是一个综合性问题。目前，由于考虑到用地紧张和经济效益，多层厂房层数向更多发展，六、七层厂房已属常见。从结构技术上保证其层数更多已不成问题，关键是结合具体情况，合理地确定层数。确定层数主要取决于生产工艺、城市规划和经济因素，以及建筑场地的地质条件和厂房的结构形式等因素。

（一）生产工艺对层数的影响

多层厂房层数的确定要从生产工艺流程方面考虑。设计时应使每层的生产工段面积和比例适当，便于组织生产和运输。对于通用性的厂房，可根据其指定从事生产的大类别（如电子、机械、化工等），适当地考虑增加层数，因其受工艺限制小，有可能分层出租或出售；灵活性较大。对于生产工艺要求明确、严格的厂房，则应根据工段在工艺流程中的位置、工段特点、工段多少等，相应地确定其层数。如手表厂主厂房生产工艺，主要可分为自动车间、动件车间、静件车间和装配车间等相互配套的四大车间。因此，在确定手表厂的层数时，从工艺角度出发，应首先考虑为四层。

（二）建设场地对层数的影响

多层厂房建于市区时，由于场地在城市中所处位置的关系，其层数应考虑整个城市街区的环境效果，考虑与相邻建筑的统一，还应考虑与厂区内部建筑的谐调关系。除此之外，地质条件也是不能忽视的。当地质条件差或处于地震区时，厂房层数不宜过多。当场地处于山坡上时，结合剖面设计与地形高差，层数可能有一定的增减，或将同一工段布置在不同的层面上。由于场地紧张而又要求较大的建筑面积,在特殊情况下,可能出现层数增多的情况。

(三)技术经济问题对层数的影响

厂房层数的多少与造价有直接关系。层数增加会导致结构用材量增加、技术难度增大、建造周期长,直接或间接地影响单位面积造价。反之,层数过少,用地面积大,也不经济。从近年来多层厂房的发展看,指定生产某种产品的厂房仍为 4～5 层,出租厂房则有向更多层发展的趋势。国外有向高层发展的立体厂房。

**二、厂房层高与宽度的确定**

厂房的层高与宽度首先取决于生产工艺布置和设备尺寸与排列方式。层高的确定应满足生产工艺的同时,满足生产运输设备对厂房的高度要求。同单层有吊车厂房一样,多层厂房设吊车时,也应根据设备、起吊重物尺寸以及吊车规格和安全净空等,相应地考虑层高。一般情况下,将设吊车工段布置在厂房的底层,同时增加底层高度。对于个别对层高有影响的大设备也多设于底层,利于局部抬高层高或降低地面或利用地形高差的方法予以解决,不影响整层建筑的层高。

层高的确定还应充分考虑到采光通风的影响,当厂房层高一定时,阳光的照射深度是一定的,当建筑宽度增加时,一定要相应地增加层高,满足照射深度要求。若天然采光照度不能满足生产上的要求,则应用人工光源辅助或以人工光源为主。层高与通风的关系应参照《工业企业卫生标准》的有关条款确定。一般生产环境下按每名工人占有的容积计算;散发大量热量和有害气体、粉尘的工段,应根据散热量、降尘量、有害气体含量等,参照是否设机械通风,综合地考虑层高。

在天然采光和自然通风情况下,层高越高,对改善环境越有利,但造价也随之提高。

层高的确定还受到其它技术问题的影响,如管道设置方式、厂房内表面装修方式、结构型式等。图 17-17 为多层厂房的几种管道布置方式。对层高有影响的主要是大截面的水平管道。图中 a) 和 c) 可相应地降低标准层生产空间的高度;b) 和 d) 将促使增加层高。在多层厂房内,一些生产上要求水平管线过多的车间,宜设置技术夹层,这样就提高了生产空间的复合层高。

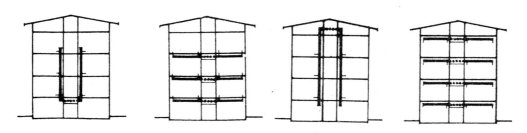

图 17-17 多层厂房几种管道布置

由于现代预应力技术的发展,相同情况下结构所占的空间可能减少,层高有降低的趋势。另外,空调技术与人工照明的采用以及表面装修材料档次的提高,会有效地改善生产车间内部环境及人们对空间的感觉，也会为降低层高创造有利条件。

从经济角度看，层高和单位面积造价成正比。因此，确定层高要慎重。除特殊情况外，多层厂房建筑层高宜在 3.9~6.0m 之间。

厂房的宽度也是设计中应控制的参数，它一般由不同的跨度和跨数组成。多层厂房的宽度主要考虑工业和设备布置，同时它与层高是密切相关的。多层厂房建筑宽度宜为 9~24m。

## 复习思考题

1. 多层厂房的特点和适用范围是什么？
2. 多层厂房有哪些平面形式？
3. 多层厂房的柱网布置有哪些形式，各有什么特点？
4. 分析多层厂房与单层厂房平面柱网参数的异同。
5. 多层厂房墙、柱与横向定位轴线是如何定位的？
6. 墙柱与纵向定位轴线如何浮动定位？
7. 分析多层厂房楼、电梯与生活间的各种组合方式。
8. 确定厂房层数的影响因素有哪些？
9. 确定厂房层高的影响因素有哪些？